高等学校“十三五”规划教材

无机化学实验

李　英　王新生　侯玉霞　主编

化学工业出版社
·北京·

《无机化学实验》在实验内容的选择上注重基本操作技能与基础实验，同时兼顾无机化学学科的研究进展，是一本内容全面、实用性强的实验教材，全书共分三部分，第一部分包括化学实验规则，试剂、仪器和基本操作；第二部分为实验数据的处理，详细介绍实验数据的记录原则和实验报告的撰写，增加了计算机软件 Excel 和 Origin 软件在化学实验数据处理中的应用示例；第三部分为实验部分，包括无机化学实验基本操作训练实验、无机化学基本原理实验、常见元素性质实验和综合设计实验。书中不仅介绍了型号较新的酸度计和电导率仪，还对红外光谱仪，X 射线衍射仪及微波消解仪等仪器进行了介绍。

《无机化学实验》可作为化学化工类专业、农林类专业、医药类专业本科生的实验教材。

图书在版编目（CIP）数据

无机化学实验/李英，王新生，侯玉霞主编. —北京：化学工业出版社，2019.10（2023.7重印）
ISBN 978-7-122-35554-6

Ⅰ.①无…　Ⅱ.①李…②王…③侯…　Ⅲ.①无机化学-化学实验-高等学校-教材　Ⅳ.①O61-33

中国版本图书馆 CIP 数据核字（2019）第 250214 号

责任编辑：李　琰　　装帧设计：刘丽华
责任校对：李雨晴

出版发行：化学工业出版社（北京市东城区青年湖南街 13 号　邮政编码 100011）
印　　装：天津盛通数码科技有限公司
787mm×1092mm　1/16　印张 11¼　字数 274 千字　　2023 年 7 月北京第 1 版第 3 次印刷

购书咨询：010-64518888　　售后服务：010-64518899
网　　址：http://www.cip.com.cn
凡购买本书，如有缺损质量问题，本社销售中心负责调换。

定　　价：28.00 元

《无机化学实验》编写人员

主　　编： 李　英　王新生　侯玉霞

副 主 编： 李芸玲　王秀鸽　赵　宁　龚文君

编　　者：（以姓氏汉语拼音为序）

高慧玲　龚文君　侯玉霞　黄世江

荆瑞俊　李　英　李芸玲　刘　露

娄慧慧　曲　黎　王吉超　王天喜

王新生　王秀鸽　张玉泉　赵　宁

前言

《无机化学实验》是无机化学课程理论教学的延伸，通过实验能够培养良好的实验习惯，锻炼规范的实验操作技能和提高动手能力，学生们通过动脑想，动手做，理论联系实际，既完成了实验内容，提高了操作技能，又培养了归纳和演绎等的科学思维能力，提升了科学素养，为后继理论课与实验课的学习打下良好的基础。

《无机化学实验》在内容组织与素材选择方面，体现了如下三个特点。

(1) 规范操作技能，注重基础

在实验内容的选择上，重点考虑无机化学实验的基础性与系统性，培养学生的基本实验操作技能。详细介绍实验中常用化学试剂、仪器的类别和基本操作与训练实验，打牢基础；除了无机化学基本原理实验外，教材还选编了常见元素性质实验和综合设计实验，操作技能的训练按照从基本操作到综合设计，由易到难的顺序循序渐进，规范操作，反复练习，为化学实验课程打下坚实的基础。

(2) 紧贴时代特点，兼顾创新

在教材内容的编排上，除了选择传统的无机化学实验以外，紧跟仪器技术及产品更新换代步伐，不仅介绍了较新型号的酸度计、电导率仪等常见仪器的原理及使用方法，还增加了对现代无机合成中使用的红外光谱仪、X射线衍射仪、微波消解仪等仪器的介绍，能够满足大多数无机化学实验课程的要求；针对现代数字信息时代的特点，增加了计算机软件Excel和Origin在化学实验数据处理方面的介绍，并结合具体的应用示例对软件的使用方法进行了详细的讲解；另外，《无机化学实验》还提出了部分设计性实验以供选择，满足了创新性人才培养模式的需求。

(3) 追踪研究热点，教研相长

随着现代仪器技术及合成手段的不断更新，无机化学这一古老的学科得到了发展。编者根据无机化学实验学科的进展，编选了近些年出现的一些无机化学研究热点，将部分科研工作者的研究内容编入教材中，教学和科研相促进，如室温固相反应、微波合成法、纳米材料的制备技术与表征手段、金属有机框架化合物和共价有机框架化合物等编入综合设计试验部分，方便使用者根据实际情况开展实验，也可供大学生在创新研究中作为素材。

参加本书编写的人员有：河南科技学院高慧玲，龚文君，侯玉霞，荆瑞俊，李英，李芸玲，刘露，娄慧慧，王吉超，王天喜，张玉泉，赵宁；河南科技学院新科学院黄世江，曲黎，王新生，王秀鸽，全书由李英统稿定稿。

本书在修订过程中，得到了河南科技学院化学实验基础系列教材编写指导委员会的大力支持，侯振雨教授，范文秀教授对本书的内容提出了宝贵而诚挚的建议，在此表示衷心感谢！编写过程中，参考了一些兄弟院校的教材及部分公开发表的论文，在此表示衷心感谢！河南科技学院教务处和化学工业出版社对本书的出版也给予了大力支持和帮助，在此表示衷心感谢！

限于编者水平有限，书中不妥之处在所难免，请与我们联系（hnliy0412@126.com），以便后期改进。

编　者

2019 年 6 月

目录

第一章 化学实验规则

一、实验目的及要求

无机化学是四大基础化学之一，是化学、化工及其他相关专业学生学习的第一门化学专业课程，是学生的第一门重要化学专业基础课，对培养学生掌握本专业的基本理论和基本技能具有重要作用。特别是无机化学实验课，其教学质量直接影响着学生专业知识技能及实践操作能力的培养，影响着学生后续专业课程的学习，影响着学生的创新能力。无机化学实验课不仅能巩固学生在无机化学理论课学习到的基本知识、基本原理，更重要的是能够培养学生的动手能力、观察问题的能力以及分析和解决问题的能力，为后续的专业理论课和实验课打下良好的基础。

要掌握化学实验的基本技能和原理，不仅要有正确的学习态度，而且要有正确的学习方法。

化学实验课的要求如下。

1. 课前预习

认真预习实验内容，是做好实验的第一步。预习时应认真阅读实验教材和有关教科书；明确实验目的、基本原理与技能；了解实验内容及实验难点；熟悉安全注意事项；参考实验内容，写出实验预习报告。预习报告是实验报告的一部分，包括实验目的、简要的实验原理与计算公式、实验步骤或流程图、数据记录与处理的格式等。

2. 认真做实验

学生在教师指导下独立进行实验是实验课的主要教学环节，也是训练学生正确掌握实验技能达到培养目的的重要手段。实验时，原则上应按教材上所提示的步骤、方法和试剂用量进行，若提出新的实验方案，必须经教师批准后方可进行。

实验课要求做到下列几点：

a. 认真听老师讲解内容；

b. 做好实验准备工作，如实验台面的擦拭、玻璃仪器的洗涤及仪器的检查等；

c. 按正确方法进行实验操作，仔细观察现象，并及时如实地做好记录；

d. 如果发现实验现象和理论不符合，应尊重实验事实，认真分析和检查原因，也可以做对照试验、空白试验或自行设计实验来核对，必要时应多次重做验证，从中得到有益的结论；

e. 实验过程中应勤于思考，仔细分析，力争自己解决问题，但遇到疑难问题且自己难以解决时，可提请教师指点；

f. 在实验过程中，严格遵守实验室规则。

3. 完成实验报告

完成实验报告是对所学知识进行归纳和提高的过程，也是培养严谨的科学态度、实事求是精神的重要措施，应认真对待。

实验报告的内容总体上可分为三部分。

a. 实验预习（实验前完成）。按实验目的、实验原理、实验内容等项目简要书写。

b. 实验记录（实验过程中完成）。包括实验现象、数据，这部分数据称为原始数据。必须如实记录，不得随意更改。

c. 数据处理与结果（实验后完成）。包括对数据的处理方法及对实验现象的分析和解释。

实验报告的书写应字迹端正，简明扼要，整齐清洁，决不允许草率应付或抄袭编造。

二、实验室规则

实验室规则是人们在长期的实验室工作中，从经验、教训中归纳总结出来的。它可以防止意外事故的发生，保持正常的实验环境和工作秩序。遵守实验室规则是做好实验的重要前提。

a. 学生在做实验前，必须认真预习，明确实验目的、原理、步骤及操作规程，未做好预习工作者，教师应对其提出批评和警告。

b. 学生进入实验室后，未经教师准许不得随意开始实验，不得乱动仪器、药品或其他设备用具。教师讲授完毕，凡有不明确的问题，应及时向教师提出，在完全明确本次实验各项要求，并经教师同意后，方可进行实验。

c. 学生做实验时，要严格按规定的步骤和要求进行操作，按规定的量取用药品。如，称取药品后，应及时盖好原瓶盖并放回原处，不得做规定以外的实验。凡遇疑难问题应及时请教，不得自行其是。

d. 学生做实验时，应按照要求，仔细观察实验现象，并正确地进行记录；实验所得数据与结果，不得涂改或弄虚作假，必须如实记在记录本上。

e. 学生进行实验时，要注意安全，爱惜仪器和试剂。如有损坏，必须及时登记补领。

f. 实验中必须保持肃静，不准大声喧哗，不得到处乱走。

g. 实验中要注意实验室及实验台的卫生工作。如，实验台上的仪器应整齐地放在指定的位置上，并保持台面的清洁；废纸、火柴梗和碎玻璃等应倒入垃圾箱内。

h. 实验过程中的废液，未经允许，不得倒入下水道。较稀的酸、碱废液可倒入水槽中，但应立即用水冲洗，较浓的酸、碱废液应倒入相应的废液缸中，或经处理后直接排出。

i. 使用精密仪器时，必须严格按照操作规程进行操作，细心谨慎，避免因粗心大意而损坏仪器。如发现仪器有故障，应立即停止使用，报告教师。使用后必须自觉填写仪器使用登记本。

j. 实验结束时，应将所用仪器洗净并整齐地放回柜内。实验台及试剂架必须擦净，经教师或实验员检查实验记录和实验台合格后方可离开实验室。

k. 室内任何物品，严禁私自拿出室外或借用。需在室外进行实验时，所需物品应经教师或实验员同意，列出清单查核登记后方可带出室外。实验完毕后及时清理，如数归还。

l. 实验中，凡人为损坏或遗失仪器设备及工具者应追查责任，给予批评教育，并按有关规定办理赔偿手续。

m. 每次实验后由学生轮流值勤，负责打扫和整理实验室，并检查水龙头、煤气开关、门、窗是否关紧，电闸是否关闭，以保证实验室的整洁和安全。

n. 实验室属重点防护场所，非实验时间除本实验室管理人员外，严禁任何人随意进入；实验时间内非规定实验人员不得入内。室内存放易燃、易爆、有毒及贵重的物品，必须按有关部门的规定妥善保管。每次实验完毕后，实验员应进行安全检查，确认无误后方能离开实验室。

o. 实验室必须配备灭火设备，如灭火器、石棉布、沙子等。

p. 实验室应配备处理人员意外受伤的急救药箱。

三、实验室安全知识

化学药品中有很多是易燃、易爆、有腐蚀性和有毒的。因此，重视安全操作，熟悉一般的安全知识是非常必要的。

注意安全首先需要从思想上高度重视，决不能麻痹大意。其次，在实验前应了解仪器的性能和药品的性质以及本实验中的安全事项。再次，要学会一般救护措施，一旦发生意外，可及时进行处理。实验室的废液必须按要求进行处理，不能随意乱倒，以保证实验室环境不受污染。

1. 实验室安全规则

a. 实验时，应穿上实验工作服，不得穿拖鞋。

b. 不要用湿手、湿物接触电源。水、电、煤气（液化气）一经使用完毕，应立即关闭水龙头、电闸和煤气（液化气）开关。点燃的火柴用后立即熄灭，不得乱扔。

c. 严禁在实验室内吃东西、吸烟，或把食具带进实验室。实验完毕，必须洗净双手后才能离开实验室。

d. 严格按实验步骤及要求做实验，绝对不允许随意更改实验步骤或混合化学药品，以免发生意外。

e. 实验室所有药品不得带出室外。用剩的有毒药品应如数还给教师。

f. 洗涤过的仪器，严禁用手甩干，以防未洗净容器中含有的酸、碱液等伤害他人身体或衣物。

g. 倾注药剂或加热液体时，不要俯视容器，以防溅出。试管加热时，切记不要使试管口对着自己或别人。

h. 不要俯向容器去嗅放出的气味。闻气味时，应该是面部远离容器，用手把离开容器的气流慢慢地扇向自己的鼻孔。能产生有刺激性或有毒气体（如 H_2S、HF、Cl_2、CO、NO_2、Br_2 等）的实验必须在通风橱内进行。

i. 有毒药品（如重铬酸钾、钡盐、铅盐、砷的化合物、汞的化合物，特别是氰化物）不得进入口内或接触伤口。剩余的废液也不能随便倒入下水道。

j. 易燃、易爆及有毒试剂，必须在掌握其性质及使用方法后方可使用。

2. 常见有害试剂的使用及处理方法

a. 钾、钠和白磷等暴露在空气中易燃烧。所以钾、钠应保存在煤油中，白磷则可保存在水中。使用时必须遵守其使用规则，如取用时要用镊子。一些有机溶剂（如乙醚、乙醇、丙酮、苯等）极易引燃，使用时必须远离明火，用毕立即盖紧瓶塞。

b. 混有空气导致不纯的氢气、CO 等遇火易爆炸，操作时必须严禁接近明火；在点燃氢气、CO 等易燃气体之前，必须先检查并确保纯度。银氨溶液不能留存，因久置后会变成氮化银且易爆炸。某些强氧化剂（如氯酸钾、硝酸钾、高锰酸钾等）或其混合物不能研磨，否则将引起爆炸。

c. 浓酸、浓碱具有强腐蚀性，切勿使其溅在皮肤或衣服上，尤其应注意防护眼睛。稀释时（特别是浓硫酸）应将它们慢慢倒入水中，而不能相反进行，以避免迸溅。

d. 金属汞易挥发（瓶中要加一层水保护），并可通过呼吸道而进入人体内，逐渐积累会引起慢性中毒。取用汞时，应该在盛水的搪瓷盘上方操作。涉及金属汞的实验应特别小心，不得把汞洒落在桌上或地上。一旦洒落，应用滴管或胶带纸将洒落在地面上的水银粘集起来，放进可以封口的小瓶中，并在瓶中加入少量水。难以收集起来的汞，用硫黄粉覆盖在汞洒落区域，使汞转变成不挥发的硫化汞，再加以清除。

3. 实验室事故的处理方法

a. 创伤　皮肤被玻璃戳伤后，不能用手抚摸或用水洗涤伤处，应先把碎玻璃从伤口处挑出，然后用消毒棉棒把伤口擦净。轻伤可涂以紫药水（或红汞、碘酒），必要时撒些消炎粉或敷些消炎膏，用绷带包扎。

b. 烫伤　不要用冷水洗涤伤处。伤处皮肤未破时可涂上饱和 $NaHCO_3$ 溶液或用 $NaHCO_3$ 粉调成糊状敷于伤处，也可抹獾油或烫伤膏；如果伤处皮肤已破，可涂些紫药水或稀 $KMnO_4$ 溶液。

c. 受酸（如浓硫酸）腐蚀致伤　先用大量水冲洗，再用饱和 $NaHCO_3$ 溶液（或稀氨水、肥皂水）洗，最后再用水冲洗，如果酸溅入眼内，用大量水冲洗后，送医院诊治。

d. 受碱腐蚀致伤　先用大量水冲洗，再用2%醋酸溶液或饱和硼酸溶液清洗，最后用水冲洗。如果碱溅入眼中，应立刻用硼酸溶液清洗。

e. 吸入刺激性或有毒气体　吸入氯、氯化氢气体时，可吸入少量酒精和乙醚的混合蒸气使之解毒。吸入硫化氢或一氧化碳气体而感到不适时，应立即到室外呼吸新鲜空气，但应注意氯、溴中毒不可进行人工呼吸，一氧化碳中毒不可使用兴奋剂。

f. 受溴腐蚀致伤　用苯或甘油清洗伤口，再用水冲洗。

g. 受磷灼伤　用1%硝酸银或5%硫酸铜清洗伤口，然后包扎。

h. 毒物进入口内　把5～10mL稀硫酸铜溶液加入一杯温水中，内服后用手指伸入咽喉部，促使呕吐，吐出毒物，然后立即送医院。

i. 触电　首先切断电源，必要时进行人工呼吸。

j. 起火　起火后，要一面灭火，一面采取措施防止火势蔓延（如切断电源、移走易燃药品等)。灭火时要针对起因选用合适的方法。一般的小火用湿布、石棉布或沙子覆盖燃烧物，即可灭火；火势大时应使用灭火器（表 1-1)。但电器设备所引起的火灾，应使用二氧化碳或四氯化碳灭火器灭火，不能使用泡沫灭火器，以免触电。活泼金属如钠、镁以及白磷等着火，宜用干沙灭火，不宜用水、泡沫灭火器以及 CCl_4 灭火器等。实验人员衣服着火时，切勿惊慌乱跑。应尽快脱下衣服，或用石棉布覆盖着火处。

k. 送医　伤势较重者应立即送医院。

为了对实验室意外事故进行紧急处理，实验室须配备常用急救药品，如红药水、碘酒(3%)、烫伤膏、消炎粉、消毒纱布、消毒棉、剪刀、棉花棒等。

表 1-1　常用灭火器介绍

灭火器类型	灭火剂成分	适用范围
泡沫灭火器	$Al_2(SO_4)_3$ 和 $NaHCO_3$	适用于油类起火
二氧化碳灭火器	液态 CO_2	适用于扑灭忌水的火灾，如电器设备和小范围油类火灾等
酸碱式灭火器	H_2SO_4 和 $NaHCO_3$	非油类和非电器的一般火灾
干粉灭火器	碳酸氢钠等盐类物质与适量的润滑剂和防潮剂	适用于不能用水扑灭的火灾，如精密仪器、油类、可燃性气体、电器设备、图书文件和遇水易燃物品的初起火灾
四氯化碳灭火器	液态 CCl_4	适用于扑灭电器设备、小范围的汽油、丙酮等失火
1211 灭火剂	CF_2ClBr 液化气体	特别适用于不能用水扑灭的火灾，如精密仪器、油类、有机溶剂、高压电器设备的失火等

四、实验室废液的处理

实验室产生的三废（废气、废液及废渣）必须经过处理后方可排弃。

在证明废弃物已相当稀少而又安全时，可以排放到大气或排水沟中；尽量浓缩废液，使其体积变小，放在安全处隔离储存；利用蒸馏、过滤、吸附等方法，将危险物分离，而只弃去安全部分；无论液体或固体，凡能安全燃烧的则燃烧，但数量不宜太大，燃烧时切勿残留有害气体或烧余物，如不能焚烧时，要选择安全场所填埋，不让其裸露在地面上。

一般有毒气体可通过通风橱或通风管道用空气稀释，大量的有毒气体必须通过与氧充分燃烧或吸附处理后才能排放。

废液应根据其化学特性选择合适的容器和存放地点，通过密闭容器存放，不可混合贮存，标明废物种类、贮存时间，定期处理。

(1) 产生少量有毒气体的实验应在通风橱内进行，通过排风设备将少量毒气排到室外(使排出气在外面大量空气中稀释)，以免污染室内空气；产生毒气量大的实验必须备有气体吸收或处理装置，如 N_2、SO_2、Cl_2、H_2S、HF 等可用导管通入碱液中使其大部分吸收后排出；CO 可点燃转变为 CO_2；在反应、加热、蒸馏中，不能冷凝的气体在排入通风橱之前，要进行吸收或其他处理，以免污染空气。常用的吸收剂及处理方法如下。

a. 氢氧化钠稀溶液：处理卤素、酸性气体（如 HCl、SO_2、H_2S、HCN 等）、甲醛、酰氯等。

b. 稀酸（H_2SO_4 或 HCl)：处理氨气、胺类等。

c. 浓硫酸：吸收有机物。

d. 活性炭、分子筛等吸附剂：吸收气体。

e. 水：吸收水溶性气体，如氯化氢、氨气等。为避免回吸，处理时用防止回吸的仪器。

f. 氢气、一氧化碳、甲烷气：如果排出量大，应装上单向阀门，点火燃烧。但要注意，反应体系空气排净以后，再点火。最好事先用氮气将空气赶走再点燃。

g. 较重的不溶于水的挥发物：导入水底，使下沉。吸收瓶吸入后再处理。

(2) 实验室废液的处理方法如下。

a. 无机酸类：将废酸慢慢倒入过量的含碳酸钠或氢氧化钙的水溶液中或用废碱互相中和，中和后用大量水冲洗。

b. 氢氧化钠、氨水：用 $6mol \cdot L^{-1}$ 盐酸水溶液中和，用大量水冲洗。

c. 对含重金属离子的废液：可加碱调 pH 值为 8～10 后再加硫化物处理，使其毒害成分转变成难溶于水的氢氧化物或硫化物沉淀，分离后的沉淀残渣掩埋于指定地点，清液达环保排放标准后方可排放。

d. 废铬酸洗液：可加入 $FeSO_4$，使六价铬还原为毒性很小的三价铬后，再按普通重金属离子废液处理方法处理。

e. 含氰废液：加入氢氧化钠使 pH 值在 10 以上，加入过量的高锰酸钾（3%）溶液，使 CN^- 氧化分解。如含量高，则在碱性介质中加 NaClO 使 CN^- 氧化分解成 CO_2 和 N_2。

f. 普通简单的废液：如石油醚、乙酸乙酯、二氯甲烷等可直接倒入废液桶中，废液桶尽量不要密封，不能装太满（3/4 即可）。

g. 有特殊刺激性气味的液体：倒入另一个废液桶内立即封盖，统一处理。

（3）少量有毒的废渣可掩埋于指定地点。

第二章 试剂、仪器与基本操作

一、化学实验常用试剂

1. 试剂的级别

化学试剂的等级规格是根据试剂纯度划分的。化学试剂（指通用试剂）的等级标准基本上分四级，即优级纯、分析纯、化学纯、实验试剂。

优级纯（GR）或一级品，也叫保证试剂，用于精密分析和科学研究，试剂的瓶签为绿色。

分析纯（AR）或二级品，也叫分析纯试剂，用于质量分析和一般科研工作，试剂的瓶签为红色。

化学纯（CP）或三级品，用于一般分析工作，试剂的瓶签为蓝色。

实验试剂（LR）或四级品，用于一般要求不高的实验，可作为辅助试剂，试剂的瓶签为棕黄色。

此外，根据专用试剂的用途，还有色谱试剂、光谱试剂、生物试剂等。这些试剂不能认为是化学分析的基准试剂。

2. 试剂的存放

试剂存放的方法不仅要考虑试剂的物理状态，而且要考虑试剂的性质和试剂瓶的材质，如固体试剂一般存放在易于取用的广口瓶中，液体试剂则存放在细口瓶中；硝酸银、高锰酸钾、碘化钾等见光易分解的试剂应装在棕色瓶中，但见光分解的双氧水（过氧化氢）只能装在不透明的塑料瓶中，并避光于阴凉处，而不能用棕色瓶存放，因为棕色瓶中的重金属离子会加速双氧水的分解；存放氢氧化钠、氢氧化钾、硅酸钠等试剂时，不能用磨口塞，应换用橡胶塞，避免试剂与玻璃中的二氧化硅发生反应而黏结，导致瓶盖难以开启；氟化钠腐蚀玻璃，须用塑料瓶或铅制瓶保存；易氧化物质如金属钠、钾等，应在煤油中存放。

每个试剂瓶上都应贴上标签，并标明试剂的名称、纯度、浓度和配制日期，标签外应涂蜡或用透明胶带保护。

二、化学实验常用仪器

化学实验室常用的容器大部分为玻璃仪器，部分为塑料材质仪器和瓷质仪器，特殊的容器材质为聚四氟乙烯类，如在微波实验中使用的微波消解罐或水热合成反应中使用的高压反应釜等。

(1) 烧杯

玻璃质或塑料质，玻璃质分硬质和软质，有一般型和高型、有刻度和无刻度等几种。

一般以容积表示规格，有 50mL、100mL、250mL、500mL、1000mL、2000mL 等几种，见图 2-1(a)。

玻璃烧杯常用作大量物质的反应容器，也可用于配制溶液。可以加热，加热时烧杯底部要垫石棉网。所盛反应液体一般不能超过烧杯容积的 2/3。

塑料质（或聚四氟乙烯）烧杯常用作有强碱性溶剂或氢氟酸分解样品的反应容器。加热温度一般不能超过 200℃。

(2) 锥形瓶

玻璃质，分硬质和软质、有塞（磨口）和无塞、广口和细口等几种。一般以容积表示规格，有 50mL、100mL、250mL、500mL 等几种，见图 2-1(b)。

锥形瓶可用作反应容器、接收容器、滴定容器（便于振荡）和液体干燥器等。加热时应垫石棉网或用水浴，以防破裂。

有塞的锥形瓶又叫碘量瓶，在碘量法中使用，见图 2-1(c)。

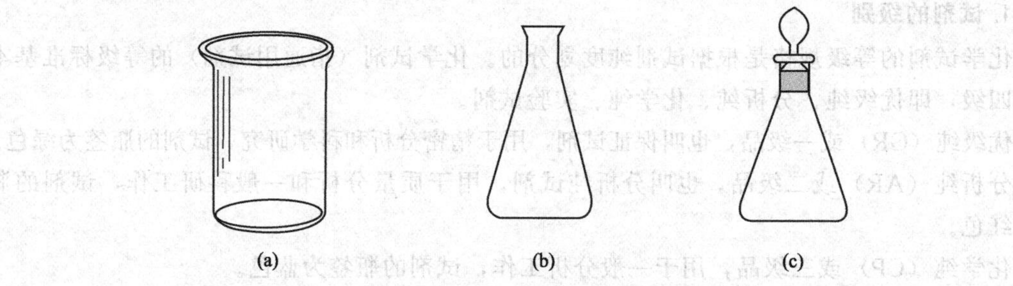

图 2-1 烧杯、锥形瓶和碘量瓶

(3) 试管（离心试管）

玻璃质或塑料质，分硬质试管和软质试管、普通试管和离心试管等几种，见图 2-2(a)。一般以容积表示规格，有 5mL、10mL、15mL、20mL、25mL 等几种。无刻度试管按外径(mm)×管长(mm)分类，有 8×70、10×75、10×100、12×100、12×120 等规格。

试管常用作常温或加热条件下少量试剂的反应容器，便于操作和观察，也可用来收集少量的气体。

离心试管主要用于沉淀分离，见图 2-2(a)。离心试管加热时可采用水浴，反应液不应超过容积的 1/2。

使用过的试管和离心试管应及时洗涤，以免放置时间过久而难于洗涤。

(4) 试管架

一般为木质、铝质或有机玻璃等材质，有不同形状和大小，用于放置试管和离心试管，见图 2-2(b)。

(5) 量筒

玻璃质，一般以容积表示规格，有 5mL、10mL、25mL、50mL、100mL、500mL、1000mL 等几种，见图 2-2(c)。

属于量出容器，用于粗略量取一定体积的液体。使用时不可加热，不可量取热的液体或溶液，不可作为实验容器，以防影响容器的准确性。

读取数据时，应将凹液面的最低点与视线置于同一水平上并读取与弯月面相切的数据。

(6) 移液管（吸量管）

玻璃质，分单刻度大肚型和刻度管型两种，一般以容积表示规格，常量的有 1mL、2mL、

5mL、10mL、25mL、50mL 等规格；微量的有 0.1mL、0.25mL、0.5mL 等，见图 2-3(a)。

属于量出容器，精确量取一定体积的液体，不能移取热的液体。使用时注意保护下端尖嘴部位。

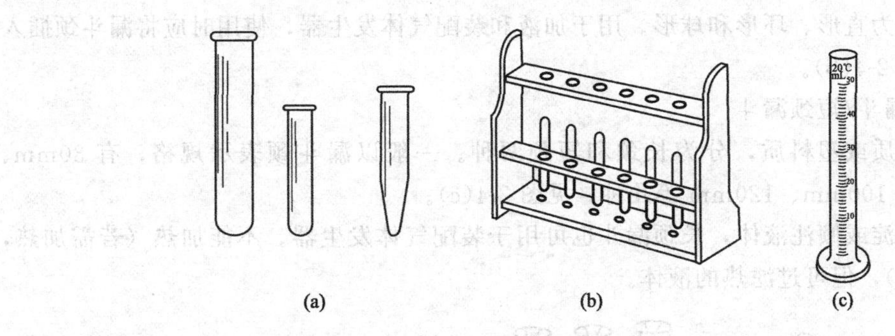

图 2-2　试管、离心试管、试管架和量筒

(7) 容量瓶

玻璃质，一般以容积表示规格，有 10mL、25mL、50mL、100mL、500mL、1000mL、2000mL 等几种，见图 2-3(b)。

属于量入容器，用于配制准确浓度的溶液。

使用注意事项如下。

a. 不能加热，不能代替试剂瓶用来储存溶液，以避免影响容量瓶容积的准确度。

b. 为配制准确，溶质应先在烧杯内溶解后再移入容量瓶。

c. 不用时应在塞子和旋塞处垫上纸片。

(8) 滴定管

玻璃质，有酸式和碱式两种，一般以容积表示规格，常见的有 10mL、25mL、50mL、100mL 等几种，见图 2-3(c)。

用于滴定分析或量取较准确体积的液体。酸式滴定管还可用作柱色谱分析中的色谱柱。

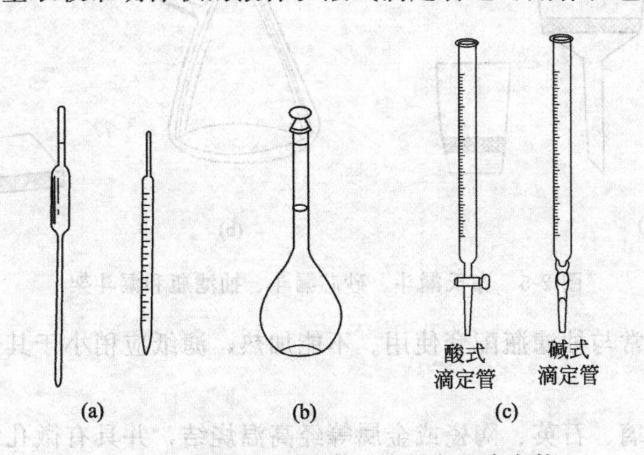

图 2-3　移液管、吸量管、容量瓶和滴定管

(9) 分液漏斗（滴液漏斗）

玻璃质，分球形、梨形、筒形和锥形等几种。一般以容积表示规格，有 50mL、100mL、250mL、500mL 等几种，见图 2-4(a)。

分液漏斗用于分离互不相溶的液体，也可用于向某容器加入试剂。若需滴加，则需用滴液漏斗。

注意事项：a. 不能加热；b. 防止塞子和旋塞损坏；c. 不用时应在塞子和旋塞处垫上纸片，以防塞子不能取出。特别是分离或滴加碱性溶液后，更应注意。

(10) 安全漏斗

玻璃质，分为直形、环形和球形。用于加液和装配气体发生器，使用时应将漏斗颈插入液面以下，见图 2-4(b)。

(11) 长颈漏斗/短颈漏斗

玻璃质、瓷质或塑料质，分为长颈和短颈两种。一般以漏斗颈表示规格，有 30mm、40mm、60mm、100mm、120mm 等几种，见图 2-4(c)。

用于过滤沉淀或倾注液体，长颈漏斗也可用于装配气体发生器。不能加热（若需加热，可用铜漏斗过滤），但可过滤热的液体。

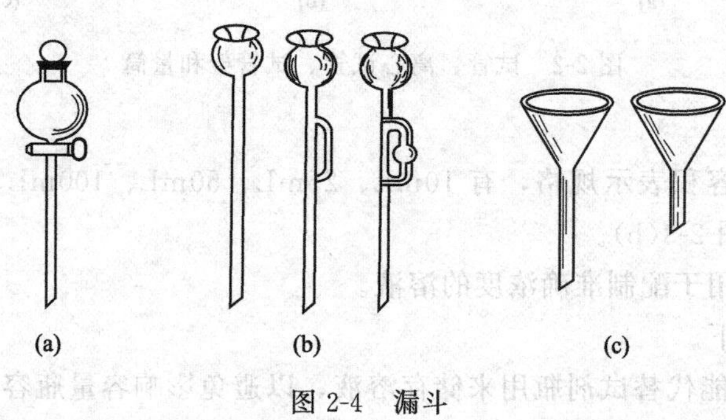

图 2-4 漏斗

(12) 布氏漏斗

瓷质，常以直径表示其大小，见图 2-5(a)。

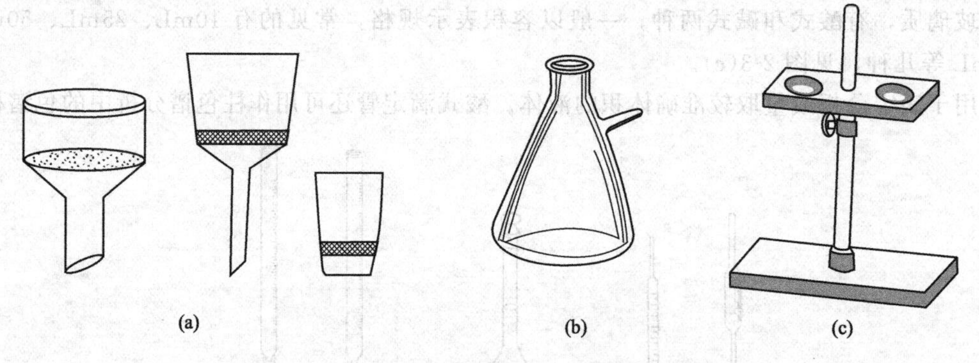

图 2-5 布氏漏斗、砂芯漏斗、抽滤瓶和漏斗架

用于减压过滤，常与抽滤瓶配套使用。不能加热，滤纸应稍小于其内径。

(13) 砂芯漏斗

一类由颗粒状玻璃、石英、陶瓷或金属等经高温烧结，并具有微孔结构的过滤器。常用的是砂芯漏斗，它的底部是玻璃砂在 873K 左右烧结的多孔片。根据烧结玻璃孔径的大小分为 6 种型号，见图 2-5(a)。用于过滤沉淀，常和抽滤瓶配套使用。不宜过滤浓碱溶液、氢氟酸溶液或热的浓磷酸溶液。

(14) 抽滤瓶

玻璃质，一般以容积表示规格，有 50mL、100mL、250mL、500mL 等几种，见图 2-5 (b)。

用于减压过滤，上口接布氏漏斗或砂芯漏斗，侧嘴接真空泵。不能加热。

（15）漏斗架

木制或铁制，见图 2-5(c)。

过滤时用于承接漏斗，漏斗的高度可由漏斗架调节。

（16）表面皿

玻璃质，一般以直径单位表示规格，有 45mm、65mm、75mm、90mm 等几种，见图 2-6(a)。

多用于盖在烧杯上，防止烧杯内液体迸溅或污染，使用时弯曲面向下。不能直接加热。

（17）烧瓶

通常为玻璃质，分硬质和软质，有平底烧瓶、圆底烧瓶、长颈烧瓶、短颈烧瓶、细口烧瓶、厚口烧瓶和蒸馏烧瓶等几种，见图 2-6(b)。一般以容积表示规格，有 50mL、100mL、250mL、500mL 等几种。

用于化学反应的容器或液体的蒸馏。使用时液体的盛放量不能超过烧瓶容量的 2/3，一般固定在铁架台上使用。

（18）滴瓶

通常为玻璃质，分无色和棕色（避光）两种，见图 2-6(c)。滴瓶上乳胶滴头另配。一般以容积表示规格，有 15mL、30mL、60mL、125mL 等几种。

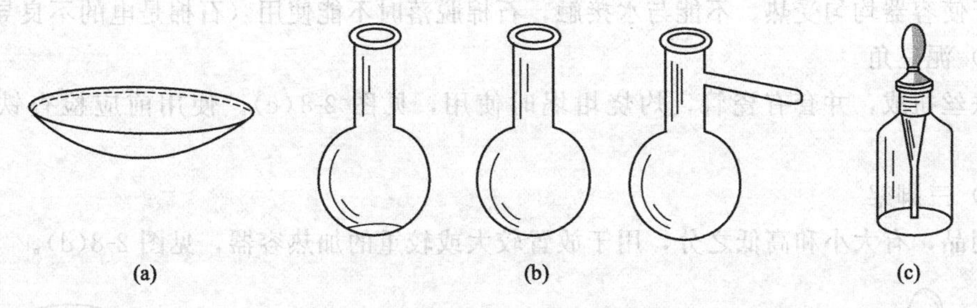

图 2-6　表面皿、烧瓶和滴瓶

用于盛放少量液体试剂或溶液，便于取用。滴管为专用，不得弄脏弄乱，以防污染试剂。滴管不能吸得太满或倒置，以防试剂腐蚀乳胶滴头。

（19）细口瓶

通常为玻璃质，有磨口和不磨口、无色和有色（避光）之分，见图 2-7(a)。一般以容积表示规格，有 100mL、125mL、250mL、500mL、1000mL 等几种，磨口瓶用于盛放液体药品或溶液。

注意事项：a. 不能直接加热；b. 磨口瓶不能放置碱性物质，因碱性物质会把细口瓶瓶颈和瓶塞粘住。用于气体燃烧实验时应在瓶底放薄层的水或沙子，以防破裂；c. 细口瓶不用时应用纸条垫在瓶塞与瓶颈间，以防打不开；d. 磨口瓶与塞均配套，防止弄乱。

（20）广口瓶

一般为玻璃质，有无色和棕色（避光），有磨口和不磨口之分，见图 2-7(a)。一般以容积表示规格，有 30mL、60mL、125mL、250mL、500mL 等几种。

磨口瓶用于储存固体药品，广口瓶通常用作集气瓶。注意事项同细口瓶。

（21）药匙

由塑料或牛角制成，用于取用固体药品，用后应立即洗净、晾干，见图 2-7(b)。

(22) 称量瓶

玻璃质，分高型和扁平型两种，见图 2-7(c)。

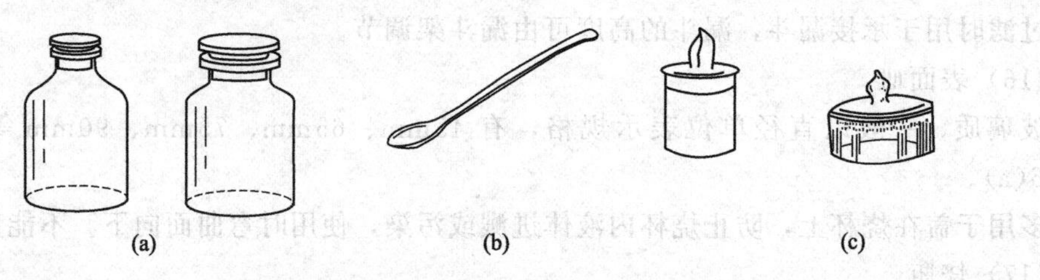

图 2-7 细口瓶、广口瓶、药匙和称量瓶

用于准确称取一定量固体药品。扁平称量瓶主要用于测定样品中的水分，盖子为配套的磨口塞，不能弄乱或丢失。不能加热。

(23) 酒精灯

玻璃质，灯芯套管为瓷质，盖子有塑料质和玻璃质之分，见图 2-8(a)。

用于一般加热。

(24) 石棉网

由铁丝网上涂石棉制成，见图 2-8(b)。

用于使容器均匀受热。不能与水接触，石棉脱落时不能使用（石棉是电的不良导体）。

(25) 泥三角

由铁丝扭成，并套有瓷管，灼烧坩埚时使用，见图 2-8(c)。使用前应检查铁丝是否断裂。

(26) 三脚架

铁制品，有大小和高低之分，用于放置较大或较重的加热容器，见图 2-8(d)。

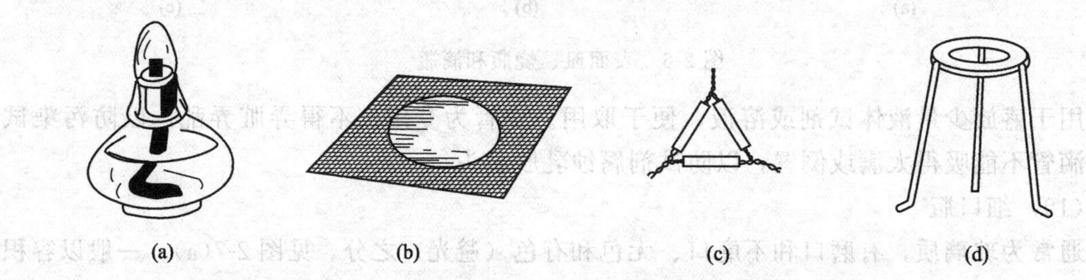

图 2-8 酒精灯、石棉网、泥三角和三脚架

(27) 水浴锅

铜或铝制，现在多用恒温水槽代替，用于间接加热，见图 2-9(a)。

(28) 蒸发皿

通常为瓷质，也有玻璃、石英、铂制品，有平底和圆底之分，见图 2-9(b)。一般以容积表示规格，有 75mL、200mL、400mL 等几种，用于蒸发和浓缩液体。一般放在石棉网上加热使其受热均匀。使用时应根据液体性质选用不同材质的蒸发皿。

(29) 坩埚

材质有普通瓷、铁、石英、镍和铂等，一般以容积表示规格，有 10mL、15mL、25mL、50mL 等几种，见图 2-9(c)。

用于灼烧固体。使用时应根据灼烧温度及试样性质选用不同类型的坩埚，以防损坏坩埚。

(30) 坩埚钳

铁或铜制，有大小和长短之分，见图 2-9(d)。用于夹持坩埚或热的蒸发皿。

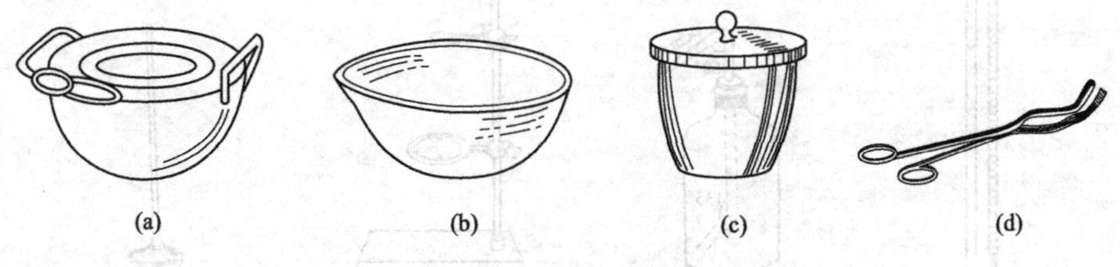

图 2-9　水浴锅、蒸发皿、坩埚和坩埚钳

(31) 试管夹

有木制、竹制、钢制等，形状各不相同，用于夹持试管，见图 2-10(a)。

(32) 毛刷

常以大小或用途分类，有试管刷、烧瓶刷、滴定管刷等多种，见图 2-10(b)。

用于洗刷仪器。顶部无毛的毛刷不能使用。

(33) 研钵

材质有瓷、玻璃和玛瑙等，见图 2-10(c)。一般以口径（单位 mm）大小表示规格，用于研碎固体，或用于固固、固液样品的研磨。

注意事项如下。

a. 使用时不能敲击，只能研磨，以防击碎研钵或研杵，避免固体飞溅。

b. 易爆物只能轻轻压碎，不能研磨，以防爆炸。

(34) 点滴板

瓷质，见图 2-10(d)。有白色和黑色之分，常以穴的多少表示规格，有九穴、十二穴等几种，用于性质实验的点滴反应，有白色沉淀时用黑色点滴板。

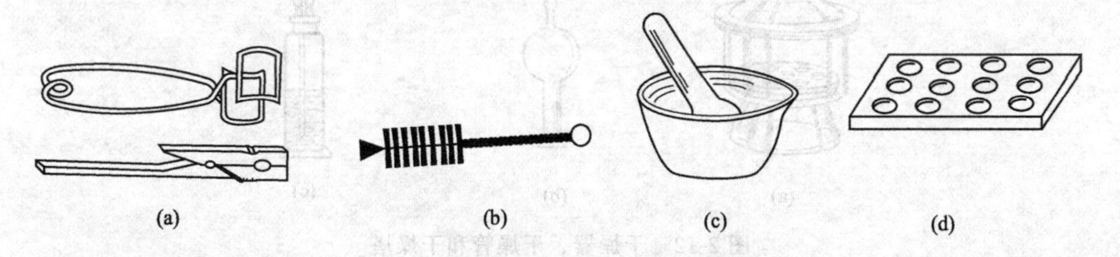

图 2-10　试管夹、毛刷、研钵和点滴板

(35) 温度计

玻璃质，常用的有水银温度计和酒精温度计，见图 2-11(a)。

用于测量体系的温度。若不慎将水银温度计损坏，洒出的汞（汞有毒）必须处理。

(36) 洗瓶

一般为塑料质，见图 2-11(b)，用于盛放蒸馏水。

(37) 铁架台、铁圈和铁夹

铁制品，铁夹有铝制和铜制两种，见图 2-11(c)。

铁圈可放置分液漏斗或反应容器。铁夹用于固定蒸馏烧瓶、冷凝管、试管等仪器。

(38) 燃烧勺

铜质，见图 2-11(d)。用于检验某些固体的可燃性。用后应立即洗净并干燥，以防腐蚀。

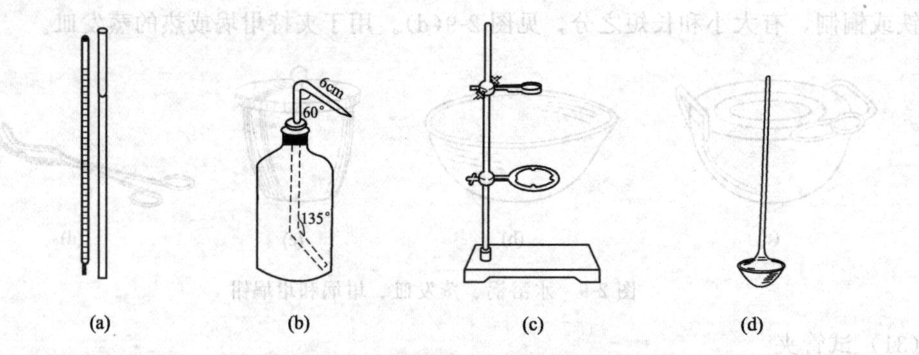

图 2-11　温度计、洗瓶、铁架台和燃烧勺

(39) 干燥器

玻璃质，按玻璃颜色分为无色和棕色两种，见图 2-12(a)。以内径表示规格，有 100mm、150mm、180mm、200mm 等规格。

分上下两层，下层放干燥剂，上层放需保持干燥的物品，如易吸收水分、或已经烘干或灼烧后的物质。

(40) 干燥管

玻璃质，形状多种，用于干燥气体，见图 2-12(b)。用时两端应用棉花或玻璃纤维填塞，中间装干燥剂。

(41) 干燥塔

玻璃质，形状有多种。一般以容量表示规格，有 125mL、250mL、500mL 等几种，见图 2-12(c)。

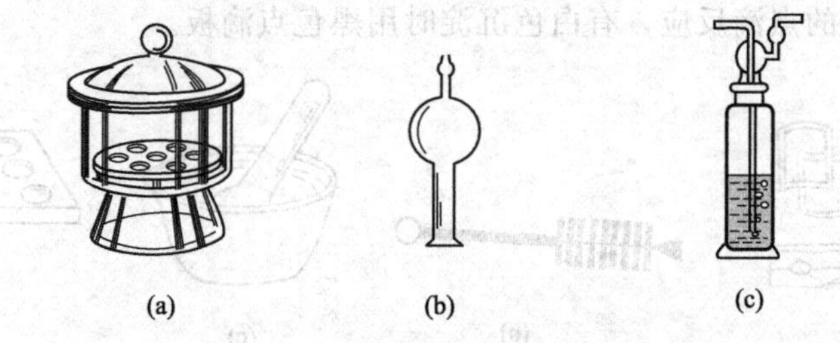

图 2-12　干燥器、干燥管和干燥塔

用于净化气体，进气口插入干燥剂中，不能接错。若反接，则可作为缓冲瓶使用。

(42) 冷凝管

玻璃质，一般有直形和球形两种，为直形冷凝管和球形冷凝管，见图 2-13(a) 和图 2-13(b)。

在蒸馏和回流时使用，常和蒸馏烧瓶配套使用。使用时下端为进水口，上端为出水口。

(43) 自由夹和螺旋夹

铁制品，用于打开和关闭流体的通道，见图 2-13(c)。

三、化学实验基本操作

1. 实验室用水的基本要求

(1) 化学实验用水的要求

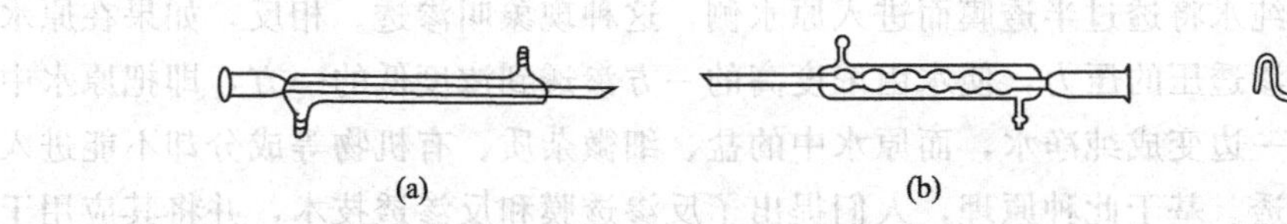
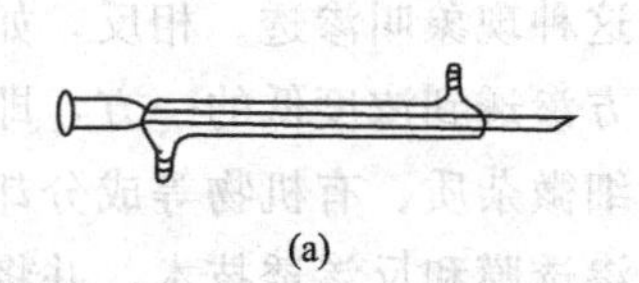
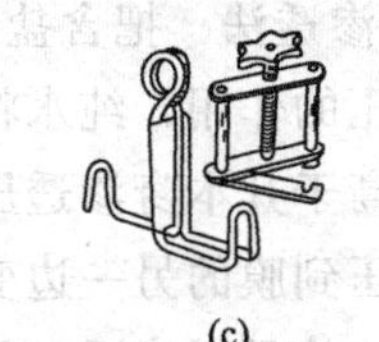

图 2-13　冷凝管、自由夹和螺旋夹

自来水中常含有 K^+、Na^+、Ca^{2+}、Mg^{2+} 等金属离子的碳酸盐、硫酸盐、氯化物及某些气体杂质等。用它配制溶液时，这些杂质可能会与溶液中的溶质发生化学反应而使溶液变质失效，也可能会对实验现象或结果产生干扰和不良的影响。因此，做化学实验时，溶液的配制一般要用纯水，即经过提纯的水。对纯水进行定性检验时应无 Ca^{2+}、Mg^{2+}、Cl^-、SO_4^{2-} 等离子。

我国已建立了实验室用水规格的国家标准（GB/T 6682—2008），规定了实验室用水的技术指标、制备方法及检验方法。实验室用水的级别及主要指标见表 2-1（部分内容）。

表 2-1　实验室用水的级别及主要指标

指标名称	一级	二级	三级
pH 值范围(298K)			5.0～7.5
电导率(298K)/$(mS \cdot m^{-1})$	≤0.01	≤0.10	≤0.50
吸光度(254nm,1cm 光程)	≤0.001	≤0.01	—
可溶性硅(以 SiO_2 计)/$(mg \cdot L^{-1})$	<0.01	<0.02	—
蒸发残渣(105±2)℃/$(mg \cdot L^{-1})$	—	≤1.0	≤2.0

注："—"表示未做规定。

(2) 化学实验用水的制备方法

实验室制备纯水的方法很多，其中常用的有蒸馏法、离子交换法、电渗析法和反渗透法。

① 蒸馏法　将自来水经过蒸馏器蒸馏，所产生的蒸汽经冷凝即得蒸馏水。绝大部分无机盐都不挥发，因此蒸馏水较纯净，但不能完全除去水中溶解的气体杂质，适用于一般溶液的配制。此外，一般蒸馏装置所用材料是不锈钢、纯铝或玻璃，所以可能会带入金属离子。通过增加蒸馏次数，减慢蒸馏速度，以及使用特殊材料如石英和聚四氟乙烯等制作的蒸馏器皿，可得到纯度更高的水。

② 离子交换法　离子交换树脂由高分子骨架、离子交换基团和孔三部分组成。离子交换基团上具有的 H^+ 和 OH^- 与水中阳离子、阴离子杂质进行交换，将水中的阳离子、阴离子杂质截留在树脂上，进入水中的 H^+ 和 OH^- 重新结合成水而达到纯化水的目的。能与阳离子起交换作用的树脂称为阳离子交换树脂，能与阴离子起交换作用的树脂则称为阴离子交换树脂。将自来水依次通过阳离子树脂交换柱、阴离子树脂交换柱、阴阳离子树脂混合交换柱后所得到的纯水为去离子水。该方法制备的水比用金属蒸馏器蒸馏 2 次的水纯度高，但不能除去非离子型杂质，常含有微量的有机物。

③ 电渗析法　在电渗析器的两电极间交替放置若干张阴离子交换膜和阳离子交换膜，阳离子移向负极，阴离子移向正极，阳离子只能透过阳离子交换膜，阴离子只能透过阴离子交换膜，通直流电后水中离子做定向移动，交换膜之间的水得到净化。该方法对弱电解质的去除效率较低。如果与离子交换法联用，可制得较好的实验用纯水。

④ 反渗透法　把含盐水（原水）与纯水用微孔直径为万分之一微米的半透膜隔开时，由于渗透压的作用，纯水将透过半透膜而进入原水侧，这种现象叫渗透。相反，如果在原水侧施加一高于其本身渗透压的压力，使水由浓度高的一方渗透到浓度低的一方，即把原水中的水分子压到膜的另一边变成纯净水，而原水中的盐、细微杂质、有机物等成分却不能进入纯水侧，这就是反渗透。基于此种原理，人们提出了反渗透膜和反渗透技术，并将其应用于水处理。用该方法制备的纯净水即为反渗透水。

采用蒸馏或离子交换法制备的纯水一般为三级水。将三级水再次蒸馏后所得纯水一般为二级水，常含有微量的无机、有机或胶态杂质。将二级水再进一步处理后所得纯水一般为一级水。用石英蒸馏器将二级水再次蒸馏所得到的水，基本上不含有溶解或胶态离子杂质及有机物。

实验室用水一般应用密闭、专用聚乙烯容器储存。三级水也可用密闭的专用玻璃容器储存。新容器在使用前需用 20％盐酸溶液浸泡 2～3d，再用实验用水冲洗数次。

2. 玻璃仪器的洗涤与干燥

(1) 玻璃仪器的洗涤

化学实验使用的玻璃仪器，常沾有可溶性化学物质、不溶性化学物质、灰尘及油污等。为了得到准确的实验结果，实验前必须将仪器洗涤干净。

仪器是否洗净可通过器壁是否挂有水珠来检查。将洗净后的仪器倒置，如果器壁透明，内壁被水均匀地润湿，不挂水珠则说明已洗净；如器壁有不透明处或附着水珠或有油斑，则未洗净，应重洗。洗净后的仪器，不可用布或纸擦拭，而应用晾干或烘烤的方法使之干燥。

一般玻璃仪器的洗涤如下所示：

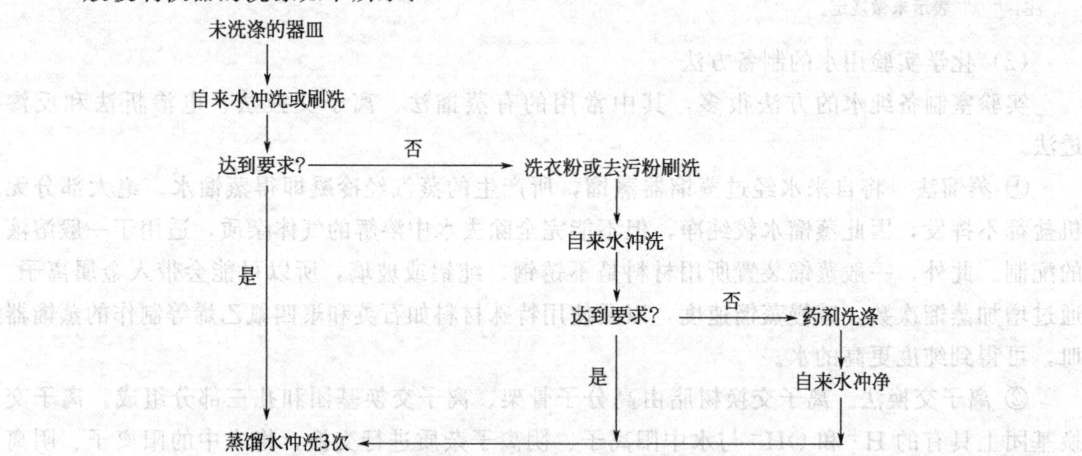

a. 冲洗　在玻璃仪器内注入约占仪器总量 1/3 的自来水，用力振荡片刻，倒掉，连洗数次，可洗去沾附的易溶物和部分灰尘。

b. 刷洗　用水冲洗不能清洗干净时，可用毛刷由外到里刷洗干净。刷洗时需选用合适的毛刷。毛刷可按所洗涤仪器的类型、规格（口径）大小来选择。洗涤试管和烧瓶时，不可使用端头无直立竖毛的秃头毛刷（为什么?）。刷洗后，再用水连续振荡数次，每次用水量不要太多。刷洗数次后，检查是否干净。若不干净，将少量去污粉（肥皂粉或洗衣粉）撒入玻璃仪器内，再用毛刷进行刷洗，然后用水冲去去污粉，直到洗净为止。

c. 药剂洗涤　对准确度较高的量器或更难洗去的污物或因仪器口径较小、管细长等不便刷洗的仪器可用铬酸洗液或王水洗涤，也可针对污物的化学性质选用其他适当的试剂洗涤

(即利用酸碱中和反应、氧化还原反应、配位反应等，将不溶物转化为易溶物再进行清洗。如银镜反应沾附的银及沉积的硫化银可加入硝酸生成易溶的硝酸银；未反应完的二氧化锰，反应生成的难溶氢氧化物、碳酸盐等可用盐酸处理生成可溶氯化物；沉积在器壁上的银盐，一般用硫代硫酸钠溶液洗涤，以生成易溶配合物；沉积在器壁上的碘可用硫代硫酸钠溶液清洗，也可用碘化钾或氢氧化钠溶液清洗；碱、碱性氧化物、碳酸盐等可用 $6mol\cdot L^{-1}$ HCl 溶解)。用铬酸洗液洗涤时，先往仪器内注入少量洗液，使仪器倾斜并缓慢转动，让仪器内壁全部被洗液润湿，再转动仪器，使洗液在内壁流动，经转动几圈后，把洗液倒回原瓶（不可倒入水池或废液桶，铬酸洗液变暗绿色失效后可回收再生使用)。对沾污严重的仪器可用洗液浸泡一段时间，或者用热洗液洗涤。注意：Cr(Ⅵ) 有毒，应尽量少用铬酸洗液。

用洗液洗涤时，决不允许将毛刷放入洗液中。倾出洗液后，应停留适当时间，再用自来水冲洗或刷洗。

自来水冲洗或刷洗干净的仪器，应用蒸馏水再淋洗 3 次。在洗涤过程中，应遵循“少量多次”的原则，一般冲洗 3 次，每次用水 5～10mL。

铬酸洗液的配制方法：称取 10g 工业级重铬酸钾固体放入烧杯中，加入 20mL 热水溶解，冷却后在不断搅拌下慢慢加入 200mL 浓硫酸，即得暗红色铬酸洗液，将之储存于细口玻璃瓶中备用。取用后，要立即盖紧瓶塞。

(2) 玻璃仪器的干燥

实验所用的仪器，除必须清洗外，有时还要求干燥。干燥的方法有以下几种（图 2-14)。

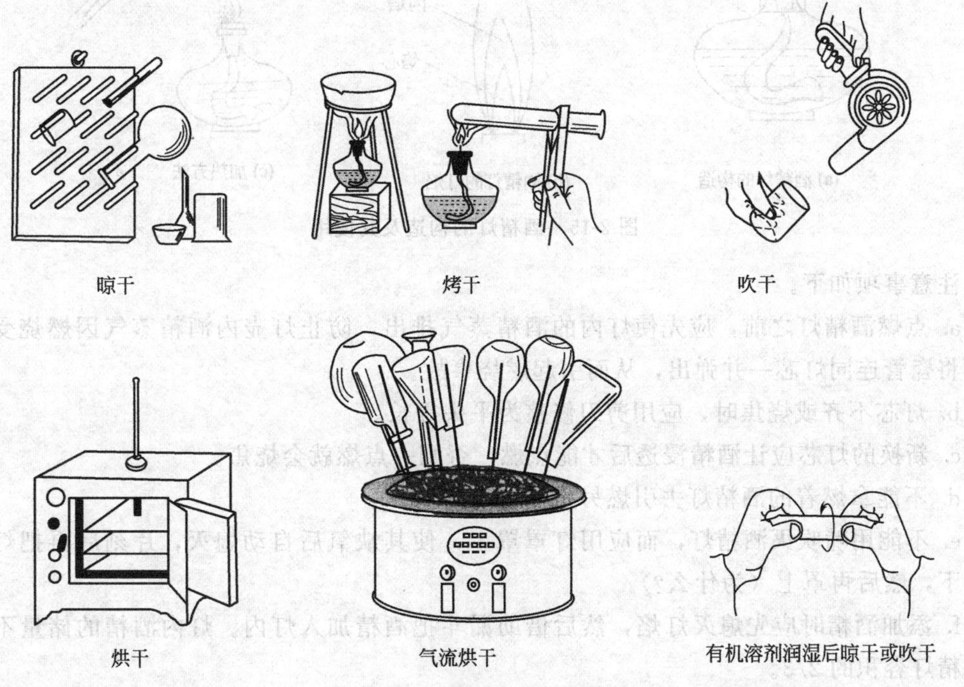

图 2-14 玻璃仪器的干燥方法

a. 晾干 让残留在仪器内壁的水分自然挥发而使仪器干燥。一般将洗净的仪器倒置在干净的仪器柜内或滴水架上，任其滴水晾干。可用这种方法干燥的仪器主要是容量仪器、加热烘干时容易炸裂的仪器以及不需要将其所沾水完全排除至恒重的仪器。

b. 热（冷）风吹干 洗净的仪器若急需干燥，可用电吹风直接吹干，或倒插在气流烘干器上。若在吹风前先用易挥发的有机溶剂（如乙醇、丙酮、石油醚等）淋洗一下，则干得更快。

c. 加热烘干　如需干燥较多的仪器，可使用电热鼓风干燥箱烘干。将洗净的仪器倒置稍沥去水滴后，放入干燥箱的隔板上，关好门。控制箱内温度在105℃左右，恒温烘干半小时即可。对可加热或耐高温的仪器，如试管、烧杯、烧瓶等还可利用加热的方法使水分迅速蒸发而干燥。加热前先将仪器外壁擦干，然后用小火烤干，烤干时注意不时转动以使仪器受热均匀。

仪器干燥时，需注意带有刻度的计量仪器不能用加热的方法进行干燥，以免影响仪器的精度。刚烘烤完毕的热仪器不能直接放在冷的、特别是潮湿的桌面上，以免因局部骤冷而破裂。

3. 加热操作

(1) 酒精灯

酒精灯是实验室常用的加热工具，其加热温度为400～500℃，适用于温度不太高的实验。酒精灯由灯罩、灯芯（以及瓷质套管）和盛酒精的灯壶三个部分组成，见图2-15(a)。

正常使用时酒精灯的火焰可分为焰心、内焰和外焰三个部分，见图2-15(b)。外焰的温度最高，往内依次降低。故加热时应调节好受热器与灯焰的距离，用外焰来加热，见图2-15(c)。

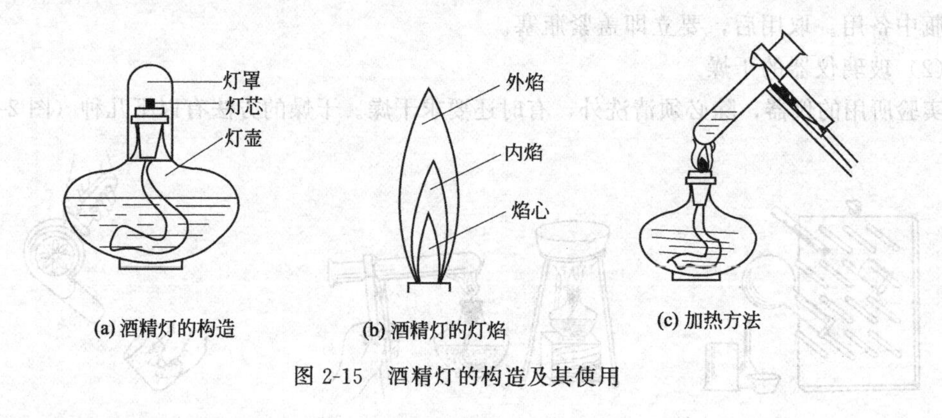

图2-15　酒精灯的构造及其使用

注意事项如下。

a. 点燃酒精灯之前，应先使灯内的酒精蒸气排出，防止灯壶内酒精蒸气因燃烧受热膨胀而将瓷管连同灯芯一并弹出，从而引起燃烧事故。

b. 灯芯不齐或烧焦时，应用剪刀修整为平头等长。

c. 新换的灯芯应让酒精浸透后才能点燃，否则一点燃就会烧焦。

d. 不能拿燃着的酒精灯去引燃另一盏酒精灯。

e. 不能用嘴吹灭酒精灯，而应用灯罩罩上，使其缺氧后自动熄灭，片刻后再把灯罩提起一下，然后再罩上（为什么?）。

f. 添加酒精时应先熄灭灯焰，然后借助漏斗把酒精加入灯内。灯内酒精的储量不能超过酒精灯容积的2/3。

酒精易挥发、易燃烧，使用时须注意安全，一旦洒出的酒精在灯外燃烧，可用湿布或石棉布扑灭。

(2) 电热恒温干燥箱

电热恒温干燥箱是利用电热丝隔层加热使物体干燥的设备。它适用于比室温高5～200℃范围的恒温烘焙、干燥、热处理等，灵敏度通常为±1℃。电热恒温干燥箱一般由箱体、电热系统和自动恒温控制系统三个部分组成。其电热系统一般由两组电热丝构成，一组为辅助电热丝，用于短时间内急剧升温和120℃以上恒温时辅助加热；另一组为恒温电热丝，受温度控制器控制。

(3) 酒精喷灯

酒精喷灯有挂式与座式两种，其构造如图2-16所示。挂式喷灯的酒精储存在悬挂于高处的储罐内，而座式喷灯的酒精则储存于作为灯座的酒精壶内。

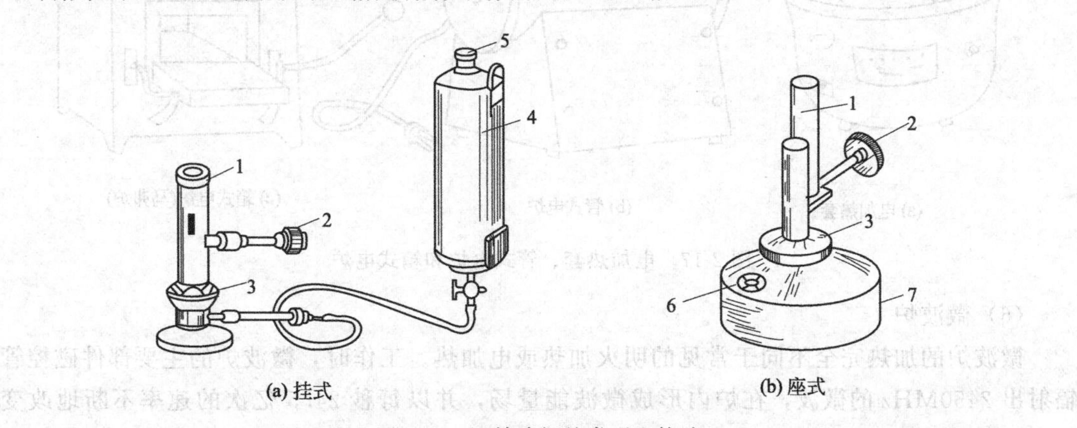

图 2-16 酒精喷灯的类型和构造

1—灯管；2—空气调节器；3—预热盘；4—酒精储罐；5—盖子；6—铜帽；7—酒精壶

使用挂式喷灯时，打开挂式喷灯酒精储罐下口开关，并先在预热盘中注入适量的酒精，然后点燃盘中的酒精，以加热灯管，待盘中酒精将近燃完时，开启空气调节器，这时由于酒精在灼热的灯管内气化，并与来自气孔的空气混合，即燃烧并形成高温火焰（温度可达700～1000℃）。调节空气调节器阀门可以控制火焰的大小。用毕关紧空气调节器即可使灯熄灭。此时酒精储罐的下口开关也应关闭。座式喷灯使用方法与挂式基本相同，但熄灭时需用盖板将灯焰盖灭，或用湿抹布将其闷灭。

注意事项如下。

① 在开启调节器、点燃管口气体以前，必须充分灼热灯管，否则酒精不能全部气化，会有液体酒精由管口喷出，导致“火雨”（尤其是挂式喷灯）。这时应关闭开关，并用湿抹布熄灭火焰，重新往预热盘添加酒精，重复上述操作点燃。但连续两次预热后仍不能点燃时，则需要用探针疏通酒精蒸气出口，让出气顺畅后，方可再预热。

② 座式喷灯内酒精储量不能超过酒精壶的2/3，连续使用时间较长时（一般在半小时以上），酒精用完时需暂时熄灭喷灯，待冷却后，再添加酒精，然后继续使用。

③ 挂式喷灯酒精储罐出口至灯具进口之间的橡皮管要连接好，不得有漏液现象，否则容易失火。

(4) 电炉、电加热套、电加热板

电炉可以代替酒精灯或酒精喷灯用于一般加热。为保证受热均匀，容器应垫上石棉网加热。电加热套［见图2-17(a)］和电加热板的特点是有温度控制装置，能够缓慢加热和控制温度，适用于分析试样的处理。

(5) 管式电炉与箱式电炉

实验室进行高温灼烧或反应时，常用管式电炉和箱式电炉，如图2-17(b) 和图2-17(c) 所示。管式电炉有一个管状炉膛，内插一根耐高温瓷管或石英管，瓷管内再放入盛有反应物的瓷舟，反应物可在真空、空气或其他气氛下受热，温度可从室温到1000℃。箱式电炉一般用电炉丝、硅碳棒或硅、硅钼棒做发热体，温度可调节控制，最高使用温度分别可达950℃、1300℃和1500℃左右。温度测量一般用热电偶。

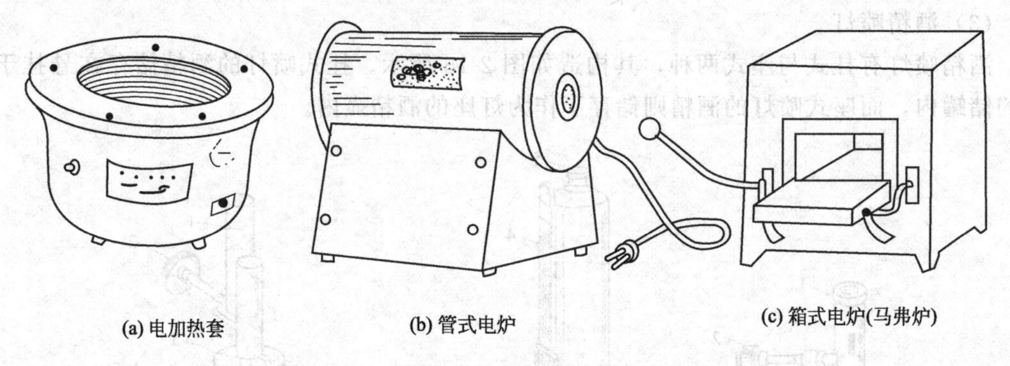

图 2-17 电加热套、管式电炉和箱式电炉

(6) 微波炉

微波炉的加热完全不同于常见的明火加热或电加热。工作时，微波炉的主要部件磁控管辐射出2450MHz的微波，在炉内形成微波能量场，并以每秒24.5亿次的速率不断地改变着正、负极。当待加热物体中的极性分子，如水、蛋白质等吸收微波能后，也以高频率改变着方向，使分子间相互碰撞、挤压、摩擦而产生热量，将电磁能转化成热能。可见微波炉工作时本身不产生热量，待加热物体吸收微波能后，内部的分子相互摩擦而自身发热，简单地讲是摩擦起热。

微波是一种高频率的电磁波，它具有反射、穿透、吸收三种特性。微波碰到金属会被反射回来，而对一般的玻璃、陶瓷、耐热塑料、竹器、木器则具有穿透作用。它能被碳水化合物（如各类食品）吸收。由于微波的这些特性，微波炉在实验室中可用来干燥玻璃仪器，加热或烘干试样。如在重量法测定可溶性钡盐中的钡时，可用微波干燥恒重玻璃坩埚及沉淀，亦可用于有机化学中的微波反应。

微波炉加热有快速、能量利用率高、被加热物体受热均匀等优点。但不能恒温，不能准确控制所需的温度。因此，只能通过实验决定所要用的功率、时间，以达到所需的加热程度。

使用方法及注意事项如下。

① 将待加热器皿均匀放在炉内玻璃转盘上。

② 关上炉门，选择加热方式。

③ 金属器皿、细口瓶或密封的器皿不能放入炉内加热。

④ 炉内无待加热物体时，不能开机；待加热物体很少时，不能长时间开机，以免空载运行（空烧）而损坏机器。

⑤ 不要将炽热的器皿放在冷的转盘上，也不要将冷的带水器皿放在炽热的转盘上，以防止转盘破裂。

⑥ 一批干燥物取出后，不要关闭炉门，让其冷却，5～10min后才能放入下一批待加热的器皿。

(7) 磁力加热搅拌器

当反应体系为液体时，常采用磁力搅拌器对体系均匀加热和搅拌。

(8) 常用器皿的加热方法及注意事项

1）试管加热

① 液体和固体均可在试管中加热，但样品体积一般不得超过试管高度的1/3。若固体为块状或粒状，应先研细，并在试管内铺平，而不要堆集于试管底部。

② 加热试管时可用试管夹夹在试管口1/3处。若长时间加热，可将试管用铁夹固定起来后再加热。加热液体时，试管应与实验台面保持40°～60°倾斜角（为什么?）；对固体加热，试管必须稍微向下倾斜（为什么?），如图2-18所示。

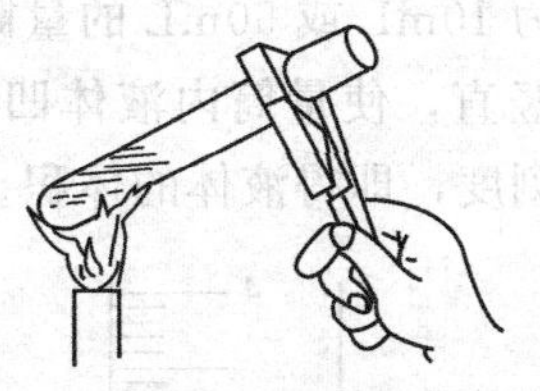

加热试管中的液体

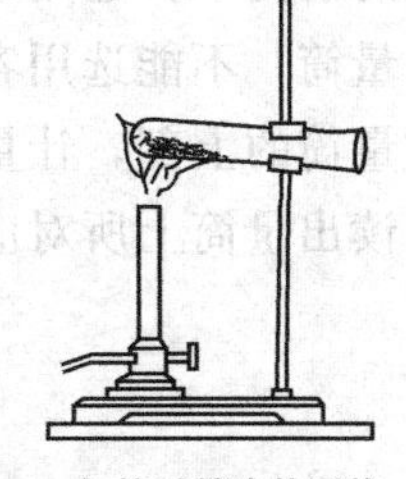

加热试管中的固体

图2-18 加热试管的方法

③ 加热时火焰必须从试管内样品的上部反复向下慢慢移动（尤其是液体），不能一开始就在底部固定一个地方加热。不要把试管底部及液面以下部分用火全部包住，否则液面上下温差很大，会引起试管在液面位置爆裂。加热液体时试管还要不时地摇动，以使受热均匀，避免局部过热暴沸而导致液体迸溅。

④ 加热时，试管口不能对着别人或自己（为什么?）。

2）蒸发皿、坩埚的加热

① 蒸发皿可用“直接火”加热，但必须先移动火焰均匀地将蒸发皿预热，然后才能把火焰固定下来。

② 坩埚一般放在泥三角上加热，加热过程中若要移动坩埚，必须用预热过的坩埚钳(为什么?)。加热后，坩埚必须在泥三角上放冷后才可取下来。

③ 坩埚钳不用时钳口须向上放置（为什么?）。

④ 加热坩埚时，必须使用外火焰（无色或浅蓝色）加热，以免坩埚外表积炭变黑。

3）烧杯和烧瓶的加热

① 烧杯和烧瓶必须垫着石棉网加热。

② 各种烧瓶加热时都必须在铁架台上用铁夹将其上部固定起来（锥形瓶除外）。

③ 固体药品不能在烧杯和烧瓶中加热。

一般注意事项如下。

① 有刻度的仪器、试剂瓶、广口瓶、抽滤瓶及各种容量器皿和表面玻璃等不准加热。

② 加热前器皿外部必须干净，不能有水滴或其他污物，刚刚加热过的容器不能马上放在桌面或其他温度较低的地方（为什么?）。

③ 加热液体过程中，若有沉淀存在，必须不断搅拌，加热时，不得离开现场。

④ 加热液体时，其体积不能超过容器主要部分高度的2/3。

⑤ 加热液体过程中，不能直接向液体俯视，以免发生迸溅等意外情况。

⑥ 加热时要远离易燃、易爆物。

4. 溶液的量取

实验室中常用于度量液体体积的量具有量筒、移液管、滴定管和容量瓶等。能否正确使用这些量器，直接影响到实验结果的准确度。因此，必须了解各种量器的特点、性能，掌握正确的使用方法。

(1) 量筒

量筒为量出容器（标注符号“A”），即倒出液体的体积为所量取的溶液体积。量筒是化学实验中最常用的度量液体体积的仪器，见图 2-2(c)。其规格有 5mL、10mL、50mL、100mL、500mL 等数种，可根据不同需要选择使用。选用量筒的原则：在尽可能一次性量取的前提下，选用最小的量筒，尽量减少误差。如量取 15mL 的液体，应选用容量为 20mL 的量筒，不能选用容量为 10mL 或 50mL 的量筒。使用时，把要量取的液体注入量筒中，手拿量筒的上部，让量筒竖直，使量筒内液体凹面的最低处与视线保持水平，见图 2-19，然后读出量筒上所对应的刻度，即得液体的体积。倾倒完毕后要停留一会，使液体全部流出。

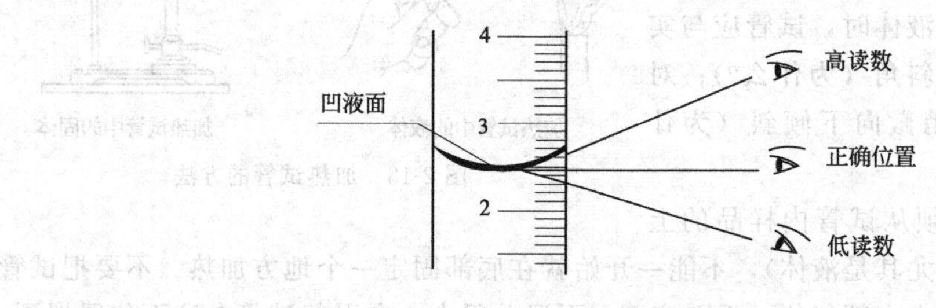

图 2-19 量筒的读数方法

(2) 移液管

移液管是精确量取一定体积液体的仪器，为量出容器。移液管的种类很多，通常分为无分度移液管和分度移液管两类，见图 2-3(a)。无分度移液管的中部膨大，上下两端细长，上端刻有环形标线，膨大部分标有其容积和标定时的温度（一般为 20℃）。使用时将溶液吸入管内，使液面与标线相切，再放出，则放出的溶液体积就等于管上标示的容积。常用无分度移液管的容积有 5mL、10mL、25mL 和 50mL 等多种。由于读数部分管颈小，其准确性较高，缺点是只能用于量取一定体积的溶液。另一种是带有分度的移液管，可以准确量取所需要的刻度范围内某一体积的溶液，但其准确度差一些，容积有 0.5mL、1mL、2mL、5mL、10mL 等多种，这种有分度的移液管也称为吸量管。

① 移液管的洗涤　在使用移液管前，应先用自来水洗至内壁不挂水珠（若内壁有水珠，须用洗液洗涤后，再用自来水冲洗至内壁不挂水珠），再用蒸馏水洗涤 3 遍。

② 移液管的润洗　移取溶液时，应将洗净的移液管尖嘴部分残留水吹出，再用吸水纸吸干水分，最后伸入试剂瓶约 1.5cm 处吸取少量移取液于移液管中（注意不能让溶液上下回荡），然后迅速用手指封住移液管口部并由试剂瓶中取出，平托移液管使其润湿整个内壁，放出润洗液，用此方法润洗 3 次，以保持转移的溶液浓度不变。

③ 移液管的操作方法　把移液管插入溶液液面下约 1.5cm 处，不应伸入太多（注意：绝不能让移液管下部尖嘴接触容器底部，以免尖嘴损坏），以免外壁沾有溶液过多；也不应伸入太少，以免液面下降时吸入空气。一般用右手的拇指和中指捏住移液管的标线上方，用左手持洗耳球，先把洗耳球内空气压出，然后把洗耳球的尖端压在移液管上口，慢慢松开左手使溶液吸入管内，当液面升高到刻度以上时移去洗耳球，立即用右手的食指按住管口。将移液管移开试剂瓶，用一废液瓶接取多余液体，使管尖端靠着废液瓶内壁，略为放松食指并用拇指和中指轻轻转动移液管，让溶液慢慢流出。当液面平稳下降至凹液面最低点与标线相切时，立即用食指压紧管口。取出移液管，移入准备接收液体的容器中，使移液管尖端紧靠容器内壁，容器倾斜而移液管保持直立，放开食指让液体自然下流，待移液管内液体全部流出后，停 15s 后，再移开移液管，见图 2-20。在整个排放和等待过程中，流液口尖端和容器内壁接触保持不动。切勿把残留在管尖的液体吹出，因为在校正移液管时，已经考虑了尖端

所保留液体的体积。若移液管上面标有“吹”字，则应将留在管端的液体吹出。

(3) 移液枪

移液枪是移液器的一种，常用于实验室少量或微量液体的移取，见图 2-21。不同规格的移液枪配套使用不同大小的枪头，不同生产厂家生产的形状也略有不同，但工作原理及操作方法基本一致。移液枪属精密仪器，使用及存放时均要小心谨慎，防止损坏，避免影响其量程。

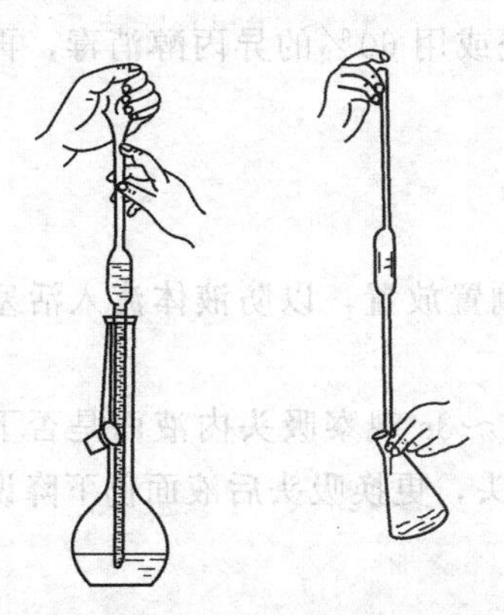

图 2-20　移液管的使用

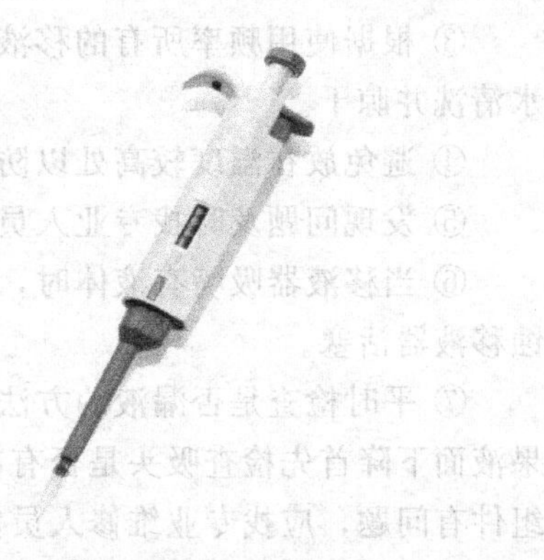

图 2-21　移液枪

1) 量程的调节

在调节量程时，如果要从大体积调为小体积，则按照正常的调节方法，顺时针旋转旋钮即可；但如果要从小体积调为大体积时，则可先逆时针旋转刻度旋钮至超过所需体积的刻度，再回调至设定体积，这样可以保证量取的最高精确度。

在该过程中，千万不要将按钮旋出量程，否则会卡住内部机械装置而损坏移液枪。

2) 移液枪头的装配

在将枪头（pipette tips）套上移液枪时，正确的方法是将移液枪（器）垂直插入枪头中，稍微用力左右微微转动即可使其紧密结合。如果是多道（如 8 道或 12 道）移液枪，则可以将移液枪的第一道对准第一个枪头，然后倾斜地插入，往前后方向摇动即可卡紧。枪头卡紧的标志是略为超过 O 形环，并可以看到连接部分形成清晰的密封圈。

3) 移液的方法

移液之前，要保证移液器、枪头和液体处于相同温度。吸取液体时，移液器保持竖直状态，将枪头插入液面下 2～3mm。在吸液之前，可以先吸放几次液体以润湿吸液嘴（尤其是要吸取黏稠或密度与水不同的液体时）。这时可以采取两种移液方法。

① 前进移液法　用大拇指将按钮按下至第一停点，然后慢慢松开按钮回原点（吸取固定体积的液体）。接着将按钮按至第一停点排出液体，稍停片刻继续按按钮至第二停点吹出残余的液体。最后松开按钮。

② 反向移液法　此法一般用于转移高黏液体、生物活性液体、易起泡液体或极微量的液体，其原理就是先吸入多于设置量程的液体，转移液体的时候不用吹出残余的液体。先按下按钮至第二停点，慢慢松开按钮至原点，吸上之后，斜靠一下容器壁将多余液体沿器壁流回容器。接着将按钮按至第一停点排出设置好量程的液体，继续保持按住按钮位于第一停点(千万别再往下按)，取下有残留液体的枪头，弃之。

4）移液器放置

使用完毕，可以将其竖直挂在移液枪架上，但要小心别掉下来。当移液器枪头里有液体时，切勿将移液器水平放置或倒置，以免液体倒流腐蚀活塞弹簧。

5）养护

① 如液体不小心进入活塞室应及时清除污染物。

② 移液器使用完毕后，把移液器量程调至最大值，且将移液器垂直放置在移液器架上。

③ 根据使用频率所有的移液器应定期用肥皂水清洗或用60%的异丙醇消毒，再用双蒸水清洗并晾干。

④ 避免放在温度较高处以防变形致漏液或不准。

⑤ 发现问题及时找专业人员处理。

⑥ 当移液器吸嘴有液体时，切勿将移液器水平或倒置放置，以防液体流入活塞室，腐蚀移液器活塞。

⑦ 平时检查是否漏液的方法：吸液后在液体中停1～3s观察吸头内液面是否下降；如果液面下降首先检查吸头是否有问题，如有问题更换吸头，更换吸头后液面仍下降说明活塞组件有问题，应找专业维修人员修理。

（4）容量瓶

容量瓶［见图2-3(b)］是一种细颈梨形的平底瓶，带有磨口玻璃塞或橡皮塞。瓶颈上刻有标线，瓶上标有其体积和标定时的温度。在标定温度下，当液体充满到标线位置时，所容纳的溶液体积等于容量瓶上标示的体积，即容量瓶为量入容器（标注符号“E”）。容量瓶主要用来配制标准溶液，或稀释一定量溶液到一定的体积。通常有10mL、25mL、50mL、100mL、250mL、500mL、1000mL、2000mL等规格。

容量瓶在使用前要检查是否漏水，方法是将容量瓶装入自来水至刻度线，盖上塞子，左手按住瓶塞，右手拿住瓶底，倒置容量瓶，观察是否有漏水现象，若不漏水，将瓶立正，把瓶塞旋转180℃后塞紧，用相同方法检验仍不漏水即可使用（如图2-22所示）。容量瓶应洗干净后使用。

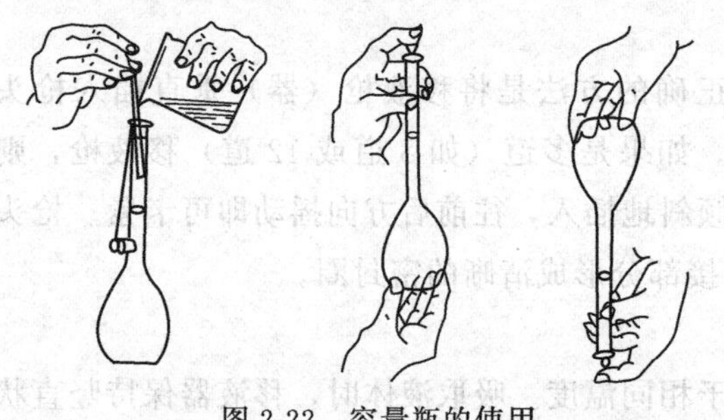
图2-22　容量瓶的使用

用固体配制溶液时，称量后先在小烧杯中加入少量水把固体溶解（必要时可加热），待冷却到室温后，将杯中的溶液沿玻璃棒小心地注入容量瓶中，溶液倒完后，烧杯嘴沿玻璃棒向上提起的同时竖起烧杯，防止溶液洒在外面，再从洗瓶中挤出少量水淋洗玻璃棒及烧杯4次以上，并将每次淋洗液注入容量瓶中。然后加水至容量瓶约2/3处时，将容量瓶沿水平方向摇动，使溶液初步混匀。切记不能加塞倒置摇动，使溶液浸湿瓶塞及瓶壁磨口处，导致溶质损失，使溶液浓度不准。接着再继续加水，并将刻度线以上部分用水适当冲洗（磨口处除外）。当液面接近标线时，停留几分钟，等瓶颈上的水流下来后，再用滴管小心地逐滴加水至弯月面最低点恰好与标线相切。塞紧瓶塞，将容量瓶倒转数10次以上（必须用手指压紧瓶塞，以防脱落），并在倒转时加以振荡，以保证瓶内溶液浓度上下各部分均匀。

容量瓶是磨口瓶，瓶塞不能张冠李戴，一般可以用橡皮筋系在瓶颈上，避免沾污、打碎或丢失。

(5) 滴定管

滴定管是滴定时用来准确测量流出液体体积的量器。

5. 称量

(1) 台秤

台秤又称托盘天平或架盘天平，一般能称准到 0.1～0.5g，最大称量有 100g、500g、1000g 数种，用于精度不很高的称量。台秤的构造如图 2-23 所示。

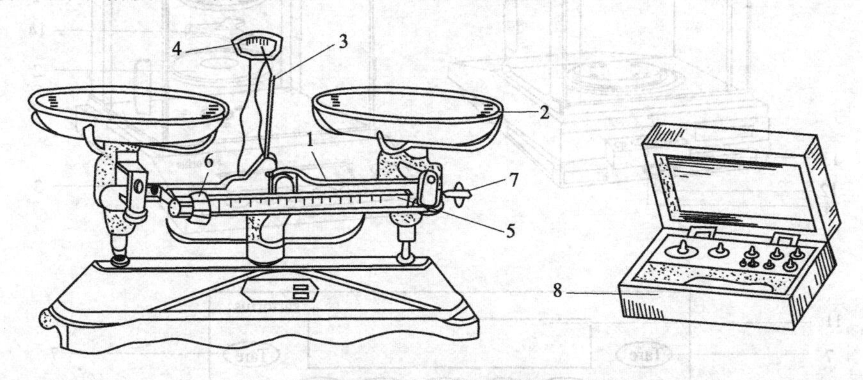

图 2-23 台秤的构造

1—横梁；2—托盘；3—指针；4—刻度盘；5—游码标尺；6—游码；7—平衡调节螺丝；8—砝码及砝码盒

台秤在使用前应先将游码拨至刻度尺的零处，观察指针摆动情况。如果指针在刻度盘的左右摆动格数相等，即表示台秤处于平衡，指针停止后位于刻度盘的中间位置，将此中间位置称为台秤的零点，台秤可以使用；如果指针在刻度盘的左右摆动距离相差较大，则应调节平衡调节螺丝，使之平衡。

称量时，应将物品放在左盘，砝码放在右盘。加砝码时应先加大砝码再加小砝码，最后（在 5g 或 10g 以内）用游码调节至指针在标尺左右两边摆动的格数相等为止。当台秤的指针停在刻度盘的中间位置时，该位置称为停点。停点与零点相符时（允许偏差 1 小格以内），就可以读取数据。台秤的砝码和游码读数之和即是被称物品的质量。记录时小数点后保留 1 位，如 12.4g。称毕，用镊子将砝码夹回砝码盒，游码回零。

称量药品时，应在左盘放上已经称过质量的洁净干燥的容器，如表面皿、烧杯等，再将药品加入容器中，然后进行称量。或者在台秤的两边放上等质量的称量纸后再称量。

称量时应注意以下几点。

① 不能称量热的物品。

② 化学试剂不能直接放在托盘上，而应放在称量纸、表面皿或其他容器中。

③ 称量完毕，应将砝码放回砝码盒中，将游码拨到“0”位处，并将托盘放在一侧或用橡皮圈架起。

④ 保持台秤整洁，如不小心把药品洒在托盘上，必须立即清除。

(2) 电子（分析）天平

最新一代的天平是电子分析天平，简称为分析天平、电子天平，它是利用电子装置完成电磁力补偿的调节，使物体在重力场中实现力的平衡，或通过电磁力矩的调节，使物体在重力场中实现力矩的平衡。常见电子天平都是机电结合式的，由载荷接收与传递装置、测量与补偿装置等部件组成。可分成顶部承载式和底部承载式两类，目前常见的大多数是顶部承载式的上皿天平。从天平的校准方法来分，则有内校式和外校式两种。前者是标准砝码预装在天平内，启动校准键后，可自动加码进行校准。后者则需人工取拿标准砝码放到秤盘上进行校正。图 2-24 为赛多利斯 BS/BT124S 电子天平的外形图。

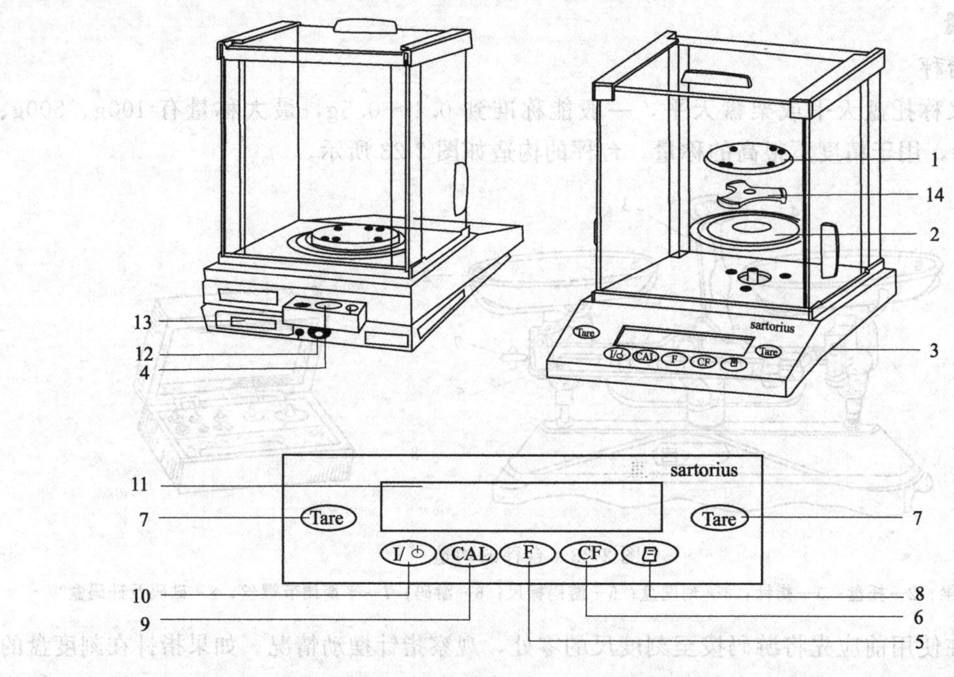

图 2-24 BS/BT124S 电子天平外形图

1—秤盘；2—屏蔽环；3—地脚螺栓；4—水平仪；5—功能键；6—CF 清除键；7—除皮键；8—打印键；9—调校键；10—开关键；11—显示屏；12—电源接口；13—数据接口；14—秤盘支架

电子天平的使用方法。

① 查看水平仪，如不水平，要通过水平调节脚调至水平。

② 接通电源，预热 30min 后方可开启显示器进行操作使用。

③ 按除皮键“Tare”，当天平显示屏上为 0.0000 时，天平就可以称量了。

④ 将称量物轻放在秤盘上，这时显示器上数字不断变化，待数字稳定并出现质量单位 g 后，即可读数，并记录称量结果。

注意，不同电子天平，按键的功能略有不同，使用方法也会有所差别。如梅特勒-托利多 AL104 电子天平（图 2-25），“on/off” 键既是开关键又是除皮键，开机状态时，按此键为除皮，但长时间按该键则关闭天平。另外，该天平的 “cal” 键可进行千分之一和万分之一的称量转换。

(3) 称量方法

天平称量可采用直接称量法、固定质量称量法和差减称量法。

① 直接称量法（又称增量法） 此法是将称量物直接放在天平盘上称量物体的质量。例如，称量小烧杯的质量，容量器皿校正中称量某容量瓶的质量，重量分析实验中称量某坩埚的质量等，都使用这种称量法。

将干燥洁净的表面皿（或烧杯、称量纸等）放在秤盘上，按去皮键 Tare，显示 “0.0000" 后，打开天平门，缓缓往表面皿中加入试样，当达到所需质量时停止加样，关上天平门，数据稳定后即可记录所称试样的净质量。试样倒入烧杯或其他容器时，要用蒸馏水将表面皿上的试样洗净，洗涤水并入烧杯中。

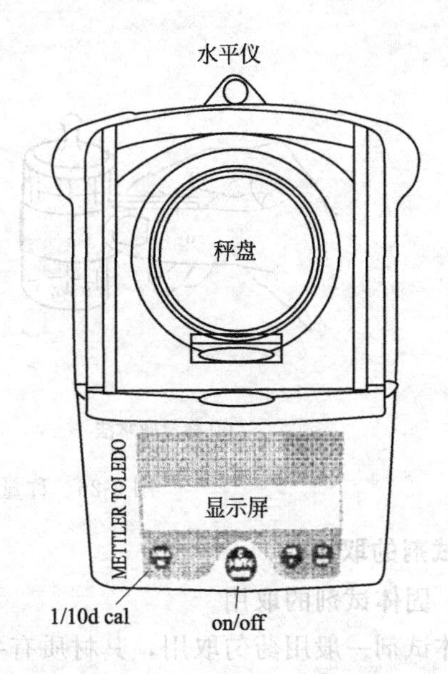

图 2-25　AL104 电子天平

称量液体试样时，为防止其挥发损失，应采用安瓿瓶称量，先称安瓿瓶质量，然后在酒精灯上小火加热安瓿瓶球部，驱除球中空气，立即将毛细管插入液体试样中，待吸入试样后，封好毛细管口再称其质量。两次读数之差，即为试样重。

② 固定质量称量法　固定质量称量法即称量指定质量的方法。例如，称取 0.1000g 样品，首先将称量表面皿（或小烧杯）质量归零，然后可在称量表面皿（或小烧杯）中间处用牛角勺慢慢加入样品，在接近称量质量时，可以用另一只手轻轻拍打持牛角勺的胳膊，使样品少量添加到表面皿（或小烧杯）中，这时既要注意试样抖入量，也要注意天平显示的质量读数，当所加试样正好达到所需要的读数时，立即停止抖入试样。若不慎多加了试样，应将天平关闭，再用牛角匙取出多余的试样（不要放回原试样瓶中）。称好后，用干净的小纸片衬垫取出表面皿，将试样全部转移到接收的容器内。试样若为可溶性盐类，可用少量蒸馏水将沾在表面皿上的粉末吹洗进容器。亦可用称量纸（俗称硫酸纸）称量，但每次倒出样品后都应称一次纸重，以防纸上有残留物而改变称量纸的质量。

上述两种称量方法适用于不吸湿、在空气中不发生变化的物质的称量。

③ 差减称量法　差减称量法是分析实验中应用最普遍的一种方法。特别是做几个平行测定需称取多份样品时，应用更为方便。差减称量法适用于称取易吸湿、易氧化、易与二氧化碳反应的物质，其操作方法是：用干净纸带套住装试样的称量瓶，手持纸带两头，见图 2-26(a)，将称量瓶放在天平盘中央，拿去纸带，称重，按回零或去皮键，显示屏显示“0.0000”，再用纸带套住称量瓶取出，放在接收试样的容器上方，用一干净纸片包着称量瓶盖上的把柄。打开瓶盖，将称量瓶倾斜（瓶底略高于瓶口），用瓶盖轻轻敲动瓶口上方，使试样落到容器中，见图 2-26(b)。注意不要让试样洒落到容器外。当试样量接近要求时，边敲动瓶口上沿边将称量瓶缓慢竖起，使粘在瓶口的试样落入称量瓶或容器中，盖好瓶盖，放回称量盘中，查看电子天平显示屏上数字，显示的数值即为倾倒至容器中的样品的质量。判断倒出的样品是否超过称量范围的下限，若没有，继续倾倒，至超过称量范围的下限，而且小于称量范围的上限，取出试样的质量即为显示屏实际显示数字。若倒出样品的质量大于称量范围的上限，则此次称量失败，应洗净容器，重新开始称量。

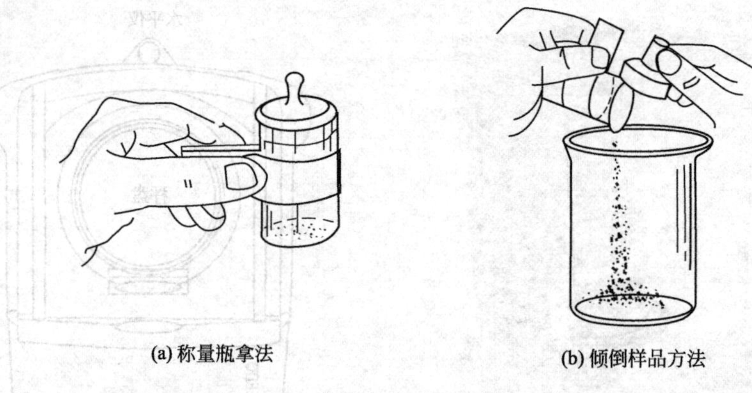

(a) 称量瓶拿法　　(b) 倾倒样品方法

图 2-26　称量瓶拿法及倾倒样品方法

6. 试剂的取用

(1) 固体试剂的取用

固体试剂一般用药勺取用，其材质有牛角、塑料和不锈钢等。药勺两端有大小两个勺，取用大量固体时用大勺，取用少量固体时用小勺。药勺要保持干燥、洁净，最好专勺专用。取用固体试剂时，先将试剂瓶盖去掉，倒放在实验台上，试剂取用后，要立即盖上瓶盖，并将试剂瓶放回原处，标签向外。

取用一定量固体时，可将固体放在称量纸上（不能放在滤纸上）或表面皿上，根据要求在台秤或天平上称量。具有腐蚀性或易潮解的固体不能放在纸上，应放在玻璃容器内进行称量。称量后多余的试剂不能放回原瓶，以防把原试剂污染。

往试管（特别是湿试管）中加入固体试剂时，可先将盛有药品的药匙伸进试管适当深处，见图 2-27(a)，然后再将试管及药匙慢慢竖起。或将取出的药品放在对折的纸片上，再按上述方法将药品放入试管，见图 2-27(b)。加入块状固体时，应将试管倾斜，使其沿管壁慢慢滑下，以免碰破试管底部，见图 2-27(c)。固体颗粒较大时应在干燥的研钵中研磨成小颗粒或粉末状，研钵中所盛固体量不得超过研钵容量的 1/3。

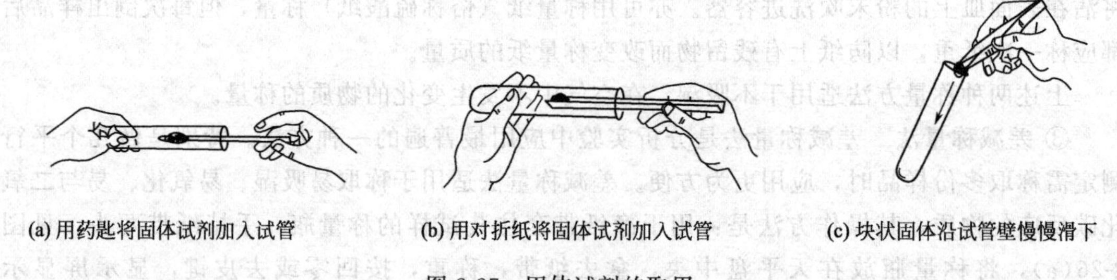

(a) 用药匙将固体试剂加入试管　　(b) 用对折纸将固体试剂加入试管　　(c) 块状固体沿试管壁慢慢滑下

图 2-27　固体试剂的取用

(2) 液体试剂的取用

从细口瓶取用液体试剂时，取下瓶盖把它倒放在实验台上，用左手拿住容器（如试管、量筒、小烧杯等），右手握住试剂瓶，掌心对着试剂瓶上的标签，倒出所需量的试剂，倒完后，应该将试剂瓶口在容器上靠一下，再将瓶子慢慢竖起，以免液滴沿外壁流下，见图 2-28(a)。

将液体从试剂瓶中倒入烧杯时，用右手握住试剂瓶，左手拿玻璃棒，使棒的下端斜靠在烧杯内壁上，将瓶口靠在玻璃棒上，使液体沿着玻璃棒流下，见图 2-28(b)。

从滴瓶中取少量试剂时，提起滴管，使管口离开液面，用手指轻捏滴管上部的橡皮头排去空气，再把滴管伸入试剂瓶中，吸取试剂。往试管中滴加试剂时，只能把滴管尖头垂直放在管口上方滴加，如图 2-28(c) 所示，严禁将滴管伸入试管中，防止滴管头被污染。滴完液后，应将滴管中剩余的试剂挤回原滴瓶，然后放松胶头滴管，插回原滴瓶，切勿插错。一只滴瓶上的滴管不能用来移取其他滴瓶中的试剂，也不能用自己的胶头滴管伸入试剂瓶吸取试剂以免污染试剂。吸有试剂的滴管必须保持橡皮胶头在上，不能平放、斜放，更不能放在桌面上或胶头向下倒置，以防滴管中试剂流入胶头而使橡皮胶头腐蚀、损坏。

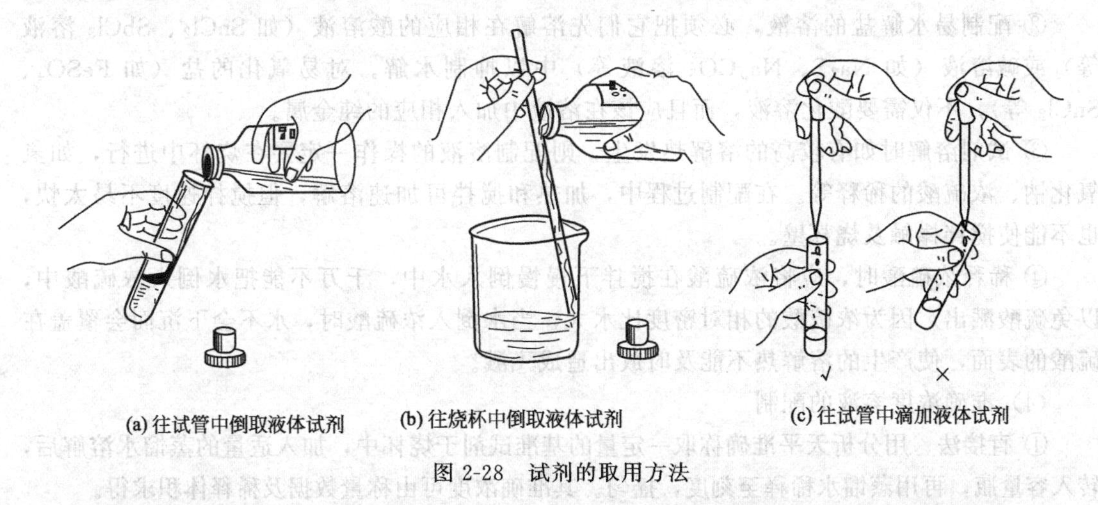

(a) 往试管中倒取液体试剂　(b) 往烧杯中倒取液体试剂　(c) 往试管中滴加液体试剂

图 2-28　试剂的取用方法

从滴瓶取用液体试剂时，有时要估计其取用量，此时可通过计算滴下的滴数来估计，一般滴出 20～25 滴为 1mL。若需准确取液体试剂，则需用移液管移取，并按移液管的使用方法进行操作。

7. 溶液的配制

溶液的配制一般是把固态试剂溶于水（或其他溶剂）配制成溶液或把液态试剂（或浓溶液）加水稀释为所需的稀溶液。化学实验中的溶液有两类：一类用来控制化学反应条件，在样品处理、分离、掩蔽等操作中使用，其浓度不必准确到四位有效数字，这类溶液称为一般溶液，也称为辅助溶液；另一类是用来测定物质含量的具有准确浓度的溶液，也称标准溶液。配制好的溶液应贴上标签，注明溶液的名称、浓度及配制时间。

(1) 溶液组成的表示方法

溶液组成的表示方法有物质的量浓度、质量摩尔浓度、物质的量分数和质量分数等多种，在此仅介绍一些配制溶液时的特殊表示方式。

① 体积比溶液　指配制时各试剂的体积比。例如正丁醇-乙醇-水（40∶11∶19）是指 40 体积正丁醇、11 体积乙醇和 19 体积水混合而成的溶液。有时试剂名称后注明（1+2）、(5+4) 等符号，第一个数字表示试剂的体积，第 2 个数字表示水的体积。若试剂是固体，则表示试剂与水的质量比，第一个数字表示试剂的质量，第二个数字表示水的质量。

② 体积分数　表示某组分的体积除以溶液的体积。

③ 质量浓度　表示单位体积中某种物质的质量，常以 $mg \cdot L^{-1}$、$\mu g \cdot L^{-1}$ 或 $mg \cdot mL^{-1}$、$\mu g \cdot mL^{-1}$ 等表示。

(2) 一般溶液的配制

① 直接水溶法　对易溶于水而不发生水解的固体试剂，如 NaOH、KNO_3、NaCl 等，

配制其溶液时可用托盘天平直接称取一定量的固体于烧杯中，加入少量蒸馏水，搅拌溶解后稀释至所需体积，再转入试剂瓶中。

② 稀释法　对于液态试剂，如盐酸、H_2SO_4、HNO_3、HAc 等，配制其稀溶液时，先用量筒量取所需量的浓溶液，然后用适量蒸馏水稀释。

(3) 特殊溶液的配制

① 配制饱和溶液时，所用溶质的量比计算量要多，加热使之溶解后，冷却，待结晶析出后再用。这样可保证溶液的饱和。

② 配制易水解盐的溶液，必须把它们先溶解在相应的酸溶液（如 $SnCl_2$、$SbCl_3$ 溶液等）或碱溶液（如 Na_2S、Na_2CO_3 溶液等）中以抑制水解。对易氧化的盐（如 $FeSO_4$、$SnCl_2$ 等），不仅需要酸化溶液，而且应该在溶液中加入相应的纯金属。

③ 试剂溶解时如有较高的溶解热发生，则配制溶液的操作一定要在烧杯中进行，如氢氧化钠、浓硫酸的稀释等。在配制过程中，加热和搅拌可加速溶解，但搅拌速度不易太快，也不能使搅拌棒触及烧杯壁。

④ 稀释浓硫酸时，应将浓硫酸在搅拌下慢慢倒入水中，千万不能把水倒入浓硫酸中，以免硫酸溅出。因为浓硫酸的相对密度比水大，当水倒入浓硫酸时，水不会下沉而会覆盖在硫酸的表面，使产生的溶解热不能及时放出造成飞溅。

(4) 准确浓度溶液的配制

① 直接法　用分析天平准确称取一定量的基准试剂于烧杯中，加入适量的蒸馏水溶解后，转入容量瓶，再用蒸馏水稀释至刻度，摇匀。其准确浓度可由称量数据及稀释体积求得。

② 标定法　不符合基准物质试剂条件的物质，不能用直接法配制标准溶液，但可先用一般溶液的配制方法配成近似于所需要浓度的溶液，然后用基准试剂或已知准确浓度的标准溶液标定它的浓度。当需要通过稀释法配制标准溶液的稀溶液时，可用移液管准确吸取其浓溶液至适当的容量瓶中配制。

(5) 干燥器的使用方法

干燥器又称保干器。它的结构如图 2-29(a) 所示，为一具有磨口盖子的厚质玻璃器皿，磨口上涂有一薄层凡士林，使其更好地密合。底部放适当的干燥剂，其上架有洁净的带孔瓷板，以便放置坩埚、称量瓶等盛有被保干物质的容器。干燥器用以防止被干燥的物质在空气中吸潮。化学分析中常用于保存基准物质。开启干燥器时，应左手按住干燥器的下部，右手握住盖的圆顶，向前小心地平推，便可打开盖子，盖子必须仰面放稳。搬移干燥器时，应用两手同时拿着干燥器和盖子的沿口，如图 2-29(b) 所示。

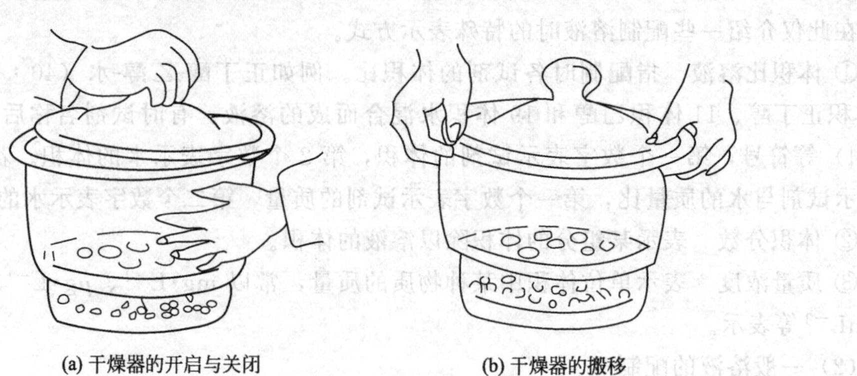

(a) 干燥器的开启与关闭　　(b) 干燥器的搬移

图 2-29　干燥器

灼热的物体放入干燥器前，应先在空气中冷却 30～60s。放入干燥器后，为防止干燥器内空气膨胀将盖子顶落，应反复将盖子推开一道细缝，让热空气逸出，直至不再有热空气排出后再盖严盖子。若盖上盖子较早，由于干燥器内温度下降使内部气压小于外界压力，停一段时间则无法打开干燥器。

8. 气体的制备与净化

（1）气体的制备方法

气体的实验室化学制备方法，按反应物的状态和反应条件可分为四类：第一类为固体或固体混合物加热的反应，如 O_2、NH_3、N_2 等的制备，其典型装置如图 2-30(a) 所示；第二类为不溶于水的块状或粒状固体与液体之间不需加热的反应，如 H_2、CO_2、H_2S 等的制备，其典型装置为启普发生器，如图 2-30(b) 所示；第三类为固体与液体之间需加热的反应，或粉末状固体与液体之间不需加热的反应，如 SO_2、Cl_2、HCl 等的制备；第四类为液体与液体之间的反应，如甲酸与热的浓硫酸作用制备 CO 等。后两类制备方法的典型装置如图 2-30(c) 所示。

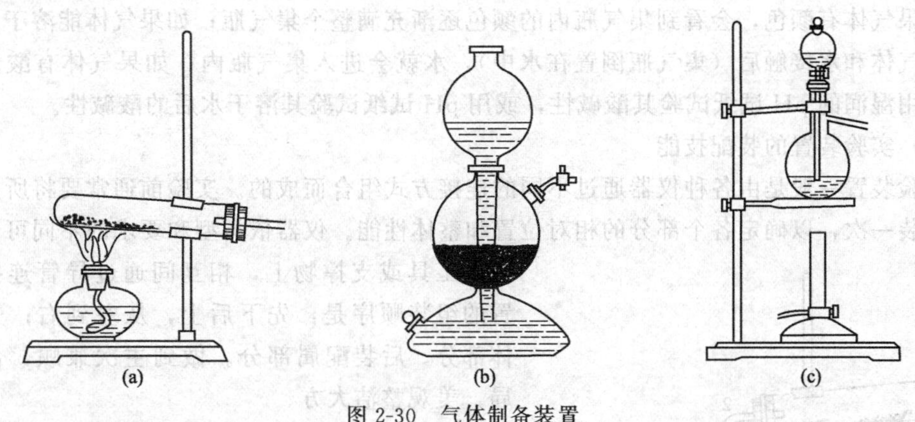

图 2-30 气体制备装置

（2）气体的收集方法

实验室中常用的气体收集方法有排气（空气）集气法和排水集气法。凡不与空气发生反应，密度与空气相差较大的气体都可以用排气（空气）法来收集。对于密度比空气小的气体，因能浮于空气的上面，收集时集气瓶的瓶口应朝下，让原来瓶子中的空气从下方排出。此种集气方法就称为向下排气集气法，见图 2-31(a)。如 H_2、NH_3、CH_4 等气体收集就可用此法。对于密度比空气大的气体，因气体能沉于空气的下面，集气时瓶口应朝上，以利于瓶内空气的排出。这种集气方法就称为向上排气集气法，见图 2-31(b)。此法常用于 CO_2、Cl_2、HCl、SO_2、H_2S、NO_2 等相对分子质量明显大于 29（空气的平均相对分子质量）的气体的收集。

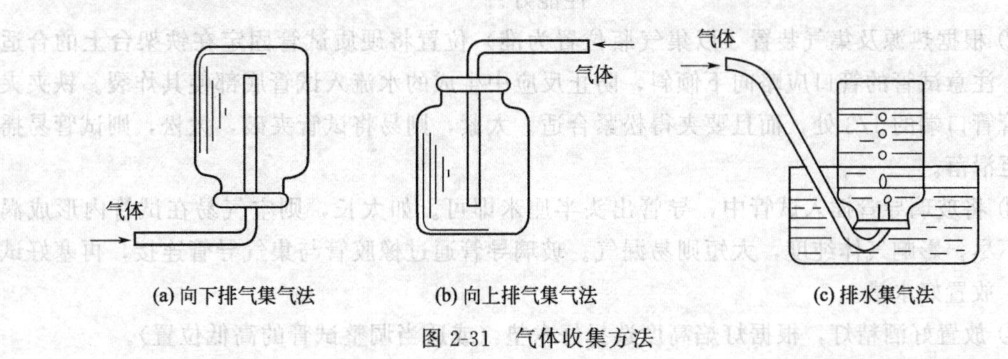

图 2-31 气体收集方法

在用排气法收集气体时，进入的导管应插入瓶内接近瓶底处。同时，为了避免空气流的冲击而妨碍气体的收集，可在瓶口塞上少许脱脂棉或用穿过导气管的硬纸片遮挡瓶口。

在集气过程中应注意检查气体是否收集满。当集满时抽出导气管，用毛玻璃片盖住瓶口，不改变瓶口的朝向将集气瓶立于台面备用。

凡难溶于水且又不与水反应的气体，如 H_2、O_2、N_2、NO、CO、CH_4 等则可用排水集气法来收集，见图 2-31(c)。集气时，先在水槽中盛半槽水，把集气瓶灌满水，然后用毛玻璃片的磨砂面慢慢地沿瓶口水平方向移动，把瓶口多余的水赶走，并密盖住瓶口（注意此时瓶内不得有气泡），此时用手将毛玻璃片紧按瓶口，把集气瓶倒立于水槽中，在水面下取出毛玻璃片，将导管伸入瓶内。气体生成时，气体逐渐将瓶内的水排出。当集气瓶口有气泡冒出时，说明气体已集满。取出集气瓶时，应在水中用毛玻璃片盖严瓶口，并使集气瓶立于实验台面上。

排水集气法收集气体的优点是纯度高。对于易爆气体的收集，若收集的量比较大，更应该用排水集气法收集气体，以免用排气法时混入空气，达到爆炸极限，点火时引起爆炸。

如果气体有颜色，会看到集气瓶内的颜色逐渐充满整个集气瓶；如果气体能溶于水，收集到的气体和水接触后（集气瓶倒置在水中），水就会进入集气瓶内；如果气体有酸性或碱性，可用湿润的 pH 试纸试验其酸碱性，或用 pH 试纸试验其溶于水后的酸碱性。

（3）实验装置的装配技能

实验装置一般是由各种仪器通过不同的连接方式组合而成的。实验前通常要将所用的仪器预组装一次，以确定各个部分的相对位置和整体性能。仪器依类型和要求的不同可固定于夹持工具或支撑物上，相互间通过导管连接。装置的组装顺序是：先下后上，从左到右；先装主体部分，后装配属部分。做到主次兼顾，合理布局，美观整洁大方。

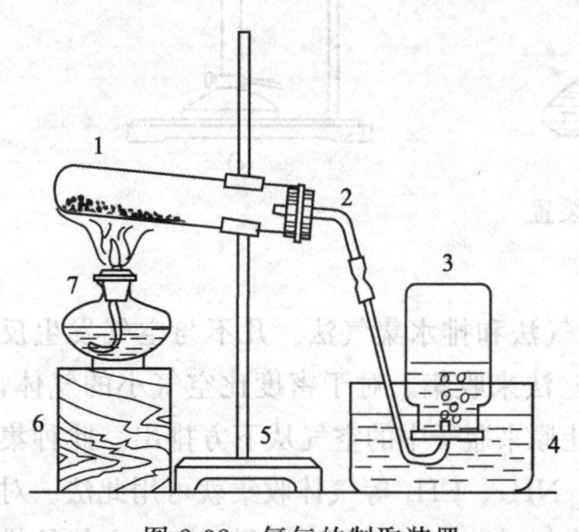

图 2-32 氧气的制取装置

1—试管；2—导气管；3—集气瓶；4—水槽；5—铁架台；6—木垫；7—酒精灯

下面以氧气的制备集取装置为例说明。

① 选择合适的仪器、连接材料和夹持工具

准备硬质试管、试管塞（打单孔）、玻璃导管（两段，按图 2-32 所示弯成适当角度）、橡胶管、铁架台及夹具、酒精灯及木垫等。选择塞子时要使塞子能塞入容器颈口的 3/5 左右，塞子的孔洞、胶管的口径要和玻璃导管相吻合。铁夹双钳的保护性衬层应完好，夹具固紧定位可靠，支持物稳定性能好。

② 根据热源及集气装置（以集气瓶位置为准）位置将硬质试管固定在铁架台上的合适位置，注意试管的管口应略向下倾斜，防止反应中生成的水流入试管底部使其炸裂。铁夹夹在试管管口端的 1/3 处，而且要夹得松紧合适。太紧，则易将试管夹破，太松，则试管易摇动甚至滑落。

③ 将玻璃导管插入试管中，导管出头半厘米即可。如太长，则空气易在试管内形成涡而排不尽，影响气体纯度，太短则易漏气。玻璃导管通过橡胶管与集气导管连接，再塞好试管塞，放置好水槽。

④ 放置好酒精灯，根据灯焰高度选择好木垫（或适当调整试管的高低位置）。

⑤ 总体复查，微调定位。

装好的气体发生装置应作气密性检查，确保气密性良好后方可使用。气密性检查的方法如下：用双手握着试管的外壁，或用微火加热试管，使管内空气受热膨胀，若气密性好，水中的导管口就有气泡冒出，否则就无气泡产生。在手移开或停止加热后，管内因温度降低，气压减小，水在其静压力作用下升入导管形成一段水柱，而且在较长时间内不回落降低，就说明装置严密，不漏气，否则就不严密，要更换处理。

(4) 气体的干燥与净化

实验室制备的气体通常都带有酸雾、水蒸气和其他气体杂质或固体微粒杂质。为得到纯度较高的气体还需经过净化和干燥。气体的净化通常是将其洗涤，即通过选择相应的洗涤液来吸收、除去气体中的杂质。如用水可除去酸雾和一些易溶于水的杂质；用浓硫酸（或其他干燥剂）可除去水蒸气、碱性物质和一些还原性杂质；用碱性溶液可除去酸性杂质，对一些不易直接吸收除去的杂质如硫化氢、砷化氢还可用高锰酸钾、醋酸铅等溶液来使之转化成可溶物或沉淀除去。但要注意，能与被提纯的气体发生化学反应的洗涤剂不能选用。经洗涤后的气体一般都带有水蒸气，可用干燥剂吸收除去。

实验室常用的干燥剂一般有三类：一为酸性干燥剂，如浓硫酸、五氧化二磷、硅胶等；二为碱性干燥剂，如固体烧碱、石灰、碱石灰等；三为中性干燥剂，如无水氯化钙等。干燥剂的选用除了要考虑不能与被干燥的气体发生反应外，还要考虑具体的工作条件。实验中常见干燥剂见表 2-2。

表 2-2 常见气体可选用的干燥剂

气体	干燥剂	气体	干燥剂
H_2	$CaCl_2$、P_4O_{10}、H_2SO_4(浓)	H_2S	$CaCl_2$
O_2	$CaCl_2$、P_4O_{10}、H_2SO_4(浓)	NH_3	CaO 或 CaO 与 KOH 混合物
Cl_2	$CaCl_2$	NO	$Ca(NO_3)_2$
N_2	H_2SO_4(浓)、$CaCl_2$、P_4O_{10}	HCl	$CaCl_2$
O_3	$CaCl_2$	HBr	$CaBr_2$
CO	H_2SO_4(浓)、$CaCl_2$、P_4O_{10}	HI	CaI_2
CO_2	H_2SO_4(浓)、$CaCl_2$、P_4O_{10}	SO_2	H_2SO_4(浓)、$CaCl_2$、P_4O_{10}

气体的洗涤通常是在洗气瓶中进行的。洗涤时，让气体以一定的流速通过洗涤液（可通过形成气泡的速度来控制），杂质便可除去。

洗气瓶的使用：一是要注意不能漏气（使用前涂凡士林密封，同时注意与导管的配套使用，避免因互换而影响气密性）；二是洗气时，液面下的那根导管接进气，另一根接出气，它们通过橡胶管连接到装置中；三是洗涤剂的装入量不要太多，以淹没导管 2cm 为宜，否则气压太低时气体就出不来。

洗气瓶也可用作缓冲瓶（缓冲气流或使气体中烟尘等微小固体沉降），此时瓶中不装洗涤剂，并将它反接到装置中，即短管进气，长管出气。常用的气体干燥装置有干燥管、U 形管及干燥塔，见图 2-33。前两者装填的干燥剂较少，干燥塔则较多。干燥气体时应注意以下几点。

① 进气端和出气端都要塞上一些疏松的脱脂棉。它们一方面使干燥剂不至于洒出，另一方面则起过滤作用，防止被干燥气体中的固体小颗粒带入干燥剂中，同时也防止干燥剂的

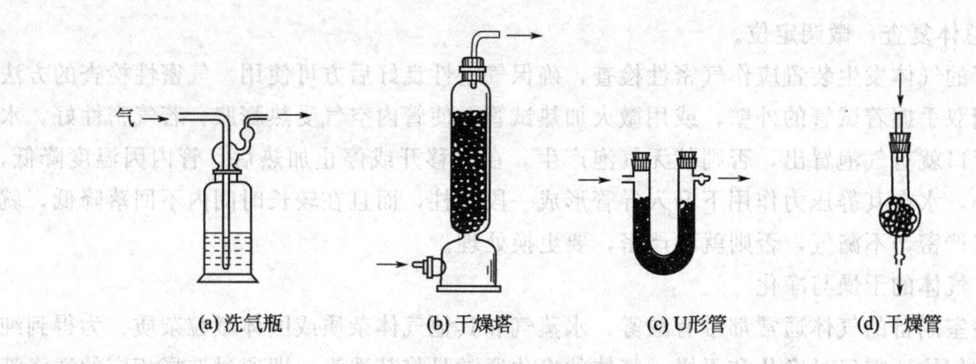

图 2-33 气体的干燥与净化装置

小颗粒带入干燥后的气体中。

② 干燥剂不要填充太紧，颗粒大小要适当。颗粒太大，与气体的接触面积小，降低干燥效率；颗粒太小，颗粒间的孔隙小而使气体不易通过。

③ 干燥剂要临用前填充。因为它们都易吸潮，过早填充会影响干燥效果。如确需提早填充，则填好后要将干燥装置在干燥的烘箱或干燥器中保存。

④ 使用后，应倒去干燥剂，并洗刷干净后存放，以免因干燥剂在干燥装置内变潮结块，不易清除，进而影响干燥装置的继续使用。干燥装置除干燥塔外，其余都应用铁夹固定。

9. 沉淀与过滤

(1) 沉淀的类型及生成

在化学反应中，如果生成的物质不溶于水或在水中的溶解度很小，就会看到有沉淀生成。沉淀的类型一般有两种：晶形沉淀和无定形沉淀。晶形沉淀的颗粒比较大，易沉淀于容器的底部，便于观察和分离；无定形沉淀的颗粒比较小，不容易沉降到容器的底部，当沉淀的量比较少时，不便于观察，此时溶液呈浑浊现象，分离时也比较困难。沉淀颗粒的大小取决于生成物的本性和沉淀的条件；在无机合成化学中，将生成物与母液分离是必不可少的步骤。因此，固液分离技能在无机化学实验中具有重要的地位。

(2) 沉淀的分离

沉淀的分离方法一般有三种，即倾泻法、过滤法和离心分离法。

1) 倾泻法

当沉淀的颗粒较大或相对密度较大时，静止后容易沉降至容器底部，可用倾泻法进行分离或洗涤。

倾泻法是将沉淀上部的清液缓慢地倾入另一容器中，使沉淀物和溶液分离，其操作方法如图 2-34 所示。如需要洗涤，可在转移完清液后，加入少量洗涤剂充分搅拌，待沉淀沉降后再用倾泻法倾去清液。根据实验的要求，多次重复此操作，可将沉淀洗涤干净。

图 2-34 倾泻法

2) 过滤法

过滤法是固液分离最常用的方法。过滤时，沉淀在过滤器内，而溶液则通过过滤器进入容器中，所得到的溶液称为滤液。

过滤方法有常压过滤、减压过滤和热过滤三种。

① 常压过滤 在常压下用普通漏斗过滤的方法称为常压过滤法。所用的仪器主要是漏

斗、滤纸和漏斗架（也可用带有铁圈的铁架台代替）。当沉淀物为胶体或微细的晶体时，用此法过滤较好。缺点是过滤速度较慢。过滤前，根据漏斗的大小决定滤纸的大小。

漏斗的选择：通常分为长颈漏斗和短颈漏斗两种。在热过滤时，必须用短颈漏斗；在重量分析时，一般用长颈漏斗。普通漏斗的规格按内径划分，常用的有 30mm、40mm、60mm、100mm、120mm 等几种。过滤前，按固体物料的多少选择合适的漏斗。

若滤液对滤纸有腐蚀作用，则需用烧结过滤器过滤，如过滤高锰酸钾溶液，则需用玻璃漏斗。烧结过滤器是一类由颗粒状的玻璃、石英、陶瓷或金属等经高温烧结并具有微孔的过滤器。最常用的是玻璃过滤器，它的底部是用玻璃砂在 873K 拍打结成的多孔片，又称为玻璃砂芯漏斗，见图 2-5(a)。根据烧结玻璃孔径的大小，玻璃漏斗分为 6 种规格，见表 2-3。

表 2-3　玻璃漏斗的规格及用途

滤片号	孔径/μm	用途
1	80～120	过滤粗颗粒沉淀
2	40～80	过滤较粗颗粒沉淀
3	15～40	过滤一般结晶沉淀
4	6～15	过滤细颗粒沉淀
5	2～5	过滤极细颗粒沉淀
6	＜2	过滤细菌

新的玻璃漏斗使用前需经酸洗、抽滤、水洗及抽滤后再经烘干使用。过滤时常配合抽滤瓶使用。玻璃漏斗用过后需及时洗涤，洗涤时需选择能溶解沉淀的洗涤剂或试剂。注意，玻璃漏斗一般不宜过滤较浓的碱性溶液、热浓磷酸和氢氟酸溶液，也不宜过滤能堵塞砂芯漏斗的浆状沉淀。重量分析中玻璃漏斗常作坩埚使用。

滤纸的选择：滤纸按孔隙大小分为快速、中速和慢速三种；按直径大小分为 7cm、9cm、11cm 等几种。应根据沉淀的性质选择滤纸的类型，如 $BaSO_4$ 细晶形沉淀，应选用慢速滤纸；NH_4MgPO_4 粗晶形沉淀，宜选用中速滤纸；$Fe_2O_3 \cdot nH_2O$ 为胶状沉淀，需选用快速滤纸过滤。根据沉淀量的多少选择滤纸的大小，一般要求沉淀的总体积不得超过滤纸锥体高度的 1/3。滤纸的大小还应与漏斗的大小相适应，一般滤纸上沿应低于漏斗上沿 0.5～1cm。

滤纸的折叠：圆形滤纸（见图 2-35）两次对折（正方形滤纸对折两次，并剪成扇形），拨开一层即折成圆锥形（一边 3 层，另一边 1 层），放于漏斗内。为保证滤纸与漏斗密合，第二次对折时不要折死，先把圆锥形滤纸拨开，放入洁净且干燥的 60℃角的漏斗中，如果上边缘不十分密合，可以稍稍改变滤纸的折叠角度，直到与漏斗密合为止，此时才把第二次的折边折死，为保证滤纸与漏斗之间在贴紧后无空隙，可在 3 层滤纸的那一边将外层撕去一小角，用食指把滤纸紧贴在漏斗内壁上，用少量水润湿滤纸，再用食指或玻璃棒轻压滤纸四周，挤出滤纸与漏斗间的气泡，使滤纸紧贴在漏斗壁上，见图 2-35。若漏斗与滤纸之间有气泡，则在过滤时不能形成水柱而影响过滤速度。

过滤和转移：过滤时，将贴有滤纸的漏斗放在漏斗架上，并调节漏斗架高度，使漏斗颈末端紧贴接收器内壁，将料液沿玻璃棒靠近 3 层滤纸一边缓慢转移到漏斗中，见图 2-36。若沉淀为胶体，应加热溶液破坏胶体，趁热过滤。

注意，应先倾倒溶液，后转移沉淀，转移时应使用搅拌棒。倾倒溶液时，应使搅拌棒轻贴于三层滤纸处，漏斗中的液面高度应略低于滤纸边缘。

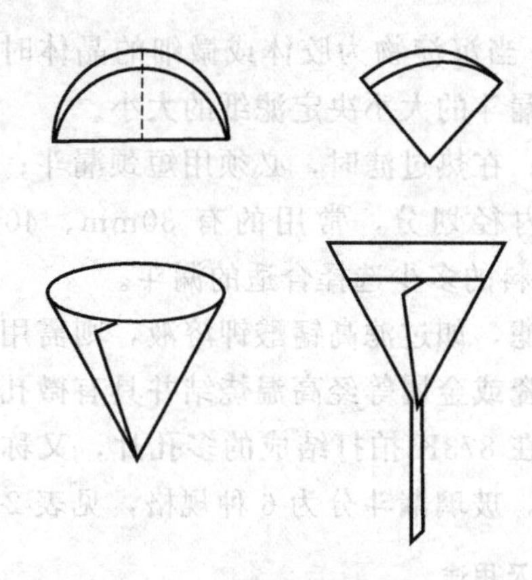
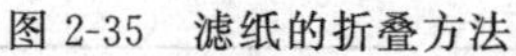

图 2-35　滤纸的折叠方法

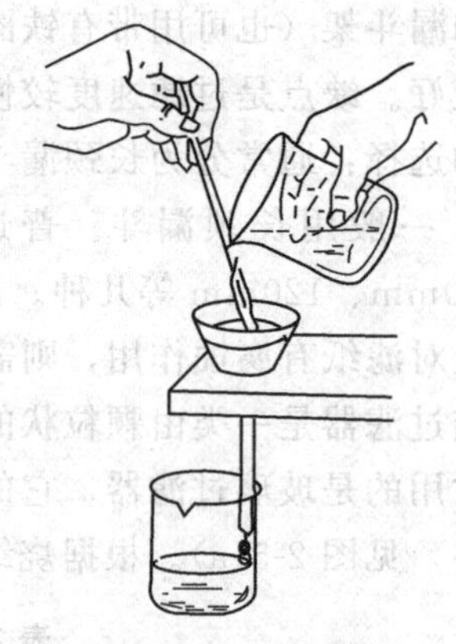

图 2-36　常压过滤

沉淀的洗涤：如沉淀需洗涤，应先转移溶液，后用少量洗涤液洗涤沉淀。充分搅拌并静置一段时间，沉淀下沉后，将上方清液倒入漏斗，如此重复洗涤 2～3 遍，最后再将沉淀转移到滤纸上。沉淀转移的方法是先用少量洗涤液冲洗杯壁和玻璃棒上的沉淀，再把沉淀搅起，将悬浮液小心转移到滤纸上，每次加入的悬浮液不得超过滤纸高度的 2/3。如此反复几次，尽可能地将沉淀转移到滤纸上。对烧杯中残留的少量沉淀，用左手将烧杯倾斜放在漏斗上方，杯嘴朝向漏斗。用左手食指按住架在烧杯嘴上的玻璃棒上方，其余手指拿住烧杯，杯底略朝上，玻璃棒下端对准三层滤纸处，右手拿洗瓶冲洗杯壁上所粘附的沉淀，使沉淀和洗液一起顺着玻璃棒流入漏斗中（注意勿使溶液溅出）。烧杯和滤纸上的沉淀，还必须用蒸馏水再洗涤至干净。粘在烧杯壁和玻璃棒上的沉淀，可用淀帚自上而下刷至杯底，再转移到滤纸上。最后在滤纸上将沉淀洗至无杂质。洗涤时应先使洗瓶出口管充满液体后，用细小缓慢的洗涤液流从滤纸上部沿漏斗壁螺旋向下冲洗，绝不可骤然浇在沉淀上。待上一次洗涤液流完后，再进行下一次洗涤。在滤纸上洗涤沉淀主要是洗去杂质，并将沾附在滤纸上部的沉淀冲洗至下部。

沉淀是否洗涤干净，可通过检查最后流下的滤液进行判断。

② 减压过滤　为了加快大量溶液与沉淀的分离过程，常用减压过滤的方法加快过滤速度。减压过滤的漏斗有布氏漏斗和砂芯漏斗两种，见图 2-5。减压过滤的真空泵一般为玻璃抽气管或水循环式真空泵。若用玻璃抽气管抽真空，全套仪器装置如图 2-37 所示。它由抽滤瓶、布氏漏斗（中间有许多小孔的瓷板）、安全瓶和玻璃抽气管组成。玻璃抽气管一般装在实验室的自来水龙头上，但这种装置容易损坏，且浪费大量水资源，因此，现已被水循环式真空泵所取代。安全瓶连接在抽滤瓶与真空泵中间，防止抽气管中的水倒吸入抽滤瓶。这种抽气过滤的原理是利用真空泵抽气把抽滤瓶中的空气抽出，造成部分真空，从而使过滤速度大大加快。若使用水循环式真空泵，则应在其与抽滤瓶之间加一能控制压力的缓冲瓶（在图 2-37 的安全瓶上再加一导管通大气，用自由夹控制其通道），以免将滤纸抽破。

过滤前，先将滤纸剪成直径略小于布氏漏斗内径的圆形，平铺在布氏漏斗的瓷板上，再从洗瓶挤出少许蒸馏水润湿滤纸，慢慢打开自来水龙头，稍微抽吸，使滤纸紧贴在漏斗的瓷板上，然后进行抽气过滤。

过滤完后，应先把连接吸滤瓶的橡皮管拔下，然后关闭水龙头（或水循环式真空泵），以防倒吸。取下漏斗后把它倒扣在滤纸上或容器中，轻轻敲打漏斗边缘，使滤纸和沉淀脱离漏斗，滤液则从吸滤瓶的上口倾出，不要从侧口尖嘴处倒出，以免弄脏滤液。

③ 热过滤　如果某些溶质在温度降低时很容易析出晶体，而又不希望它在过滤时析出，通常使用热过滤法。热过滤时，可把玻璃漏斗放在铜质的热漏斗内，热漏斗内装有热水以维持溶液温度，见图 2-38。

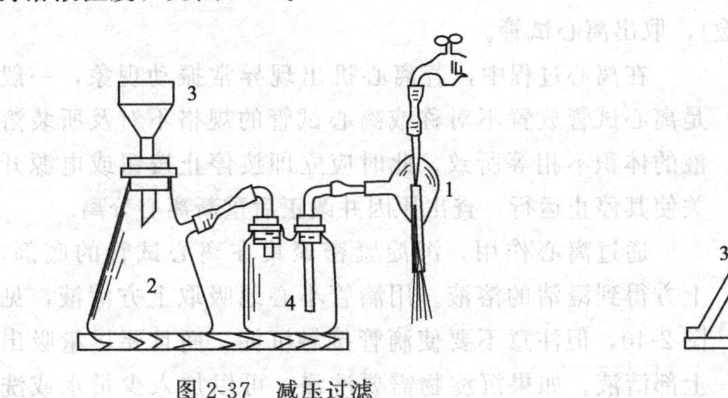

图 2-37　减压过滤

1—水泵；2—抽滤瓶；3—布氏漏斗；4—安全瓶

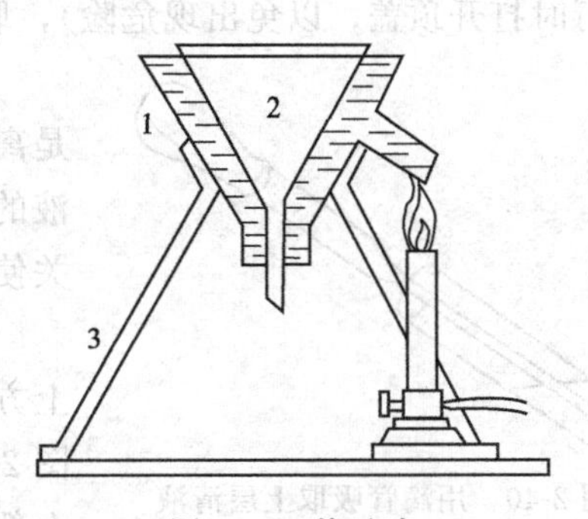

图 2-38　热过滤

1—铜漏斗套；2—短颈漏斗；3—三脚架

3）离心分离法

离心分离法操作简单而迅速，适用于少量溶液与沉淀混合物的分离。离心分离法的仪器是离心机［见图 2-39(a)］和离心试管［见图 2-2(a)］。TD4-Ⅱ台式离心机最多能放置 12 支离心试管，每一个离心套管处都有对应编号，如图 2-39(b) 所示。放置离心试管时，应在对称位置上放置同规格等体积的溶液，以确保离心试管的重心在离心机的中心轴上（否则转动时会出现强烈振动），如 2 支离心试管可放置在 1、7 位置上；3 支离心试管应放置在 1、5、9 位置上。若只有一支离心试管有需分离的沉淀，则需用另一支盛有同体积水的离心试管与之平衡。

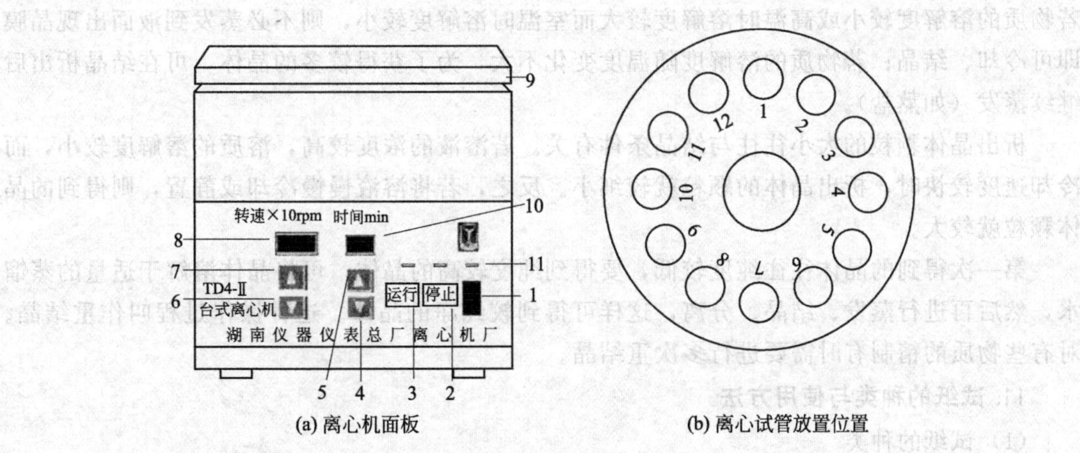

图 2-39　TD4-Ⅱ台式离心机

1—电源开关；2—停止按钮；3—运行按钮；4—运行时间减小按钮；5—运行时间增加按钮；6—转速减小按钮；7—转速增加按钮；8—转速显示屏幕；9—离心机盖；10—显示运行时间屏幕；11—指示灯

TD4-Ⅱ台式离心机的使用方法如下。

① 打开离心机顶盖，在对称的离心套管内放入离心试管后，再盖上离心机顶盖。

② 打开电源开关，由转速减小按钮 6 和转速增加按钮 7 调节所需要的转速（一般可调节至每分钟 2000 转左右）。

③ 由运行时间减小按钮 4 和运行时间增加按钮 5 调节所要离心的时间（一般 2min 左右）。

④ 按运行按钮 3，离心机开始运行，转速逐渐增加（可由转速显示屏幕 8 显示出转速的大小），最后达到所设定速度。到设定运行时间后，离心机自动停止。

⑤ 等离心机完全停止后（转速显示屏幕 8 上显示为 0），打开离心机顶盖（切勿在离心机运行时打开顶盖，以免出现危险），取出离心试管。

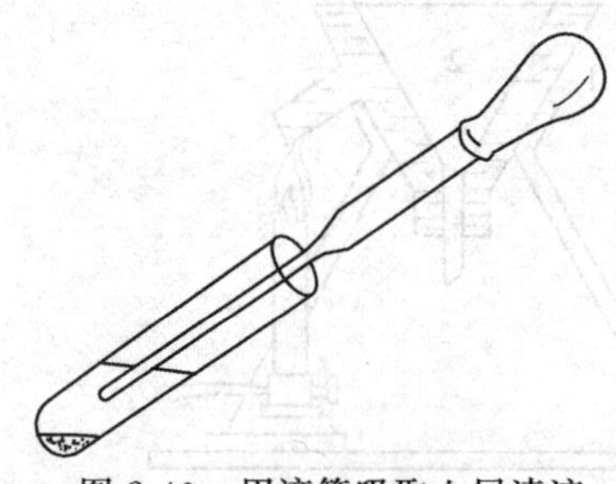

图 2-40　用滴管吸取上层清液

在离心过程中，若离心机出现异常振动现象，一般是离心试管放置不对称或离心试管的规格不对及所装溶液的体积不相等所致，此时应立即按停止按钮或电源开关使其停止运行，查出原因并改正后重新离心分离。

通过离心作用，沉淀紧密聚集在离心试管的底部，上方得到澄清的溶液。用滴管小心地吸取上方清液，见图 2-40，但注意不要使滴管接触沉淀，而且要尽量吸出上部清液。如果沉淀物需要洗涤，可以加入少量水或洗涤液，搅拌，再进行离心分离，按上法吸出上层清液。一般情况下重复洗涤 3 次即可达到要求。

10. 蒸发、浓缩与结晶

如果溶液中各物质间的溶解度相差比较大，可以通过蒸发、浓缩与结晶，使液体间的分离转化为固液间的分离。

当溶液很稀而欲制的无机化合物溶解度较大时，为了从溶液中析出该物质的晶体，就需在一定温度下，对溶液进行蒸发，使溶液中的溶剂不断挥发到空气中。随着水分的不断蒸发，溶液的浓度不断增加，蒸发到一定程度时（或冷却），就可析出晶体。

在进行分离时，若物质的溶解度较大，必须蒸发到溶液表面出现晶膜时才能停止蒸发；若物质的溶解度较小或高温时溶解度较大而室温时溶解度较小，则不必蒸发到液面出现晶膜即可冷却、结晶；若物质的溶解度随温度变化不大，为了获得较多的晶体，可在结晶析出后继续蒸发（如熬盐）。

析出晶体颗粒的大小往往与结晶条件有关。若溶液的浓度较高，溶质的溶解度较小，而冷却速度较快时，析出晶体的颗粒就较细小。反之，若将溶液慢慢冷却或静置，则得到的晶体颗粒就较大。

第一次得到的晶体往往纯度较低，要得到纯度较高的晶体，可将晶体溶解于适量的蒸馏水，然后再进行蒸发、结晶、分离，这样可得到较纯净的晶体。这种操作过程叫作重结晶。对有些物质的精制有时需要进行多次重结晶。

11. 试纸的种类与使用方法

（1）试纸的种类

① 石蕊试纸和酚酞试纸　石蕊试纸有红色和蓝色两种，蓝色的石蕊试纸遇酸变红，红色的石蕊试纸遇碱变蓝。石蕊试纸、酚酞试纸用来定性检验溶液的酸碱性。

② pH 试纸　pH 试纸包括广泛 pH 试纸和精密 pH 试纸两类，用来检验溶液的 pH 值。广泛 pH 试纸的变色范围是 1～14，它只能粗略地估计溶液的 pH 值。精密 pH 试纸可以较精确地估计溶液的 pH 值，根据其变色范围可分为多种。如 pH 变色范围为 3.8～5.4、8.2～10 等。根据待测溶液的酸碱性，可选用某一变色范围的试纸。

③ 淀粉碘化钾试纸　用来定性检验氧化性气体，如 Cl_2、Br_2 等。当氧化性气体遇到湿润的试纸后，则将试纸上的 I^- 氧化成 I_2，I_2 立即与试纸上的淀粉作用变成蓝色。若气体氧

化性强，而且浓度大时，还可以进一步将 I_2 氧化成无色的 IO_3^-，使蓝色褪去。

$$I_2+5Cl_2+6H_2O \longequal 2HIO_3+10Cl^-+10H^+$$

可见，使用时必须仔细观察试纸颜色的变化，否则会得出错误的结论。

④ 醋酸铅试纸　用来定性检验硫化氢气体。当含有 S^{2-} 的溶液被酸化时，逸出的硫化氢气体遇到试纸后，即与纸上的醋酸铅反应，生成黑色的硫化铅沉淀，使试纸呈褐黑色，并有金属光泽。

$$PbAc_2+H_2S \longequal PbS\downarrow+2HAc$$

当溶液中 S^{2-} 浓度较小时，则不易检验出。

(2) 试纸的使用方法

① 石蕊试纸和酚酞试纸　用镊子取小块试纸放在表面皿边缘或点滴板上，用玻璃棒将待测溶液搅拌均匀，然后用玻璃棒末端蘸少许溶液接触试纸，观察试纸颜色的变化，确定溶液的酸碱性。切勿将试纸浸入溶液中，以免弄脏溶液。

② pH 试纸　用法同石蕊试纸，待试纸变色后，与色阶板比较，确定 pH 值或 pH 值的范围。

③ 淀粉碘化钾试纸和醋酸铅试纸　将小块试纸用蒸馏水润湿后放在试管口，注意不要使试纸直接接触溶液。

使用试纸时，要注意节约，除把试纸剪成小块外，用时不要多取。取用后，马上盖好瓶盖，以免试纸沾污。用后的试纸丢弃在垃圾桶内，不能丢在水槽内。

(3) 试纸的制备

① 酚酞试纸（白色）溶解 1g 酚酞在 100mL 乙醇中，振摇后，加 100mL 蒸馏水，将滤纸浸渍后，放在无氨蒸气处晾干。

② 淀粉碘化钾试纸（白色）把 3g 淀粉和 25mL 水搅匀，倾入 225mL 沸水中，加入 1g 碘化钾和 1g 无水碳酸钠，再用水稀释至 500mL，将滤纸浸泡后，取出放在无氧化性气体处晾干。

③ 醋酸铅试纸（白色）将滤纸浸入 3% 醋酸铅溶液中浸渍后，放在无硫化氢气体处晾干。

第三章 实验数据的处理

一、化学实验数据的记录

1. 实验记录

实验课前应认真预习，将实验名称、实验目的、实验原理、实验内容、操作方法和步骤简单扼要地写在记录本上。

实验记录本应标上页数，不要撕去任何一页，更不要擦抹及涂改，实验记录是评价学生实验操作的依据，不能随意涂改，若确实有误时，须报告教师并经教师批准后方可改动实验记录。修改实验记录时，不能在原来的记录上修改，而应该重新书写（在原记录上画一横线以示作废）。记录时必须用钢笔或圆珠笔。

记录实验数据时不仅要求字体工整，而且内容应简单明了，便于教师检查实验数据的好坏。

实验中观察到的现象、结果和数据应及时如实地记在记录本上。绝对不可以用单片纸做记录或草稿。原始记录必须准确、详尽、清楚。从实验开始就应养成这种良好的习惯。

记录时应做到正确记录实验结果，切勿夹杂主观因素，这是十分重要的，在含量实验中观测的数据，如称量物的质量、滴定管的读数、分光光度计的读数等，都应设计一定的表格准确记下正确的读数，并根据仪器的精确度准确记录有效数字。例如，吸光度值为 0.050 不应写成 0.05，每一个结果最少要重复观测两次以上。当符合实验要求并确知仪器工作正常后写在记录本上。实验记录上的每一个数字，都反映每一次的测量结果。所以，重复观测时即使数据完全相同也应如实记录下来，数据的计算也应该写在记录本的同一页上，一般写在数据记录右边。总之实验的每个结果都应正确无遗漏地做好记录。

实验中使用仪器的类型、编号以及试剂的规格、化学式、分子量、准确的浓度等，都应记录清楚，以便总结实验时，进行核对和作为查找失败原因的参考依据。

记录实验数据时，应根据使用仪器的精度（见表 3-1），只保留一位不准确数字。如用万分之一的分析天平称量时，以 g 为单位，小数点后应保留 4 位数字。用酸碱滴定管测量溶液的体积时，以 mL 为单位，小数点后应保留 2 位。

表 3-1 常用仪器的精度及记录要求

仪器名称	仪器精度	记录示例	有效数字
台秤	0.1g	11.3g	3 位
分析天平	0.0001g	1.2367g	5 位
10mL 量筒	0.1mL	7.6mL	2 位

续表

仪器名称	仪器精度	记录示例	有效数字
100mL 量筒	1mL	45mL	2 位
移液管	0.01mL	25.00mL	4 位
滴定管	0.01mL	24.57mL	4 位
容量瓶	0.01mL	100.0	4 位

如果发现记录的结果有怀疑、遗漏、丢失等，都必须重做实验。因为将不可靠的结果当作正确的记录，在实验工作中可能造成难以估计的损失。所以，在学习期间就应一丝不苟，努力培养严谨的科学作风。

2. 有效数字的记录

有效数字是能够测量到的数字，代表着一定的物理意义。有效数字不仅表示数值的大小，而且反映了测量仪器的精密程度及数据的可靠程度。

确定有效数字位数的规则如下。

a. 非零数字都是有效数字。

b. “0”既可是有效数字，也可不是有效数字。在其他数字之间或之后的“0”为有效数字；在第一个非零数字之前起定位作用的“0”不是有效数字。

1.0008	4.3181	5 位
0.1000	10.51%	4 位
0.0382	1.96×10^{-10}	3 位
54	0.0040	2 位
0.05	2×10^{5}	1 位

有效数字的运算规则如下。

a. 计算中应先修约后计算。

b. 加减运算　几个有效数字相加或相减时，和或差的有效数字位数应以各数中小数点后位数最少（绝对误差最大）的为准。如

$$0.1235+15.34+2.455+11.37589=0.12+15.34+2.46+11.38=29.30$$

c. 乘除运算　几个有效数字相乘除时，积或商的有效数字位数应以各数中有效数字位数最少（相对误差最大）的为准。如

$$\frac{0.0325\times5.103\times60.06}{139.8}=\frac{0.0325\times5.10\times60.1}{140}=0.0712$$

二、Excel 电子表格在数据处理中的应用

Excel 作为一款大众化的办公软件，不仅具有强大的数据处理功能，还具有通过数据生成图表和制作表格等多种功能，被广泛应用于办公领域、科研领域、工程领域、教学领域等。

在化学实验中，以往大多借助于坐标纸和手工操作来绘制实验数据图（少数由大型仪器所配备的数据工作站通过微机处理而直接打印出来），现在由于计算机的广泛使用，已开始用计算机完成这些实验数据图的绘制。

针对当前多数学生即使在大学一年级学过计算机基础课，在与化学有关的实验及毕业论文中仍然不会应用计算机绘制实验结果图的情况，以分光光度分析中的各种影响因素（如吸

收光谱、酸度或 pH 试验、试剂用量试验和标准曲线等）的条件优化为例，针对性地介绍利用 Excel 电子表格绘制实验结果图的具体方法，以便提高与化学化工相关的专业的大学生在化学实验、科学研究及毕业设计中使用计算机的能力。

1. 吸收光谱图的绘制

在分光光度法中吸收光谱是选择测试波长的重要依据，而在实验报告中应当有吸收光谱图，实际研究中并不是单纯地绘出反应产物的吸收光谱，往往需要多种吸收光谱图（如试剂空白、反应产物及其他吸收光谱图）以便进行比较或说明问题，故吸收光谱图的绘制必不可少。利用 Excel 电子表格绘制分光光度体系中的试剂空白及反应产物的吸收光谱图极为方便，不仅可用于显色反应体系，而且可应用于褪色反应体系，同时可用于多条吸收曲线的绘制。

例 1：以表 3-2 的实验数据为例来说明显色反应体系吸收光谱图的绘制过程。

表 3-2　吸光度 A 与波长 λ 的关系（显色反应体系）

λ/nm	500	520	540	560	580	600	620	640
A_1(R/H_2O)	0.162	0.301	0.452	0.544	0.635	0.691	0.648	0.521
A_2(P/R)	/	/	0.020	0.033	0.054	0.099	0.205	0.361
λ/nm	660	680	688	700	720	740	760	780
A_1(R/H_2O)	0.383	0.208	0.122	0.060	0.014	0.002	/	/
A_2(P/R)	0.493	0.600	0.618	0.605	0.535	0.420	0.317	0.252

(1) 打开 Excel 电子表格，将实验数据分别输入在 A1 至 C16（其中 λ、A_1 和 A_2 分别在 A 列、B 列和 C 列）中的区域内。

(2) 选定数据区域，按“图表向导”按钮，在出现对话框的“图表类型”中选择“XY 散点图”，并在“子图表”中选择“无数据点平滑线散点图”，按“下一步”。

(3) 在下一个对话框中的“数据区域”中填上“A1：C16”，并在“系列产生在”框中选“列”，按“下一步”。

(4) 在出现的对话框中可填入图的名称、X 轴的名称、Y 轴的名称等，随后按“完成”，即可完成吸收曲线绘制的第一步。

(5) 将鼠标移至图中的 X 轴处双击，可在出现的对话框中选择“刻度”页，将最大值和最小值分别设置成 800 和 500，再将“主要刻度线”设置成 40、“次要刻度线”设置成 10，按“确定”即可得吸收曲线图。将鼠标移至图中 Y 轴主要网格线上，按“右键”，点“清除”除去 Y 轴网格线；将鼠标移至图中“阴影”部分，按“右键”，点“清除”除去阴影；将鼠标点“系列 1、系列 2”框，按“右键”，点“清除”除去“系列 1、系列 2”框；将鼠标移至图外的图表区，按“右键”出现“图表区格式【0】”，在“边框”栏选择“无【N】”，在区域栏的颜色【0】中选择白色，按右键确定，即除去图表区的边框，可完成整个绘图过程。

(6) 从视图【V】的工具栏【T】打开绘图，在显示器下方出现绘图【R】，用左键点击文本框 A，在曲线图中出现文本框，输入相应的说明文字作为标记，将该标记移动至合适位置。将吸收曲线图复制并粘贴到相应的文档中，该吸收曲线图如图 3-1 所示。

例 2：以表 3-3 的实验数据为例来说明褪色反应体系吸收光谱图及多条吸收曲线的绘制过程。

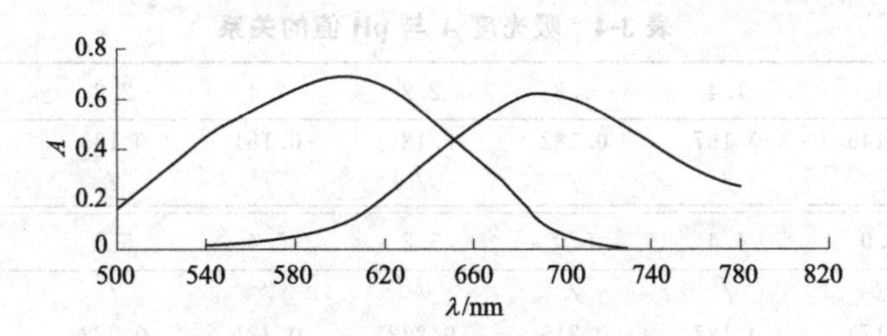

图 3-1　吸收光谱图（显示反应体系）

表 3-3　吸光度 A 与波长 λ 的关系（褪色反应体系）

λ/nm	420	430	440	450	460	470	480	490
A_1	0.574	0.670	0.747	0.810	0.861	0.885	0.880	0.862
A_2	0.456	0.530	0.590	0.635	0.680	0.698	0.682	0.660
A_3	/	/	0.472	0.547	0.598	0.652	0.695	0.723
A_4	/	/	0.342	0.390	0.440	0.474	0.510	0.536
λ/nm	500	510	520	530	540			
A_1	0.815	0.760	0.710	0.641	0.561			
A_2	0.630	0.590	0.540	0.497	0.431			
A_3	0.735	0.721	0.681	0.641	0.610			
A_4	0.548	0.531	0.500	0.471	0.432			

将实验数据分别输入在 A1 至 E13（其中λ、A_1、A_2、A_3 和 A_4 分别在 A 列、B 列、C 列、D 列和 E 列）中的区域内，按照以上步骤同样操作，填入图的名称、X 轴的名称、Y 轴的名称，设置相应的坐标刻度，除去网格线、阴影、边框和系列框，并加注标记即可绘制褪色反应体系的吸收光谱图，将吸收曲线图复制并粘贴到相应的文档中（如图 3-2 所示）。

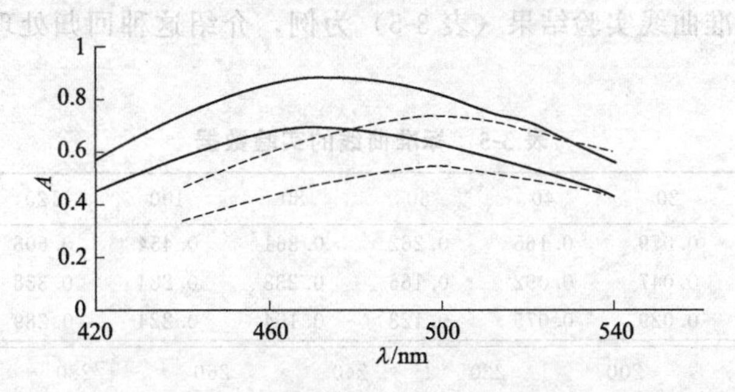

图 3-2　吸收光谱图（褪色反应体系）

2. 其他曲线图的绘制

在分光光度分析的条件优化过程中，还要绘制在研究 pH 值的影响、显色剂用量的影响、反应时间的影响和反应温度的影响等反应条件时的吸收曲线，有时需要将新方法的多个影响因素在同一张图中表达出来，以便进行比较。这些条件试验图都可以利用 Excel 电子表格按照“吸收光谱图的绘制”进行绘制。表 3-4 列出了 pH 值的影响的实验数据，将实验数据分别输入在 A1 至 C16（其中 pH 值、A_1 和 A_2 分别在 A 列、B 列和 C 列）中的区域内，按照上述步骤选择“平滑线散点图”，并填入图的名称、X 轴、Y 轴的名称，设置相应的坐标刻度，除去网格线、阴影、边框和系列框，并加注标记即可绘制反应体系的 pH 值对吸光度 A 的影响的实验图，将它复制并粘贴到相应的文档中（图 3-3）。

表 3-4 吸光度 *A* 与 pH 值的关系

pH 值	1	1.4	1.8	2.2	2.4	2.8	3.0	3.4
A_1	0.145	0.167	0.182	0.182	0.181	0.183	0.161	0.006
A_2	/	/	/	/	/	/	0.142	0.148
pH 值	4.0	4.4	5.0	5.2	5.4	5.8	6.0	6.4
A_1	/	/	/	/	/	/	/	/
A_2	0.173	0.187	0.215	0.222	0.221	0.222	0.207	0.175

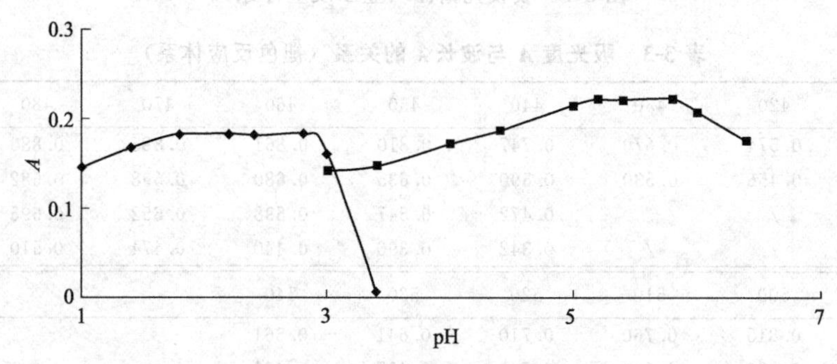

图 3-3 pH 值对吸光度 *A* 的影响

3. Excel 电子表格在绘制标准曲线图及其他直线图的应用

分光光度法的标准曲线是该方法的定量依据，利用 Excel 电子表格可以非常方便地完成其一元线性回归分析，不仅可以给出线性回归方程和相关系数，而且可以给出标准曲线图。在实际分析方法研究中常需要将新方法的标准曲线与原有方法的标准曲线进行直观比较，以比较其线性范围、灵敏度等。以不同蛋白质（牛血清白蛋白 BSA、人血清白蛋白 HAS 和 α-糜蛋白酶 Chy）的标准曲线实验结果（表 3-5）为例，介绍这种回归处理和绘制标准曲线图的操作过程。

表 3-5 标准曲线的实验数据

浓度 *c*/mg/L	10	20	40	60	80	100	120	140	160
A_1(BSA)	0.045	0.079	0.165	0.262	0.361	0.454	0.508	0.620	/
A_2(HAS)	0.010	0.047	0.092	0.165	0.238	0.284	0.338	0.392	0.440
A_3(Chy)	0.020	0.029	0.075	0.123	0.164	0.224	0.289	0.333	0.380
浓度 *c*/mg/L	180	200	220	240	260	280			
A_1(BSA)	/	/	/	/	/	/			
A_2(HAS)	0.502	0.575	/	/	/	/			
A_3(Chy)	0.411	0.461	0.511	0.556	0.608	0.655			

（1）打开 Excel 电子表格，将标准曲线的实验数据输入在 A1 至 D15（其中 c、A_1、A_2、A_3 分别在 A 列、B 列、C 列和 D 列）中的区域内。

（2）按插入图表按钮，在出现对话框的图表类型中选择“XY 散点图”，并在“子图表”类型中选择“散点图”，按“下一步”。

（3）在下一个对话框中的“数据区域”中填上“A1∶D15”，并在“系列产生在”框中选“列”，按“下一步”。

（4）在出现的对话框中填入图的名称、*X* 轴的名称、*Y* 轴的名称等，随后按“下一步”。

（5）在出现的对话框中可按自己意愿选择后即可完成标准曲线绘制的第一步。

(6) 从视图【V】的工具栏【T】打开绘图，在显示器下方出现绘图【R】，用左键点击文本框 A，在曲线图中出现文本框，输入相应的说明文字作为标记，将标记移动至合适位置。

(7) 将鼠标移至图中任一数据点上，单击左键选中此列数据点，而后点击右键并选中添加趋势线，在出现的对话框中的类型页选线性，在选项页中选中显示公式和显示 R^2，按“确定”便可完成整个绘图过程（见图 3-4），将标准曲线图复制并粘贴到相应的文档中。

文中给出的回归方程为：

$$A_1=-0.0043+0.0044c_1 \quad R^2=0.9972$$

$$A_2=-0.0126+0.0029c_2 \quad R^2=0.9977$$

$$A_3=-0.0141+0.0024c_3 \quad R^2=0.9984$$

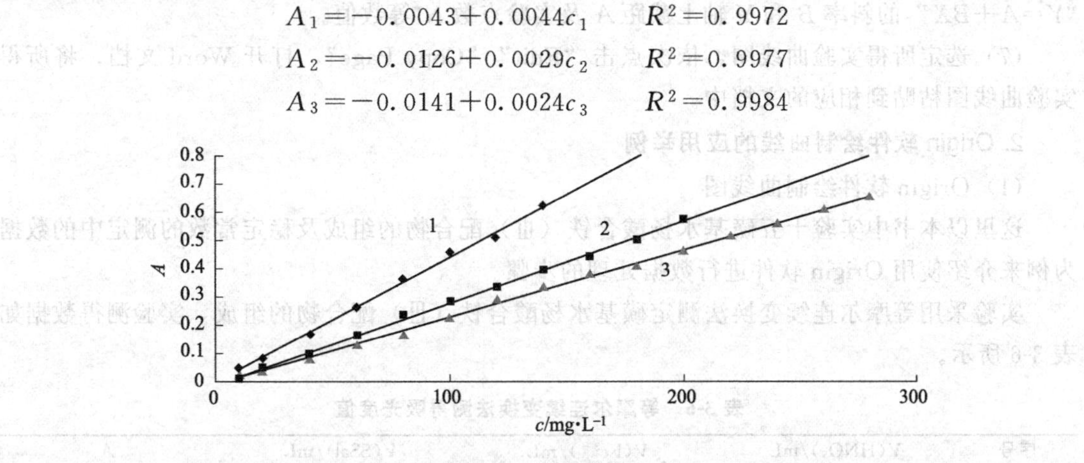

图 3-4　标准曲线

1—BSA；2—HAS；3—Chy

三、Origin 软件在绘制各种曲线中的应用

Origin 软件是美国 Lab 公司开发的一款优秀的数据处理、分析和科技绘图软件。由于其操作界面简单，使用便捷，Origin 软件是目前公认的化学、化工等领域使用最为广泛和功能强大的科技绘图软件，其在实验数据处理中的应用主要包括两部分：图表的绘制和标准曲线的绘制。

1. 应用 Origin 软件绘制曲线的步骤

(1) 打开 6.1 版或 7.0 版 Origin 软件，在 Data1 的列表的“A【x】”和“B【y】”中分别按列输入实验数据。

(2) 选定所有的实验数据（用鼠标左键涂黑），依次点击“Plot”和“Line+Symbol”，出现实验草图。

(3) 修改坐标标题和标尺范围及间隔。用鼠标左键双击实验草图的“X Axis Title”或“Y Axis Title”，输入横坐标标题或纵坐标标题，点 OK；用鼠标左键双击横坐标或纵坐标数字，点击 Scale，输入横坐标或纵坐标标尺范围及间隔，点 OK。

(4) 选择所得曲线的类型、颜色和曲线上实验点的类型、大小。用鼠标左键双击曲线上任意点，点击“Line”，在“Connet”中选择“Spline”，在“Style”中选择“Solid”或“Dash”等，在“Color”中选择曲线的颜色；点击“Symbol”，在“Preview”中选择点的类型，在“Size”中选择实验点的大小（如吸收曲线，“Size”选择 0；其他曲线“Size”选择具体数字）。

(5) 如有多条曲线，需给所得曲线加记标注。在实验图中任意处，按鼠标右键，点击

“Add Text”，输入相应的文字或数字，点击 OK，将所输入的文字或数字用鼠标左键移动至所需处，即可完成整个绘图过程。

(6) 如曲线为线性，在“Connect”中选择“No Line”。如为多条直线，在“Graph”图中紧靠左上角的带阴影的 1 字处按鼠标右键，分别选择 Datal 的任意一条（在数字前面打√），依次点击“Tools”“Linear Fit”和“Fit”，图中出现拟合直线，用鼠标左键双击该拟合直线上任意点，在“Line”列表的“Color”中选择合适的拟合直线颜色（如黑色用 Black）；在弹出的“Results Log”列表中找出该拟合直线的回归方程（Linear Regression）“$Y=A+BX$”的斜率 B 和 Y 轴上截距 A 及实验点数 N 等数值。

(7) 选定所得实验曲线图，依次点击“Edit”“Copy Page”，打开 Word 文档，将所得实验曲线图粘贴到相应的文档中。

2. Origin 软件绘制曲线的应用举例

(1) Origin 软件绘制曲线图

这里以本书中实验十五磺基水杨酸合铁（Ⅲ）配合物的组成及稳定常数的测定中的数据为例来介绍使用 Origin 软件进行数据处理的步骤。

实验采用等摩尔连续变换法测定磺基水杨酸合铁（Ⅲ）配合物的组成，实验测得数据如表 3-6 所示。

表 3-6　等摩尔连续变换法测得吸光度值

序号	$V(HNO_3)$/mL	$V(Fe^{3+})$/mL	V(SSal)/mL	A
1	10.00	10.00	0	0
2	10.00	9.00	1.00	0.083
3	10.00	8.00	2.00	0.178
4	10.00	7.00	3.00	0.273
5	10.00	6.00	4.00	0.356
6	10.00	5.00	5.00	0.383
7	10.00	4.00	6.00	0.342
8	10.00	3.00	7.00	0.262
9	10.00	2.00	8.00	0.171
10	10.00	1.00	9.00	0.08
11	10.00	0	10.00	0

按照上面的曲线绘制步骤得到的图形如图 3-5(a) 所示。

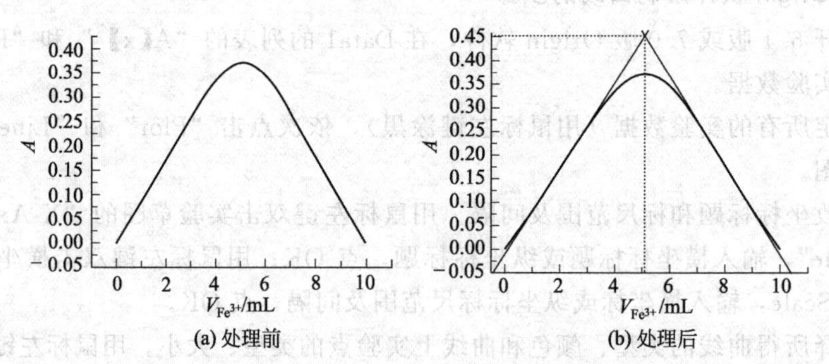

图 3-5　等摩尔连续变换法测定配合物组成比

图 3-5(a) 再用图形选项工具画上两条切线，进一步处理后得到图形如图 3-5(b) 所示。直线交点横坐标为 $V=5.1$mL，则 Fe^{3+} 与磺基水杨酸的配位比为：

$$n=\frac{V_{Fe^{3+}}}{10-V_{Fe^{3+}}}=\frac{5.1}{10-5.1}=1.04\approx 1$$

所以，Fe^{3+}与磺基水杨酸的配位比为1∶1。

（2）Origin软件在绘制直线图中的应用

标准曲线通常是分析方法的定量依据，利用Origin软件可以非常方便地完成一元线性回归分析，不仅可以给出线性回归方程和相关系数，而且可以给出标准曲线图。废水中Cr（Ⅵ）是水质指标质量控制的一个重要因素，在酸性条件下Cr(Ⅵ）与二苯基碳酰二肼生成紫红色的配合物，其最大吸收波长为540nm，在一定范围内，配合物的吸光度与溶液中Cr（Ⅵ）的质量浓度符合朗伯-比耳定律，以表3-7中分光光度法测定不同Cr(Ⅵ）质量浓度溶液的吸光度的实验数据为例，按照Origin软件绘制曲线的步骤绘制，结果如图3-6所示，得到拟合的标准曲线。

表3-7　不同浓度Cr(Ⅵ）溶液与对应吸光度值

序号	Cr(Ⅵ)浓度/(mg/50mL)	吸光度	序号	Cr(Ⅵ)浓度/(mg/50mL)	吸光度
1	0.00	0.000	5	8.00	0.103
2	2.00	0.034	6	10.00	0.136
3	4.05	0.061	7	12.00	0.168
4	6.05	0.086			

（1）打开6.1版或7.0版Origin软件，在Datal的列表的“A【x】”和“B【y】”中分别按列输入实验数据，以溶液的吸光度为纵坐标，溶液中Cr(Ⅵ）的含量为横坐标。

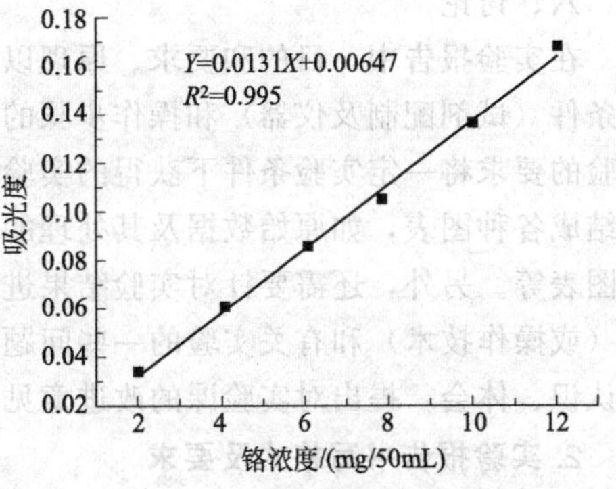

图3-6　Origin拟合的标准曲线

（2）首先制作散点图。选中输入的实验数据，点击工具栏上的“Plot”，在“Symbol”子目录下，选择“Scatter”得到散点图。

（3）拟合直线。点击工具栏上“Analysis”，在“Fitting”子目录下，选择“FitLinear”，打开拟合选项对话框。出现实验草图。

（4）修改坐标标题和标尺范围及间隔。用鼠标左键双击实验草图的“X Axis Title”或“Y Axis Title”，输入横坐标标题或纵坐标标题，点OK；用鼠标左键双击横坐标或纵坐标数字，点击“Scale”，输入横坐标或纵坐标标尺范围及间隔，点OK。

（5）选择所得直线的类型、颜色和曲线上实验点的类型、大小。用鼠标左键双击曲线上任意点，点击“Line”，在“Connet”中选择“Spline”，在“Style”中选择“Solid”或“Dash”等，在“Color”中选择曲线的颜色；点击“Symbol”，在“Preview”中选择点的类型，在“Size”中选择实验点的大小（本例中为吸收曲线，Size选择0）。

（6）在“Connect”中选择“No Line”。依次点击“Tools”“Linear Fit”和“Fit”，图中出现拟合直线，用鼠标左键双击该拟合直线上任意点，在“Line”列表的“Color”中选择合适的拟合直线颜色（如黑色用“Black”）；在弹出的“Results Log”列表中找出该拟合直线的回归方程（Linear Regression）“$Y=A+BX$”的斜率B和Y轴上截距A及实验点数N等数值。

（7）选定所得实验曲线图，依次点击“Edit”“Copy Page”，打开Word文档，将所得实验曲线图粘贴到相应的文档中。

四、实验报告的撰写

完成实验报告是对所学知识进行归纳和提高的过程，也是培养严谨的科学态度、实事求是精神的重要措施，应认真对待。

实验报告的内容总体上可分为三部分。实验预习（报告），按实验目的、原理与技能、步骤等简要书写；实验记录，包括实验现象、数据，必须如实记录，不得随意更改；实验数据处理与结果，包括对数据的处理方法及对实验现象的分析和解释。

1. 实验报告

实验结束后，应及时整理和总结实验结果，写出实验报告，报告的形式可参照下列方式。

实验编号及实验名称＿＿＿＿＿＿＿＿＿＿

一、目的和要求

二、原理

三、试剂和仪器

四、操作步骤

五、实验结果（数据记录及处理）

六、讨论

在实验报告中，目的和要求、原理以及操作步骤部分应简单扼要地叙述。但是，对于实验条件（试剂配制及仪器）和操作步骤的关键环节必须写清楚。对于实验结果部分，应根据实验的要求将一定实验条件下获得的实验结果和数据进行整理、归纳、分析和对比，并尽量总结成各种图表，如原始数据及其处理的表格、标准曲线图以及比较实验组与对照实验结果的图表等。另外，还需要针对实验结果进行必要的说明和分析。讨论部分可以写关于实验方法（或操作技术）和有关实验的一些问题，如实验的正常结果和异常现象，探讨对实验设计的认识、体会，提出对实验课的改进意见等。

2. 实验报告书写格式及要求

格式1

性质实验一般没有实验数据，但有颜色变化、沉淀生成和气泡产生等现象，每一现象的发生都有其对应的原因，因此，实验过程应仔细观察，认真记录每一现象，并分析产生该现象的原因。性质实验的实验报告可将实验步骤、实验记录和实验结论合并设计。

性质实验实验报告参考格式：

实验编号及实验名称：＿＿＿＿＿＿＿＿＿＿

姓名：＿＿＿＿＿ 实验台号：＿＿＿＿＿

实验日期：＿＿＿＿年＿＿＿月＿＿＿日

一、实验目的

二、实验原理

三、仪器及试剂

四、实验内容

实验内容(步骤)	实验现象	原因或结论
实验 1		
实验 2		
实验 3		
……		

指导教师签字：＿＿＿＿＿＿

格式 2

对于常数测定实验，实验报告中常将数据记录与处理结果合并在一起。如摩尔气体常数的测定，其实验报告参考格式如下：

实验编号及实验名称：<u>实验五 摩尔气体常数的测定</u>

姓名：＿＿＿＿＿实验台号：＿＿＿＿＿

实验日期：＿＿＿＿年＿＿＿月＿＿＿日

一、实验目的

二、实验原理

三、仪器与试剂

四、实验步骤

五、数据记录与处理

$M(Mg)=$＿＿＿＿＿$g\cdot mol^{-1}$　R(理论值)=＿＿＿＿＿＿＿＿$kPa\cdot L\cdot mol^{-1}\cdot K^{-1}$

	1	2
镁条质量 m/g		
室温 $t/℃$		
室温$(T=273.15+t)/K$		
大气压 p/kPa		
T 时水的饱和蒸气压 $p(H_2O)/kPa$		
氢气的分压 $p(H_2)=p-p(H_2O)/kPa$		
反应前量气管液面读数 V_1/mL		

续表

	1	2
反应后量气管液面读数 V_2/mL		
氢气的体积 $V(H_2)$/L		
摩尔气体常数 R(测定值)/$kPa \cdot L \cdot mol^{-1} \cdot K^{-1}$		
摩尔气体常数 R(平均值)/$kPa \cdot L \cdot mol^{-1} \cdot K^{-1}$		
摩尔气体常数 R(理论值)/$kPa \cdot L \cdot mol^{-1} \cdot K^{-1}$		
测量的相对误差/%		

指导教师签字：__________

六、注意事项

____

格式 3

对于合成实验，数据记录较少，但实验过程中的一些现象也需要认真记录，以培养学生观察、分析问题的能力。

合成实验报告参考格式：

实验编号及实验名称：______________________

姓名：________实验台号：________

实验日期：________年____月____日

一、实验目的

二、实验原理

三、实验步骤

四、实验记录及结果

1. 实验过程的主要现象

2. 数据记录及实验结果

原料质量/g:

产品质量/g:

产率：

产品外观：

指导教师签字：__________

五、注意事项

____

第四章

无机化学基本操作与训练

实验一　玻璃管加工与洗瓶的装配方法

在进行化学实验时，常常需要把许多单个仪器（如烧瓶、洗气瓶等）用玻璃管和橡皮管连接成整套的装置，因此必须学会简单的玻璃管加工和塞子钻孔技术。

一、实验目的

1. 学习玻璃管的截断、弯曲、拉制、熔烧等方法。

2. 学习塞子钻孔、玻璃管加工与洗瓶装配方法。

二、实验原理与技能

1. 玻璃管的加工技术

玻璃管的加工有截断、熔光、弯曲、抽拉与扩口等几种。

(1) 玻璃管的截断与熔光

a. 锉痕　将所要截断的玻璃管平放在桌面上，用三角锉刀的棱在需截断处用力锉出一道凹痕。注意锉刀应向前方锉，而不能往复锉，以免锉刀磨损和锉痕不平整。锉出来的凹痕应与玻璃管垂直，以保证玻璃管截断后截面平整。如图 4-1(a) 所示。

b. 截断　双手持玻璃管锉痕两侧，拇指放在划痕的背后向前推压，同时食指向后拉，即可截断玻璃管。如图 4-1(b) 所示。

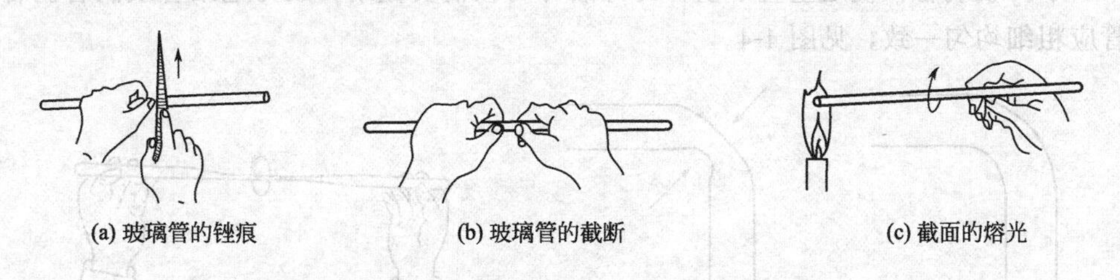

图 4-1　玻璃管的锉痕、截断、熔光示意图

c. 熔光　刚截断的玻璃管的断面很锋利，难以插入塞子的圆孔内，且容易把手割破，所以必须将断面在酒精喷灯的氧化焰灼烧光滑。操作方法是将截面斜插入氧化焰中，同时缓慢地转动玻璃管使管受热均匀，直到光滑为止。熔烧的时间不可过长，以免管口收缩。灼热的玻璃管应放在石棉网上冷却，不要放在桌面上，以免烧焦桌面，也不要用手去摸，以免烫伤。如图 4-1(c) 所示。

(2) 玻璃管的弯曲

a. 烧管 先将玻璃管在小火上来回并旋转预热，见图 4-2(a)。然后用双手托持玻璃管，把要弯曲的地方斜插入氧化焰中，以增大玻璃管的受热面积，同时缓慢地转动玻璃管，使之受热均匀。注意两手用力均匀，转速一致，以免玻璃管在火焰中扭曲。加热到玻璃管发黄变软即可弯管。

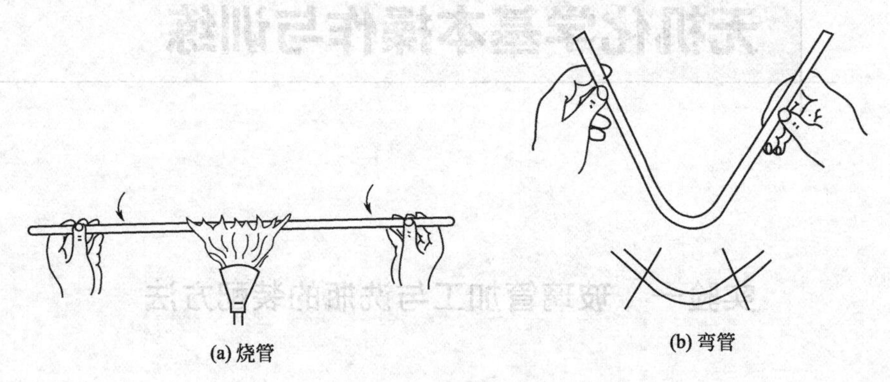

图 4-2 玻璃管的弯曲

b. 弯管 自火焰中取出玻璃管后，稍等一两秒钟，使各部分温度均匀，然后用“V”字形手法将它准确地弯成所需的角度。弯管的手法是两手在上边，玻璃管的弯曲部分在两手中间的正下方。弯好后，待其冷却变硬后才可放手，放在石棉网上继续冷却。120℃以上的角度可一次性弯成。较小的锐角可分几次弯，先弯成一个较大的角度，然后在第一次受热部位的偏左、偏右处进行再次加热和弯曲，如图 4-2(b) 中的左右两侧直线处，直到弯成所需的角度为止。

合格的弯管必须弯角里外均匀平滑，角度准确，整个玻璃管处在同一个平面上，如图 4-3(a) 所示。

(3) 玻璃管的抽拉与滴管的制作

制备毛细管和滴管时都要用到玻璃管的抽拉操作。第一步烧管，第二步抽拉。烧管的方法同上，但烧管的时间要更长些，受热面积也可以小些。将玻璃管烧到橙色，更软时才可从火焰中取出来，沿水平方向向两边拉动，并同时来回转动，如图 4-3(b) 所示。拉到所需细度时，一手持玻璃管，使之垂直下垂，冷却后即可按需要截断，成为毛细管或滴管。合格的毛细管应粗细均匀一致，见图 4-4。

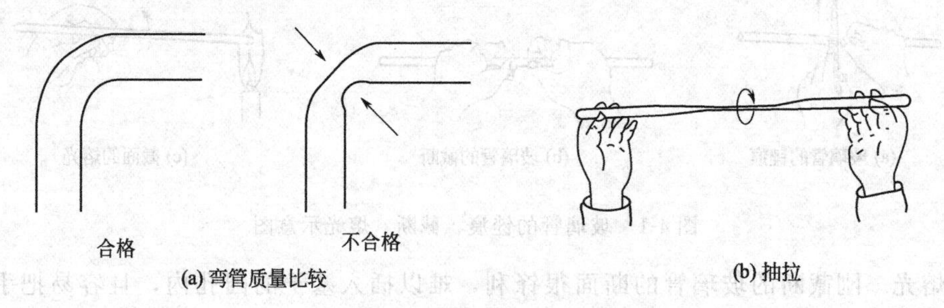

图 4-3 弯管质量的比较及玻璃管的抽拉示意图

截断的玻璃管，细口端在酒精喷灯焰中熔光即成滴管的尖嘴。粗口端管口放入灯焰烧至红热后，用金属锉刀柄斜放在管内迅速而均匀地旋转，即得扩口，然后在石棉网上稍压一

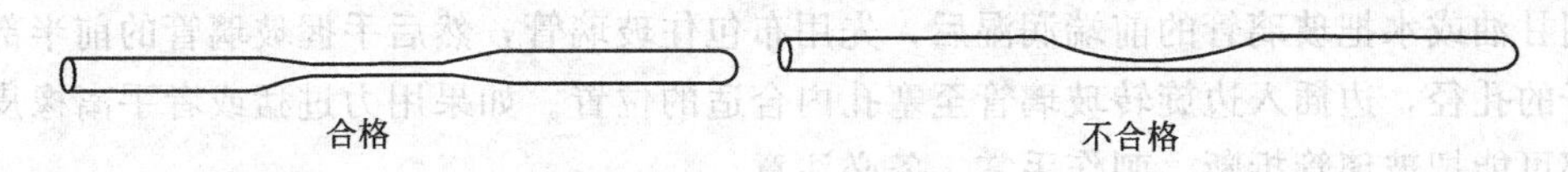

图 4-4　拉管质量比较

下，使管口外卷，冷却后套上橡胶帽便成为一支滴管。

2. 塞子的选择、钻孔及其与玻璃导管的连接方法

实验室所用的塞子有软木塞、橡皮塞及玻璃磨口塞。前两者常需要钻孔，以插配温度计和玻璃导管等。选用塞子时，除了要选择材质外，还要根据容器口径大小选择大小合适的塞子。软木塞质地松软，严密性较差，易被酸碱损坏，但与有机物作用小，故常用于有机物（溶剂）接触的场合。橡皮塞弹性好，可把瓶子塞得严密，并耐强碱侵蚀，故常用于无机化学实验中。塞子的大小一般以能塞进容器瓶 1/2～2/3 为宜，塞进过多、过少都是不合适的。塞子选好后，还需选择口径大小适宜的钻孔器［见图 4-5(a)］在塞子上钻孔。钻孔器由一组直径不同的金属管组成，一端有柄，另一端的管口很锋利，用来钻孔。另外每组还配有一个带柄的细铁棒，用来捅出钻孔时进入钻孔器中的橡皮或软木。

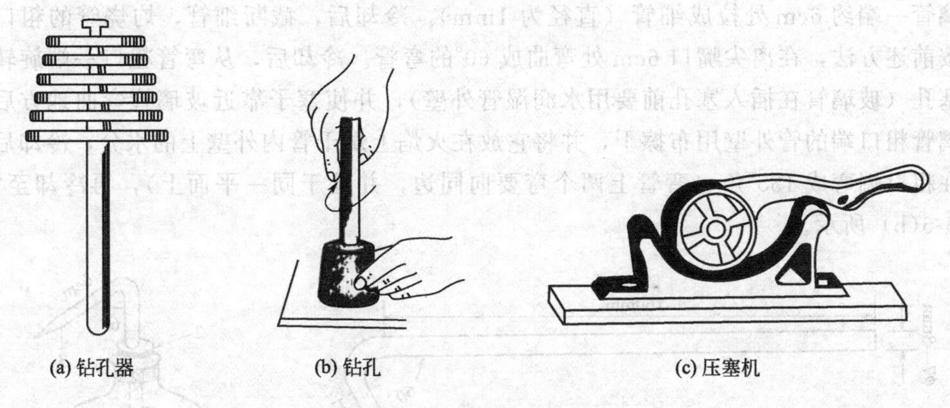

图 4-5　钻孔设备与方法

钻孔前，根据所要插入塞子的玻璃管（或温度计）的直径大小来选择钻孔器。对橡皮塞，因其有弹性，应选比欲插管子外径稍大的钻孔器，而对软木塞，则应选比欲插管子外径稍小的钻孔器，这样便可保证导管插入塞子后严密无缝。

钻孔时，将塞子小的一端朝上，平放在桌面上的一块木板上（避免钻坏桌面），左手持塞，右手握住钻孔器的柄，并在钻孔器前端涂点甘油或水，将钻孔器按在选定的位置上，以顺时针的方向，一面旋转钻孔器，一面用力向下压，如图 4-5(b) 所示。钻孔器要垂直于塞子的面上，不能左右摆动，更不能倾斜，以免把孔钻斜。钻至约达塞子高度一半时，以逆时针的方向一面旋转，一面向上拉，拔出钻孔器。按同法从塞子大的一端钻孔。注意对准另一端的孔位。直到两端的圆孔贯穿为止。拔出钻孔器，捅出钻孔器内的橡皮。

钻孔后，如果玻璃管可以毫不费力地插入塞孔，说明塞孔太大，塞孔和玻璃管之间不够严密，塞子不能使用；若塞孔稍小或不光滑时，可用圆铁修整。

软木塞钻孔的方法与橡皮塞相同。但钻孔前，要先用压塞机［图 4-5(c)］把软木塞压紧实一些，以免钻孔时钻裂。

将玻璃导管插入钻好孔的塞子的操作可分解为润湿管口、插入塞孔、旋入塞孔三个步

骤。用甘油或水把玻璃管的前端润湿后，先用布包住玻璃管，然后手握玻璃管的前半部，对准塞子的孔径，边插入边旋转玻璃管至塞孔内合适的位置。如果用力过猛或者手离橡皮塞太远，都可能把玻璃管折断，刺伤手掌，务必注意。

三、仪器及试剂

仪器：酒精喷灯，锉刀，玻璃管，塑料瓶。

四、实验内容

1. 酒精喷灯的使用

认识酒精喷灯的构造，了解其工作原理，并练习点燃、火焰调整与熄灭等基本操作。

2. 玻璃管的截断、熔光、弯曲、拉伸练习

取一段玻璃管，练习其截断、熔光、弯曲、拉伸。反复练习，认真体会要领。

3. 洗瓶的装配

a. 选取与 500mL 聚氯乙烯塑料瓶口直径大小相合适的橡皮塞。

b. 根据玻璃管的直径选用一个钻孔器，在所选的橡皮塞中间钻出一孔。

c. 截取一根长 30cm（内径为 7～8mm）的玻璃管，按图 4-6(a) 制作弯管。制作时，先在玻璃管一端约 6cm 处拉成细管（直径为 1mm）。冷却后，截断细管，灼烧管的粗口端截面。按前述方法，在离尖嘴口 6cm 处弯曲成 60°的弯管。冷却后，从弯管粗口一端旋转插入橡皮塞孔（玻璃管在插入塞孔前要用水润湿管外壁），并使塞子靠近玻璃管弯曲地方后，再把玻璃管粗口端的管外壁用布擦干，并将它放在火焰上烘干管内外壁上的水分，冷却后，按要求在粗口端弯成 135°角（弯管上两个弯要向同边，并处于同一平面上），再冷却至室温。如图 4-6(b) 所示。

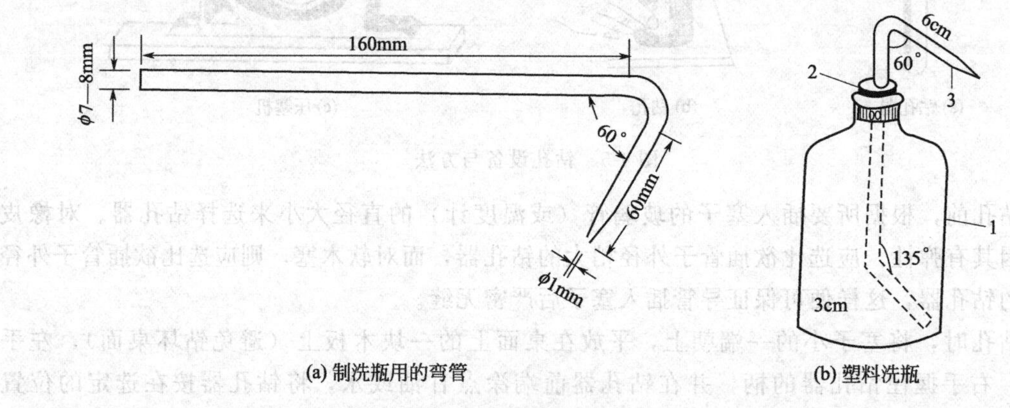

(a) 制洗瓶用的弯管　　(b) 塑料洗瓶

图 4-6　洗瓶的组成图

d. 将已插入橡皮塞的玻璃弯管、橡皮塞和塑料瓶都洗干净，然后按图 4-6 装配成塑料洗瓶。

制作弯管时，规格应随所选用的塑料瓶的大小而作适当的改变，但弯管上的角度一般不变。

4. 洗瓶的使用

使用洗瓶时，洗瓶的尖嘴不能伸入到其他容器内部，以防将洗瓶尖嘴污染。

五、思考题

1. 玻璃管加工中各操作的要领和注意事项是什么？

2. 如何在橡皮塞和软木塞上钻孔和安装玻璃导管？

实验二　分析天平的使用

一、实验目的

1. 掌握台秤的工作原理及使用方法。

2. 掌握分析天平的工作原理及使用方法。

3. 掌握直接称量法和差减称量法的基本操作。

二、实验原理与技能

1. 天平的称量原理

天平是根据杠杆原理设计而成的，如图 4-7 所示，在杠杆中，B 在中间为支点，两端 A 与 C 受被称量物体和砝码向下的作用力 P 和 Q。当杠杆处于平衡状态时，根据杠杆原理，支点两边的力矩相等，即

$$P \cdot AB = Q \cdot BC$$

若天平的两臂相等，即

$$AB = BC$$

则

$$P = Q$$

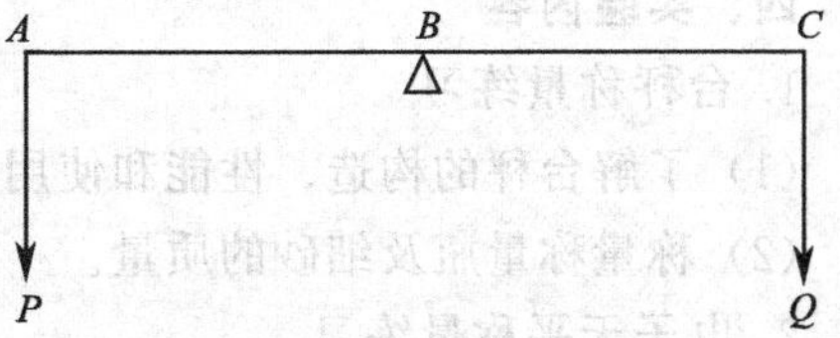

图 4-7　天平原理图

也就是被称量物体的质量与砝码的质量相等，砝码的质量是已知的，因此，可用砝码的质量来表示被称量物体的质量。

2. 天平的种类

根据准确度的高低，可将天平分为两类：一类称为台秤，其称量的准确度较低，用于一般的化学实验；另一类称为分析天平，其称量的准确度较高。分析天平的种类很多，根据称量原理，主要分为等臂天平、不等臂天平及电子天平等类型。常用的等臂天平有摆动式天平、空气阻尼式天平、半机械加码电光天平（半自动电光天平）、全机械加码电光天平（全自动电光天平）等；常用的不等臂天平有单盘电光天平、单盘减码式全自动电光天平、单盘精密天平等；常用的电子天平有无梁电子数字显示天平等。

分析天平的分类方法还可根据天平的精度分级命名。过去天平的分级，单纯以能称准的最小质量来确定。例如能称到 0.1mg 或 0.2mg 的天平称为万分之一天平或分析天平；能称到 0.01mg 的天平称为十万分之一天平或半微量分析天平；能称到 0.001mg 的天平称为百万分之一天平或微量分析天平。这实际上是单纯以分度值（感量）来分类的。但是分度值与载重是有密切关系的。只讲分度值而不提载重是不能全面反映天平性能的。

如果把分度值和载重两项指标联系起来考虑，可用相对精度分类的方法，即以分析天平的感量与最大载重之比来划分精度级别。目前我国采用的就是这种分类方法。根据《电子天平》JJG 1036—2008 的规定，将分析天平分为 10 级，分级标准见表 4-1。

1 级分析天平精度最好，10 级分析天平精度最差。常用的分析天平载重量为 200g，感量为 0.1mg，其精度为

$$\frac{0.1 \times 10^{-3}}{200} = 5 \times 10^{-7}$$

即相当于 3 级分析天平。在选用天平时，不仅要注意天平的精度级别，还必须注意最大

载重量。在常量分析中，一般使用最大载重量为100～200g的分析天平，属于3～4级。在微量分析中，常用最大载重量为20～30g的分析天平，属于1～3级。

表4-1 分析天平精度分级表

级别	1	2	3	4	5
感量/最大载量	1×10^{-7}	2×10^{-7}	5×10^{-7}	1×10^{-6}	2×10^{-6}
级别	6	7	8	9	10
感量/最大载量	5×10^{-6}	1×10^{-5}	2×10^{-5}	5×10^{-5}	1×10^{-4}

三、仪器及试剂

1. 仪器：台秤，电子天平，50mL烧杯，称量瓶。

2. 试剂：细沙。

四、实验内容

1. 台秤称量练习

(1) 了解台秤的构造、性能和使用方法。

(2) 称量称量瓶及细砂的质量。

2. 电子天平称量练习

(1) 直接称量法

a. 对照电子天平实物，熟悉各功能键的作用。

b. 检查电子天平水平。

c. 将称量纸或小烧杯放入称量盘中央，稳定后按去皮键Tare。

d. 用牛角勺取一定质量（0.4～0.6g）的沙子于上述称量纸或小烧杯中，直至天平显示质量符合要求为止。

e. 记录数据（准确至小数点后第4位）。反复操作，至熟练掌握为止。

(2) 差减称量法

a. 检查电子天平。

b. 将盛有细沙的称量瓶放入称量盘中央，稳定后按去皮键Tare。

c. 按要求倾倒质量为0.4～0.6g（准确至0.1mg）的细沙于小烧杯中。

d. 记录数据（准确至小数点后第4位）。反复操作，至熟练掌握为止。

五、思考题

1. 在什么情况下需使用差减称量法称量？
2. 为何称量器皿的外部也要保持洁净？
3. 电子天平的去皮键有何作用？

实验三 溶液的配制

一、实验目的

1. 掌握一般浓度溶液和准确浓度溶液的配制方法。

2. 掌握容量瓶、电子天平的使用方法。

二、仪器及试剂

1. 仪器：电子天平，称量瓶，容量瓶，烧杯，玻璃棒。

2. 试剂：浓盐酸，固体氯化钠。

三、实验内容

1. 配制 250mL 0.1mol·L^{-1}盐酸溶液

(1) 配制 250mL 0.1mol·L^{-1}盐酸溶液需要量取浓盐酸（密度为 1.19g·mL^{-1}，质量分数为 37.5%）__________ mL。

(2) 用量筒量取浓盐酸倒入盛有 50mL 水的烧杯中，边搅拌边加入浓盐酸（在通风橱中进行），用玻璃棒搅匀，然后再加水稀释到 250mL。

2. 配制 250mL 0.1000mol·L^{-1}氯化钠溶液

(1) 计算配制 250mL 0.1000mol·L^{-1} 氯化钠溶液需要固体氯化钠的质量为__________ g。

(2) 在电子天平上称取固体氯化钠__________ g 于小烧杯中。

(3) 在烧杯中加入 30mL 水，搅拌溶解，将氯化钠溶液沿玻璃棒倒入 250mL 容量瓶中，将烧杯及玻璃棒用蒸馏水淋洗 3～4 次，洗涤液同样沿玻璃棒倒入容量瓶中，然后向容量瓶中加水至液面接近刻度线__________ cm 处，改用胶头滴管加水使溶液凹液面恰好与刻度线相切。盖上塞子，用手按住塞子倒转容量瓶并振荡，反复数次摇匀溶液，计算配制的氯化钠溶液的准确浓度为__________，贴上标签，标签应写上试剂名称、浓度、配制日期。

四、思考题

1. 根据浓盐酸的密度和质量分数如何计算浓盐酸的物质的量浓度？

2. 配制一定物质的量浓度的溶液，在定容时判断凹液面与刻度线相切，仰视或俯视所得浓度与真实浓度相比偏大还是偏小？

实验四　粗食盐的提纯

一、实验目的

1. 掌握粗食盐提纯的基本原理及提纯过程。

2. 学习称量、过滤、蒸发及减压抽滤等基本操作。

3. 熟悉产品纯度的检验方法。

二、实验原理

粗食盐中通常含有不溶性杂质（如泥沙等）和可溶性杂质（主要是 Ca^{2+}、Mg^{2+}、K^{+} 和 SO_4^{2-}）。不溶性杂质可以通过溶解、过滤的方法除去。可溶性杂质可选择适当的化学试剂使它们分别生成难溶化合物而被除去。除去粗食盐中可溶性杂质的方法如下。

(1) 在粗食盐溶液中加入稍微过量的 $BaCl_2$ 溶液，SO_4^{2-} 转化为 $BaSO_4$ 沉淀，过滤可除去 SO_4^{2-}。

$$SO_4^{2-} + Ba^{2+} \longrightarrow BaSO_4$$

(2) 向除去 SO_4^{2-} 的滤液中加入 NaOH 和 Na_2CO_3，可将 Ca^{2+}、Mg^{2+} 和上一步中过

量的 Ba^{2+} 转化为 $Mg_2(OH)_2CO_3$、$CaCO_3$、$BaCO_3$ 沉淀，过滤除去。

$$2Mg^{2+}+2OH^-+CO_3^{2-} \longrightarrow Mg_2(OH)_2CO_3$$

$$Ca^{2+}+CO_3^{2-} \longrightarrow CaCO_3$$

$$Ba^{2+}+CO_3^{2-} \longrightarrow BaCO_3$$

(3) 用稀 HCl 溶液调节滤液 pH 值至 4，可除去过量的 NaOH 和 Na_2CO_3。

$$OH^-+H^+ \longrightarrow H_2O$$

$$CO_3^{2-}+2H^+ \longrightarrow CO_2+H_2O$$

粗食盐中 K^+ 和这些沉淀剂不起作用，仍留在溶液中。KCl 在粗食盐中的含量较少，在结晶过程中留在母液中。

三、仪器及试剂

1. 仪器：蒸发皿，表面皿，烧杯（250mL，100mL），量筒（100mL，10mL），布氏漏斗，吸滤瓶，电炉。

2. 试剂：粗食盐，2.0mol·L^{-1} HCl 溶液，2.0mol·L^{-1} NaOH 溶液，6.0mol·L^{-1} HAc 溶液，1.0mol·L^{-1} Na_2CO_3 溶液，1.0mol·L^{-1} $BaCl_2$ 溶液，饱和 $(NH_4)_2C_2O_4$ 溶液，pH 试纸，镁试剂。

四、实验内容

1. 粗食盐的提纯

(1) 溶解粗食盐

用台秤称取 5.0g 粗食盐放入 100mL 烧杯中，加 25mL 蒸馏水，加热搅拌使大部分固体溶解，剩下少量不溶的泥沙等杂质。

(2) 除去 SO_4^{2-} 及不溶性杂质

在加热的条件下，边搅拌边滴加 1mL 1.0mol·L^{-1} $BaCl_2$ 溶液，继续加热使 $BaSO_4$ 沉淀完全。2～4min 后停止加热（如果溶液蒸发较快，应补加水至原体积，为什么?）。待沉淀沉降后，在上层清液滴加 $BaCl_2$，以检验 SO_4^{2-} 是否沉淀完全，如有白色沉淀生成，则需在热溶液中再补加适量的 $BaCl_2$ 直至 SO_4^{2-} 沉淀完全。如没有白色沉淀生成，则表明 SO_4^{2-} 沉淀完全，抽滤。用少量的蒸馏水洗涤沉淀 2～3 次，滤液转移到 100mL 烧杯中。

(3) 除去 Ca^{2+}、Mg^{2+} 和 Ba^{2+}

在滤液中加入 10 滴 2.0mol·L^{-1} NaOH 溶液和 2.0mL 1.0mol·L^{-1} 的 Na_2CO_3 溶液，加热至沸，静置片刻。以检验沉淀是否完全。沉淀完全后抽滤，滤液转移到 100mL 烧杯中。

(4) 除去 OH^- 和 CO_3^{2-}

在滤液中逐滴加入 2.0mol·L^{-1} HCl 溶液，使 pH 约等于 4。

(5) 蒸发结晶

将滤液放入蒸发皿中，小火加热，将溶液浓缩至糊状（勿蒸干!），停止加热。

(6) 冷却过滤

冷却后减压抽滤，尽量将 NaCl 晶体抽干。将晶体转移至事先称好的表面皿中，放入烘箱内烘干（或者将晶体转移至事先称好的蒸发皿中，在石棉网上用小火蒸干）。

(7) 称量

冷却后，称出表面皿（或蒸发皿）和晶体的总质量，计算产率。

$$产率=精盐质量(g)/5.0g \times 100\%$$

2. 产品纯度的检验

取粗食盐和精盐各0.5g放入试管内，分别用5mL蒸馏水溶解，然后各分三等份，盛在六支试管中，分成三组，用对比法比较它们的纯度。

(1) SO_4^{2-} 的检验

在第一组试管中先加1mL 2.0mol·L^{-1} HCl酸化，然后各滴加2滴1.0mol·L^{-1} $BaCl_2$溶液，观察现象。

(2) Ca^{2+}的检验

在第二组试管中先加1mL 2.0mol·L^{-1} HAc，然后各滴加2滴饱和 $(NH_4)_2C_2O_4$ 溶液，观察现象。加HAc的目的是排除Mg^{2+}的干扰，因为MgC_2O_4溶于HAc，而CaC_2O_4不溶于HAc。

(3) Mg^{2+}的检验

在第三组试管中各滴加2滴2.0mol·L^{-1} NaOH，使溶液呈碱性，再各加1滴镁试剂，观察有无天蓝色沉淀生成。镁试剂是对硝基偶氮间苯二酚，它在酸性溶液中呈黄色，在碱性溶液中呈红色或紫色，当被$Mg(OH)_2$吸附后则呈天蓝色。

五、思考题

1. 在除去Ca^{2+}、Mg^{2+}和SO_4^{2-}时，为什么要先加$BaCl_2$溶液，然后再加Na_2CO_3溶液？
2. 溶液浓缩时为什么不能蒸干？

实验五　摩尔气体常数的测定

一、实验目的

1. 了解置换法测定摩尔气体常数的原理和方法。
2. 熟悉气体状态方程和分压定律的有关计算。
3. 巩固分析天平的使用技术，学习气体体积的测量技术和气压计的使用方法。

二、实验原理

由理想气体状态方程可知，摩尔气体常数

$$R=\frac{pV}{nT} \tag{1}$$

通过一定的方法测得理想气体的p、V、n、T，即可计算出摩尔气体常数。本实验通过一定质量的镁条（铝片或锌片）与过量的稀酸作用，即

$$Mg+H_2SO_4 = MgSO_4+H_2\uparrow$$

用排水集气法收集氢气，氢气的体积由量气管测出，氢气的物质的量$n(H_2)$可根据反应的镁条的质量求出，称量时除了要刮净镁条表面的氧化膜外，还要保证称量准确。测定摩尔气体常数的装置如图4-8所示。

由于在量气管内收集的氢气是被水蒸气所饱和的，根据道尔顿分压定律，量气管内的气压p（为总压力，等于大气压）是氢气的分压$p(H_2)$和实验温度T时水的饱和蒸气压$p(H_2O，g)$的总和，即

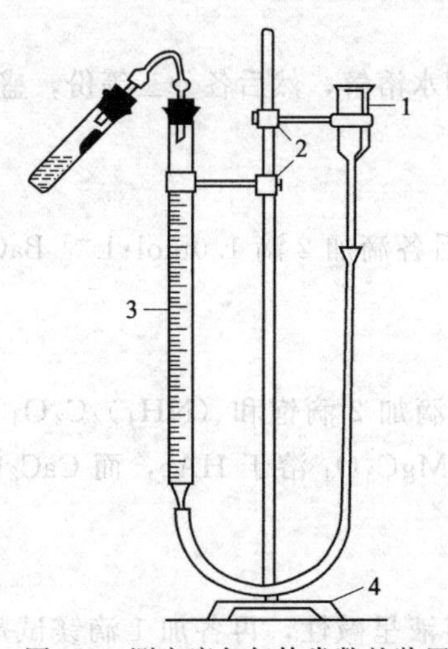

图 4-8 测定摩尔气体常数的装置
1—水平管（长颈漏斗）；2—铁夹；
3—量气管；4—铁架台

$$p=p(H_2)+p(H_2O,g) \quad (2)$$

式中，p 值取大气压值。实验中要做到量气管与水平管内液面在同一水平面上，保证量气管内的气体与外界气体等压，即 $p=p_{大气}$。$p(H_2O, g)$ 可由附录7查到。最后将各项数据代入式(1) 中，得

$$R=\frac{p(H_2)V}{n(H_2)T} \quad (3)$$

式中，V 为量气管所收集到 H_2 的体积，由于 Mg 与 H_2SO_4 的反应为放热反应，而气体的体积又与温度有关，V 值的读取一定要等量气管冷却到室温；T 为绝对温度，用实验时的室温代替。将有关数据代入上式，即可计算出摩尔气体常数 R。R 值的测定实际上是通过测定 p、V、m(Mg)、T 值来实现的，测准它们是做好本实验的关键。

三、仪器及试剂

1. 仪器：分析天平，气压计，温度计，烧杯（100mL），量气管（50mL，可用 50mL 碱式滴定管代替），试管，漏斗，橡皮管，导气管，铁架台。

2. 试剂：$1.0\text{mol}\cdot\text{L}^{-1}$ H_2SO_4 溶液，镁条（铝片或锌片）。

四、实验内容

1. 称量金属质量

用分析天平准确称取镁条质量（0.0300～0.0400g）。如用锌片，称取范围为 0.0800～0.1000g 之间；如用铝片，称取范围在 0.0220～0.0300g 之间。（注意：称取金属前，先用砂纸擦去表面氧化膜）。

2. 装配量气管

按图 4-8 装配量气管并与反应试管连接，即可得测定摩尔气体常数的装置。按图 4-8 安装好后，取下试管，往量气管中加水（称为封闭液），水从漏斗注入，使漏斗和量气管都充满水（橡胶管内勿存气泡，为什么?）。量气管的水面调节至略低于“0”刻度线，漏斗中水面保持在漏斗体积约 1/3 处，（视漏斗大小而定）。然后把连接管一端塞紧量气管口，另一端塞紧反应试管口。

3. 检查气密性

将漏斗向上（或向下）移动一段距离，使量气管水面略低（或略高）于漏斗水面。固定漏斗后，观察量气管水面是否移动，若不移动，说明不漏气；若移动，说明漏气，应检查各管子连接处，直到不漏气为止。

4. 金属与稀硫酸反应前的准备

打开试管塞子，调整漏斗的位置，使量气管内液面与漏斗内液面在同一水平面上（量气管内的液面在 0～1mL 之间），用滴管（或用小漏斗）向试管中加入 4mL $1.0\text{mol}\cdot\text{L}^{-1}$ H_2SO_4 溶液，注意不要使酸液沾湿试管液面上段的试管壁。将已称好的镁条沾少量水，小心贴在试管壁上，避免与酸液接触，塞紧塞子（镁条在试管内液面上端下侧，谨防镁条掉进酸中）。

5. 再次检查气密性

按步骤 3 再次检查气密性。如不漏气，准确读出量气管内液面的弯月面最低点的刻度

(准确至0.01mL)，记录读数V_1。

6. 氢气的产生、收集和体积的度量

将图4-8装置向右倾斜（或取下量气管向右倾斜），使镁条落入酸液中，发生反应产生氢气。此时反应产生的氢气进入量气管中，将量气管中水压入漏斗内。为防止压力增大造成漏气，在量气管水面下降的同时，缓慢下移漏斗，保持漏斗水面大致与量气管水面在同一水平位置。待反应完全停止后，冷却约10min后，移动漏斗，使其水面与量气管水面在同一水平位置，固定漏斗，准确读出量气管水面最低处所对应的刻度线读数，记录读数V_2。

7. 记录室温T和大气压$p_{大气}$，从附录7中查出室温时水的饱和蒸气压$p(H_2O)$。

五、数据记录与处理

将得到的实验数据记录于表4-2中，并计算摩尔气体常数，求出3次测定的平均值。

表4-2　实验记录

	1	2	3
镁条的质量/g			
氢气的分压/kPa			
氢气体积/L			
氢气物质的量/mol			
摩尔气体常数			
摩尔气体常数的平均值			

1. 根据镁条的质量及反应方程式计算氢气的物质的量$n(H_2)$，代入有关数据计算。

$$R=\frac{p(H_2)V}{n(H_2)T}=\frac{[p_{大气}-p(H_2O)](V_2-V_1)}{n(H_2)T}\qquad (Pa\cdot m^3\cdot K^{-1}\cdot mol^{-1})$$

2. 从有关化学手册中查得R的文献值$R_{文献值}$，计算相对误差，并分析造成误差的原因。

$$RE=\frac{R_{实测值}-R_{文献值}}{R_{文献值}}\times 100\%$$

六、思考题

1. 为什么要使漏斗水面与量气管水面在同一水平位置才读取读数？
2. 酸的浓度和用量是否严格控制和准确量取？为什么？
3. 镁条与稀酸作用完毕后，为什么要等试管冷却到室温时方可读取读数？

实验六　硫酸亚铁铵的制备

一、实验目的

1. 了解复盐的一般特征和制备方法，制备复盐$(NH_4)_2SO_4\cdot FeSO_4\cdot 6H_2O$。
2. 掌握无机制备的基本操作。

二、实验原理

硫酸亚铁铵$(NH_4)_2SO_4\cdot FeSO_4\cdot 6H_2O$又称摩尔盐，为浅绿色单斜晶体。它在空气中比一般亚铁盐稳定，不易被氧化，而且价格低，制造工艺简单，容易得到较纯净的晶体，因此，其应用广泛，工业上常用作废水处理的混凝剂，在农业上既是农药又是肥料，在定量分析中常用作氧化还原滴定的基准物质。

与所有的复盐一样，硫酸亚铁铵在水中的溶解度比组成它的任何一种组分 $FeSO_4$ 或 $(NH_4)_2SO_4$ 的溶解度都要小，见表 4-3。因此从 $FeSO_4$ 或 $(NH_4)_2SO_4$ 溶于水所制得的浓混合溶液中，很容易得到结晶的摩尔盐。

表 4-3 三种盐的溶解度（单位为 g/100g H_2O）

温度/℃	0	10	20	30	40	50	70
$FeSO_4 \cdot 7H_2O$	15.6	20.5	26.5	32.9	40.2	48.6	56.0
$(NH_4)_2SO_4$	70.6	73.0	75.4	78.0	81.6	84.5	91.9
$(NH_4)_2SO_4 \cdot FeSO_4 \cdot 6H_2O$	12.5	17.2	21.2	24.5	33.0	40.0	38.5

$FeSO_4$ 可由铁屑或铁粉与稀硫酸作用制得：

$$Fe + H_2SO_4 = FeSO_4 + H_2 \uparrow$$

用等物质的量的硫酸亚铁和硫酸铵在水溶液中相互作用，加热浓缩冷却结晶可得到溶解度较小的浅绿色的硫酸亚铁铵盐晶体：

$$FeSO_4 + (NH_4)_2SO_4 + 6H_2O = (NH_4)_2SO_4 \cdot FeSO_4 \cdot 6H_2O$$

三、仪器及试剂

1. 仪器：台秤，烧杯（100mL，400mL），量筒（10mL，50mL），蒸发皿，布氏漏斗，吸滤瓶，表面皿，水浴锅，低温电炉或电热板。

2. 试剂：$3mol \cdot L^{-1}$ H_2SO_4 溶液，10% Na_2CO_3 溶液，固体 $(NH_4)_2SO_4$，铁屑，95%乙醇，pH 试纸。

四、实验内容

1. 铁屑的净化（除去油污）

用台秤称取 2.0g 铁屑，放入小烧杯中，加入 15mL 质量分数为 10%的 Na_2CO_3 溶液。缓缓加热约 10min 后，倾倒除去 Na_2CO_3 碱性溶液，用自来水冲洗后，再用去离子水把铁屑冲洗洁净（如果用纯净的铁屑，可省略这一步）。

2. 硫酸亚铁的制备

往盛有上述已净化过的铁屑的小烧杯中加入 15mL $3mol \cdot L^{-1}$ H_2SO_4 溶液，盖上表面皿，放在低温电炉上加热（在通风橱中进行！）。在加热过程中应不时加入少量去离子水，以补充被蒸发的水分，防止 $FeSO_4$ 结晶。直至不再有气泡放出为止。然后趁热抽滤，用少量热水洗涤小烧杯及残渣，此时溶液的 pH 值应在 1 左右。滤液转移到洁净的蒸发皿中。计算出溶液中 $FeSO_4$ 的理论产量。

3. 硫酸亚铁铵的制备

根据 $FeSO_4$ 的理论产量，计算并称取所需固体 $(NH_4)_2SO_4$ 的用量。在室温下将称出的 $(NH_4)_2SO_4$ 加入上面所制得的 $FeSO_4$ 溶液中，在水浴上加热搅拌，使 $(NH_4)_2SO_4$ 全部溶解，调节 pH 值为 1～2，继续蒸发浓缩至溶液表面刚出现薄层的结晶时为止。自水浴锅上取下蒸发皿，放置，冷却后即有 $(NH_4)_2SO_4 \cdot FeSO_4 \cdot 6H_2O$ 晶体析出。待冷至室温后减压过滤，用少量乙醇洗去晶体表面所附着的水分。将晶体取出，置于两张洁净的滤纸之间，并轻压以吸干母液，称量。计算理论产量和产率。产率计算公式：

$$产率=\frac{实验产量(g)}{理论产量(g)}\times 100\%$$

五、思考题

1. 在制备 $FeSO_4$ 时，是 Fe 过量还是 H_2SO_4 过量？为什么？
2. 本实验计算 $(NH_4)_2SO_4\cdot FeSO_4\cdot 6H_2O$ 的产率时，以 $FeSO_4$ 的量为准是否正确？为什么？
3. 浓缩 $(NH_4)_2SO_4\cdot FeSO_4\cdot 6H_2O$ 时能否浓缩至干，为什么？
4. 产品的质量指标应对哪些离子进行检验？

实验七　二氧化碳分子量的测定

一、实验目的

1. 了解气体密度法测定气体相对分子质量的原理的方法。
2. 了解气体的净化和干燥的原理和方法。
3. 掌握启普发生器的使用。
4. 掌握电子天平的使用。

二、实验原理

根据阿伏伽德罗定律，同温同压下，同体积的任何气体含有相同数目的分子。因此，在同温同压下，同体积的两种气体的质量之比等于它们的相对分子质量之比，即

$$M_1/M_2=m_1/m_2=d$$

式中，M_1 和 m_1 为第一种气体的相对分子质量和质量；M_2 和 m_2 为第二种气体的相对分子质量和质量；$d(=m_1/m_2)$ 叫作第一种气体对第二种气体的相对密度。

本实验是把同体积的二氧化碳气体与空气（其平均相对分子质量为 29.0）相比，这样二氧化碳的相对分子质量可按下式计算：

$$M_{CO_2}=m_{CO_2}\times M_{空气}/m_{空气}=M_{空气}\times 29.0$$

式中，一定体积（V）的二氧化碳气体质量 m_{CO_2} 可直接从天平上称出。根据实验时的大气压（p）和温度（T），利用理想气体状态方程式，可计算出同体积的空气的质量：

$$m_{空气}=pV\times 29.0/RT$$

这样就求出了二氧化碳气体对空气的相对密度，从而可以测定二氧化碳气体的相对分子质量。

三、仪器及试剂

1. 仪器：启普发生器，洗气瓶（2 只），250mL 锥形瓶，台秤，天平，温度计，气压计，橡皮管，橡皮塞等。

2. 试剂：HCl（工业用，$6mol\cdot L^{-1}$），H_2SO_4（工业用），饱和 $NaHCO_3$ 溶液，无水 $CaCl_2$，大理石等。

四、实验内容

按图 4-9 连接好二氧化碳气体的发生和净化装置。

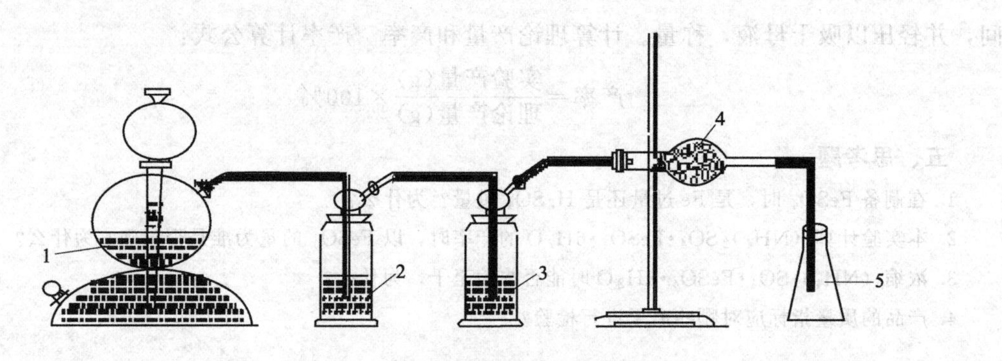

图 4-9 二氧化碳的发生和净化装置

1—大理石+稀盐酸；2—饱和 $NaHCO_3$；3—浓 H_2SO_4；4—无水 $CaCl_2$；5—收集器

取一个洁净而干燥的锥形瓶，选一个合适的橡皮塞塞入瓶口，在塞子上做一个记号，以固定塞子塞入瓶口的位置。在天平上称出（空气+瓶+塞子）的质量。

从启普发生器产生的二氧化碳气体，通过饱和 $NaHCO_3$ 溶液、浓硫酸、无水氯化钙，经过净化和干燥后，导入锥形瓶内。因为二氧化碳气体的相对密度大于空气，所以必须把导气管插入瓶底，才能把瓶内的空气赶尽。2～3min 后，用燃着的火柴在瓶口检查 CO_2 已充满后，再慢慢取出导气管用塞子塞住瓶口（应注意塞子是否在原来塞入瓶口的位置上）。在天平上称出（二氧化碳气体+瓶+塞子）的质量，重复通入二氧化碳气体和称量的操作，直到前后两次（二氧化碳气体+瓶+塞子）的质量相符为止（两次质量相差不超过 1～2mg）。这样做是为了保证瓶内的空气已完全被排出并充满了二氧化碳气体。

最后在瓶内装满水，塞好塞子（注意塞子的位置），在台秤上称重，精确至 0.1g。记下室温和大气压。

五、数据记录与处理

室温 t(℃)______，T(K)______

气压 p(Pa)______

（空气+瓶+塞子）的质量 A ______ g

（二氧化碳气体+瓶+塞子）的质量 B ______ g

（水+瓶+塞子）的质量 C ______ g

瓶的容积 $V=(C-A)/1.00$ ______ mL

瓶内空气的质量 $m_{空气}$ ______ g

瓶和塞子的质量 $D=A-m_{空气}$ ______ g

二氧化碳气体的质量 $m_{CO_2}=B-D$ ______ g

二氧化碳的相对分子质量 M_{CO_2} ______

$$百分误差=\frac{M_{CO_2(实)}-M_{CO_2(理)}}{M_{CO_2(理)}}\times 100\%=\_\_\_\_\_\_$$

六、注意事项

(1) 实验室安全问题。不得进行违规操作，有问题及时处理或向老师报告。

(2) 分析天平的使用。注意保护天平，防止发生错误的操作。

(3) 启普发生器的正确使用。

(4) 气体的净化与干燥操作。

七、思考题

1. 在制备二氧化碳的装置中，能否把瓶 2 和瓶 3 倒过来装置？为什么？

2. 为什么（二氧化碳气体＋瓶＋塞子）的质量要在天平上称量，而（水＋瓶＋塞子）的质量则可以在台秤上称量？两者的要求有何不同？

3. 为什么在计算锥形瓶的容积时不考虑空气的质量，而在计算二氧化碳的质量时却要考虑空气的质量？

第五章

无机化学基本原理

实验八　醋酸解离度和解离常数的测定

Ⅰ. pH 法

一、实验目的

1. 掌握测定醋酸解离度及解离平衡常数的基本原理和方法。
2. 掌握滴定管和移液管的使用。
3. 学习酸度计的使用方法。

二、实验原理

醋酸（HAc 或 CH_3COOH）是弱电解质，在水溶液中存在下列解离平衡：

$$HAc(aq) \rightleftharpoons H^+(aq) + Ac^-(aq)$$

其解离常数 $K_a^{\ominus}$ 的表达式为：

$$K_a^{\ominus} = \frac{\dfrac{c(H^+)}{c^{\ominus}}\dfrac{c(Ac^-)}{c^{\ominus}}}{\dfrac{c(HAc)}{c^{\ominus}}} \tag{5-1}$$

由于 $c^{\ominus} = 1.0mol \cdot L^{-1}$，所以上式还可以写为：

$$K_a^{\ominus} = \frac{c(H^+)c(Ac^-)}{c(HAc)} \tag{5-2}$$

温度一定时，HAc 的解离度为 α，则 $c(H^+) = c(Ac^-) = c\alpha$，代入式(5-1) 得：

$$K_a^{\ominus}(HAc) = \frac{(c\alpha)^2}{c(1-\alpha)} = \frac{c\alpha^2}{1-\alpha} \tag{5-3}$$

在一定温度下，用酸度计测定一系列已知浓度的 HAc 溶液的 pH 值，根据 $pH = -\lg c(H^+)$，可求得各浓度 HAc 溶液对应的 $c(H^+)$，利用 $c(H^+) = c\alpha$，求得解离度 α 值，将 α 代入式(5-3) 中，可求得一系列对应的 $K_a^{\ominus}$ 值。取 $K_a^{\ominus}$ 的平均值，即得该温度下醋酸的解离常数 $K_a^{\ominus}(HAc)$ 及解离度 $\alpha(HAc)$。

三、仪器及试剂

仪器：酸度计，恒温干燥箱，酸式滴定管，碱式滴定管，烧杯（100mL），洗耳球。

试剂：HAc（约 $0.1mol \cdot L^{-1}$，精确到四位有效数字），标准缓冲溶液（pH＝4.00，pH＝

6.86)。

四、实验内容

1. 配制不同浓度的醋酸溶液

(1) 取 4 只洗净烘干的 100mL 小烧杯依次编号 1# ～4# 。

(2) 从酸式滴定管中分别向 1#、2#、3#、4# 小烧杯中准确放入 3.00mL、6.00mL、12.00mL、24.00mL 已准确标定过的 HAc 溶液。

(3) 用碱式滴定管分别向上述烧杯中依次准确放入 45.00mL、42.00mL、36.00mL、24.00mL 的蒸馏水，并用玻璃棒将杯中溶液搅混均匀。

2. 醋酸溶液 pH 值的测定

用酸度计分别依次测量 1# ～4# 小烧杯中醋酸溶液的 pH 值，并如实正确记录测定数据，填于表 5-1 中。

五、数据记录与处理

醋酸溶液的原始浓度：$c(\mathrm{HAc})=$ ________ $\mathrm{mol \cdot L^{-1}}$，室温＝ ________ ℃。

表 5-1　醋酸解离度及解离常数的测定

编号	$V(\mathrm{HAc})/\mathrm{mL}$	$V(\mathrm{H_2O})/\mathrm{mL}$	$c(\mathrm{HAc})/\mathrm{mol \cdot L^{-1}}$	pH 值	$c(\mathrm{H^+})/\mathrm{mol \cdot L^{-1}}$	$\alpha/\%$	$K_a^{\ominus}(\mathrm{HAc})$
1#							
2#							
3#							
4#							
醋酸解离平衡常数平均值 $K_{平}^{\ominus}(\mathrm{HAc})$							

六、思考题

1. 弱电解质溶液的解离度与哪些因素有关？
2. 相同温度下不同浓度的 HAc 溶液的解离度是否相同？解离平衡常数是否相同？
3. 烧杯是否必须烘干？
4. 测定 pH 值时为什么要按从稀到浓的次序进行？

Ⅱ. 电导率法

一、实验目的

1. 掌握用电导率法测定醋酸在水溶液中的解离度和解离平衡常数的原理和方法。
2. 学习电导率仪的使用方法。

二、实验原理

醋酸（$\mathrm{CH_3COOH}$）是一种弱电解质，在水中存在如下平衡：

$$\begin{array}{llll} & \mathrm{HAc(aq)} & \rightleftharpoons \mathrm{H^+(aq)} & + \ \mathrm{Ac^-(aq)} \\ \text{起始浓度}/\mathrm{mol \cdot L^{-1}} & c & 0 & 0 \\ \text{平衡浓度}/\mathrm{mol \cdot L^{-1}} & c-c\alpha & c\alpha & c\alpha \end{array}$$

解离常数的表达式为：

$$K_a^{\ominus}(\mathrm{HAc})=\frac{c(\mathrm{H^+})c(\mathrm{Ac^-})}{c(\mathrm{HAc})}=\frac{(c\alpha)^2}{c-c\alpha} \tag{5-4}$$

一定温度下，$K_a^{\ominus}$ 为常数，通过测定不同浓度下的解离度就可求得平衡常数 $K_a^{\ominus}$ 值。解离度 α 可通过测定溶液的电导来计算，溶液的电导用电导率仪测定。

物质导电能力的大小，通常以电阻（R）或电导（G）表示，电导为电阻的倒数：

$$G=\frac{1}{R}$$

电导的单位为西门子（S）。电解质溶液和金属导体一样，其电阻也符合欧姆定律。温度一定时，两电极间溶液的电阻与电极间的距离 l 成正比，与电极面积 A 成反比。

$$R=\rho\ \frac{l}{A}$$

ρ 称为电阻率，它的倒数称为电导率，以 κ 表示，单位为 $S \cdot m^{-1}$，则

$$\kappa=G\ \frac{l}{A}$$

电导率 κ 表示放在相距 1m，面积为 $1m^2$ 的两个电极之间溶液的电导，l/A 称为电极常数或电导池常数。在一定温度下，相距 1m 的两平行电极间所容纳的含有 1mol 电解质溶液的电导称为摩尔电导，用 Λ_m 表示。如果 1mol 电解质溶液的体积用 V 表示（m^3），溶液中电解质的物质的量浓度用 c 表示（$mol \cdot m^{-3}$），摩尔电导 Λ_m 的单位为 $S \cdot m^2 \cdot mol^{-1}$，则摩尔电导 Λ_m 和电导率 κ 的关系为

$$\Lambda_m=\kappa V=\frac{\kappa}{c} \tag{5-5}$$

对于弱电解质来说，无限稀释时的摩尔电导率 Λ_m^{∞} 反映了该电解质全部电离且没有相互作用时的电导能力。在一定浓度下，Λ 反映的是部分电离且离子间存在一定相互作用时的电导能力。如果弱电解质的离解度比较小，电离产生的离子浓度较低，使离子间作用力可以忽略不计，那么 Λ 与 Λ_m^{∞} 的差别就可以近似看成由部分离子与全部电离产生的离子数目不同所致，所以弱电解质的离解度可表示为

$$\alpha=\frac{\Lambda}{\Lambda_m^{\infty}} \tag{5-6}$$

这样，可以由实验测定浓度为 c 的醋酸溶液的电导率 κ，代入式(5-5)，求出 Λ_m，由式(5-6) 算出 α，将 α 的值代入式(5-4)，即可算出 $K_a^{\ominus}(HAc)$。

三、仪器及试剂

仪器：电导率仪，酸式滴定管，碱式滴定管，烧杯（50mL、干燥）。

试剂：HAc（约 $0.1mol \cdot L^{-1}$，精确到四位有效数字），去离子水。

其他：滤纸片或擦镜纸。

四、实验内容

1. 配制溶液

取 4 只干燥烧杯，编号 1# ～4#，然后用滴定管按表 5-2 中烧杯编号分别准确放入已知浓度的醋酸溶液和蒸馏水。

2. 醋酸溶液电导率的测定

用电导率仪由稀到浓测定 1# ～4# 醋酸溶液的电导率，记录数据，填入表 5-2 中。

3. 实验结束后，先关闭各仪器的电源，用蒸馏水充分冲洗电极，并将电极浸入蒸馏水中备用。

五、数据记录与处理

测定时温度______℃，Λ_m^∞(HAc) ________ $S\cdot m^2\cdot mol^{-1}$

HAc标准溶液的浓度________ $mol\cdot L^{-1}$，HAc的解离常数$K_{平}^{\ominus}$(HAc)______________。

表 5-2　醋酸离解度和解离常数的测定

编号	HAc体积/mL	H_2O体积/mL	HAc浓度/$mol\cdot L^{-1}$	κ/$S\cdot m^{-1}$	Λ/$S\cdot m^2\cdot mol^{-1}$	α/%	$K_a^{\ominus}$(HAc)
1＃	3.00	45.00					
2＃	6.00	42.00					
3＃	12.00	36.00					
4＃	24.00	24.00					
醋酸解离平衡常数平均值$K_{平}^{\ominus}$(HAc)							

六、思考题

1. 电解质溶液导电的特点是什么？
2. 什么是溶液的电导、电导率和摩尔电导率？
3. 测定HAc溶液的电导率时，测定顺序为什么应由稀到浓？

附：酸度计、电导率仪的使用

酸度计及其使用方法

酸度计是测定溶液pH值的常用仪器。实验室常用的酸度计有pHS-2型、pHS-3型和pHS-4A型等，各种型号酸度计的结构虽有不同，但基本原理相同，下面主要介绍pHSJ-4A型酸度计。

1. 基本原理

酸度计是用来测量溶液pH值的仪器。它除可以测量溶液的酸度外，还可以测量电池的电动势（mV）。酸度计主要是由参比电极（甘汞电极）、测量电极（玻璃电极）和精密电位计三部分组成。

甘汞电极，当它由金属汞、Hg_2Cl_2和饱和KCl溶液组成时，又称为饱和甘汞电极，见图5-1(a)。它的电极反应是：

$$Hg_2Cl_2 + 2e^- \longrightarrow 2Hg + 2Cl^-$$

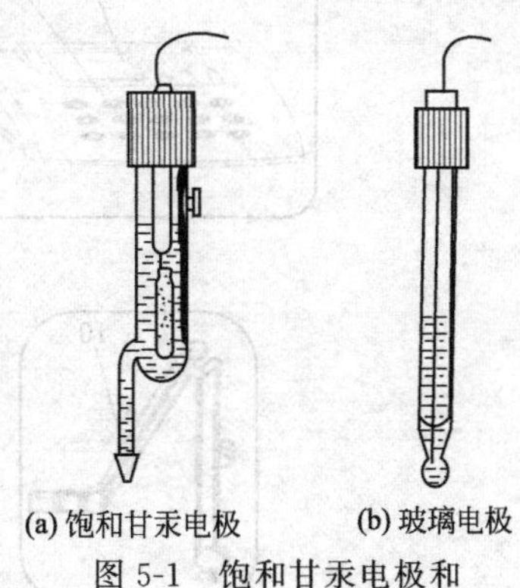
(a) 饱和甘汞电极　(b) 玻璃电极

图5-1　饱和甘汞电极和玻璃电极

甘汞电极的电极电势不随溶液pH值变化而变化，在一定温度下是一定值。25℃时饱和甘汞电极的电极电势为0.245V。玻璃电极［见图5-1(b)］的电极电势随溶液pH值的变化而改变。它的主要部分是头部的球泡，是由特殊的敏感玻璃薄膜构成。薄膜对氢离子有敏感作用，当它浸入被测溶液内，被测溶液的氢离子与电极球泡表面水化层进行离子交换，球泡内层也同样产生电极电势。由于内层氢离子浓度不变，而外层氢离子浓度在变化，因此内外层的电势差也在变化，所以该电极电势随待测溶液的pH值不同而改变。

$$E = E_+ - E_- = E_{甘汞} - E_{玻} = 0.245 - E_{玻}^{\ominus} + 0.0592\text{pH}$$

将玻璃电极和饱和甘汞电极一起浸在被测溶液中组成电池，并连接上精密电位计，即可测定电池电极电势E。

在 25℃时，　　$E_{玻}=E^{\ominus}_{玻}+0.0592\lg c(H^+)=E^{\ominus}_{玻}-0.0592pH$

整理上式得：

$$pH=\frac{E+E^{\ominus}_{玻}-0.245}{0.0592}$$

$E^{\ominus}_{玻}$可用已知 pH 值的缓冲溶液代替待测溶液而求得。为了省去计算步骤，酸度计把测得的电池电动势直接用 pH 值表示出来。因而从酸度计上可以直接读出溶液的 pH 值。

2. pHSJ-4A 型酸度计使用方法

(1) 仪器的安装

① 将多功能电极架（10）插入电极架座（3）中。

② pH 复合电极（11）和温度传感器（14）夹在多功能电极架（10）上。

③ 拉下 pH 复合电极（11）的电极套（12）。

④ 在测量电极插座（5）处拔去 Q9 短路插头（13）。然后，分别将 pH 复合电极（11）和温度传感器（14）插入测量电极插座（5）和温度传感器插座（8）内。

⑤ 用蒸馏水清洗复合电极，清洗后再用被测溶液清洗一次，然后将复合电极和温度传感器浸入被测溶液中。

⑥ 通用电源器输出插头插入仪器的电源插座（4）内。然后，接通通用电源器的电源，仪器可以进行正常操作。

⑦ 若用户配置 TP-16 型打印机，则将该打印机连接线分别插入仪器的 RS-232 接口（9）和打印机插座内。

pHSJ-4A 型酸度计的结构如图 5-2 所示。

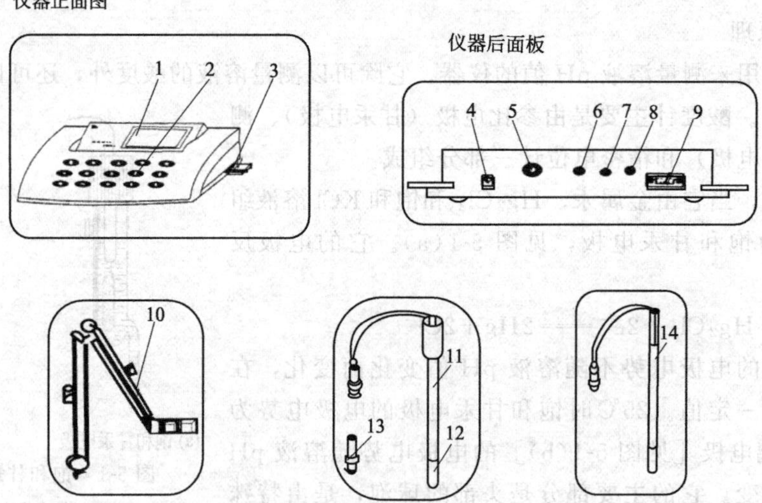

图 5-2　pHSJ-4A 型酸度计的结构示意图

1—显示屏；2—键盘；3—电极架座；4—电源插座；5—测量电极插座；6—参比电极插座；7—接地接线柱；8—温度传感器插座；9—RS-232 接口；10—多功能电极架；11—E-201-C 型复合电极；12—电极套；13—Q9 短路插头；14—温度传感器

(2) 测定步骤

① 开机

参照图 5-3，按下“ON/OFF”键，仪器将显示“PHSJ-4A pH 计”和“雷磁”商标，显示几秒后，仪器自动进入 pH 值测量工作状态。

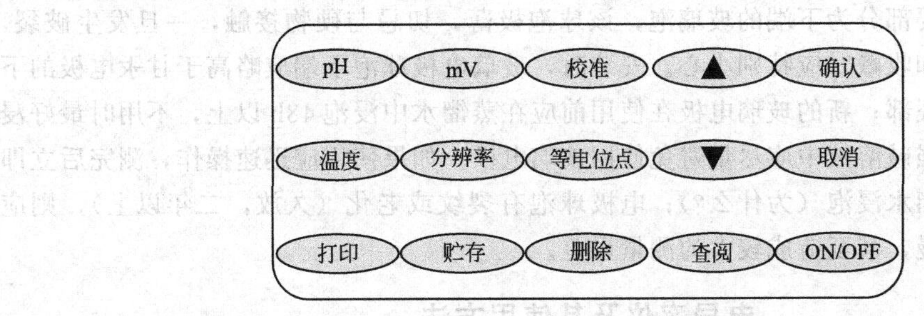

图 5-3 pHSJ-4A 型酸度计的键盘

② 选择等电位点

仪器处于任何工作状态下，按下“等电位点”键，仪器即进入“等电位点”选择工作状态。选择等电位点 7.000pH。仪器设有 3 个等电位点，即等电位点 7.000pH、12.000pH、17.000pH。可以通过“▲”或“▼”键选择所需的等电位点。

一般水溶液的 pH 测量选用等电位点 7.000pH；纯水或超纯水溶液的 pH 值测量选用等电位点 12.000pH；测量含有氨水的溶液时选用等电位点 17.000pH。

③ 电极标定

有一点标定与两点标定两种方式。

一点标定是只采用一种 pH 标准缓冲溶液对电极系统进行标定，用于自动校正仪器的定位值。仪器把 pH 复合电极的百分斜率作为 100%，在测量仪器精度要求不高的情况下，可采用此方法，操作步骤如下。

a. 将 pH 复合电极和温度传感器用蒸馏水清洗干净后，放入所选择的 pH 标准缓冲溶液中。

b. 按“校准键”，仪器进入“标定 1”工作状态，此时，仪器显示“标定 1”以及当前测得 pH 值和温度值。

c. 当显示屏上的 pH 值读数趋于稳定后，按“确认”键，仪器显示“标定 1 结束!”以及 pH 值和斜率值，说明仪器已经完成一点标定。此时，pH、mV、校准和等电位点键均有效，按下任一键，则进入工作状态。

二点标定是为了提高 pH 值的测量精度。其含义是选用两种 pH 标准缓冲溶液对电极系统进行标定，测得 pH 复合电极的实际百分理论斜率。

a. 在完成一点标定后，将电极取出重新用蒸馏水清洗干净，放入另一种 pH 标准缓冲液。

b. 再按“校准”键，使仪器进入“标定 2”工作状态，仪器显示“标定 2”以及当前的 pH 值和温度值。

c. 当显示屏上的 pH 值读数趋于稳定后，按下“确认”键，仪器显示“标定 2 结束”以及 pH 值和斜率值，说明仪器已经完成二点标定。此时，pH、mV、校准和等电位点键均有效，按下任一键，则进入工作状态。

(3) pH 值测量

按下“pH”键，仪器进入 pH 值测量状态。将复合电极清洗干净后，再用少量被测液清洗，然后将 pH 复合电极放入被测溶液，显示屏上的 pH 值稳定后，即可读数。

测量结束后，应及时将电极套套上。电极套内应放少量外参比溶液以保持电极球泡的湿润。切忌浸泡在蒸馏水中。

3. 玻璃电极的维护

玻璃电极的重要部分为下端的玻璃泡，该球泡极薄，切忌与硬物接触，一旦发生破裂，则完全失效。取用和收藏时应特别小心。安装时，玻璃电极球泡下端应略高于甘汞电极的下端，以免碰到烧杯底部；新的玻璃电极在使用前应在蒸馏水中浸泡48h以上，不用时最好浸泡在蒸馏水中；在强碱溶液中应尽量避免使用玻璃电极。如果使用应迅速操作，测完后立即用水洗涤，并用蒸馏水浸泡（为什么?）；电极球泡有裂纹或老化（久放，二年以上），则应调换，否则反应缓慢，甚至造成较大的测量误差。

电导率仪及其使用方法

1. 电导率仪

DDS-307A型电导率仪如图5-4所示，是常用的电导率测量仪器。它除了能测量一般液体的电导率外，还能测量高纯水的电导率。电导率的测量范围为0.00～100.0mS·cm^{-1}；测定电导率溶液时可以选择不同电极常数的电极，其测量最佳电导率范围如表5-3所示。

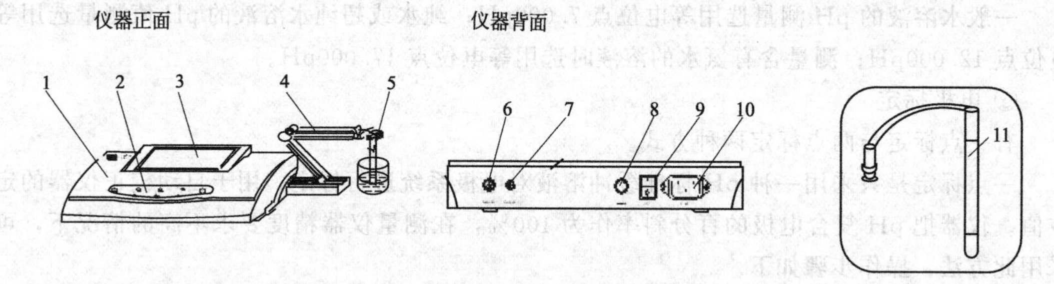

图5-4 DDS-307A型电导率仪

1—机箱；2—键盘；3—显示屏；4—多功能电极架；5—电极；6—测量电极插座；7—接地插座；8—保险丝；9—电源开关；10—电源插座；11—温度传感器

表5-3 电极常数以及对应最佳电导率测量范围

电极常数 cm^{-1}	电导率量程 μS·cm^{-1}	电极常数 cm^{-1}	电导率量程 μS·cm^{-1}
0.01	0.0～2.000	1	2～1×10^{4}
0.1	0.2～20.00	10	1×10^{4}～1×10^{5}

仪器键盘说明

①“测量”键　在设置“温度”“电极常数”“常数调节”时，按此键退出功能模块，返回测量状态。

②“电极常数”键　电极常数选择键，按此键上部“△”为调节电极常数上升；按此键下部“▽”为调节电极常数下降；电极常数的数值选择为0.01、0.1、1、10。

③“常数调节”键　此键为常数调节选择键，按此键上部“△”为常数调节数值上升；按此键下部“▽”为常数调节数值下降。

④“温度”键　此键为温度选择键，按此键上部“△”为调节温度数值上升；按此键下部“▽”为调节温度数值下降。

⑤“确认”键　此键为确认键，按此键为确认上一步操作。

2. 电导率仪的使用方法

a. 打开电源开关，预热约30min。

b. 在测量状态下，按“温度”键设置当前的温度值；按“电极常数”和“常数调节”键进行电极常数的设置。

c. 设置温度，DDS-307A 型电导率仪一般情况下不需要用户对温度进行设置。

d. 电极常数和常数值的设置　仪器使用前必须进行电极常数的设置。目前电导电极的电极常数为 0.01、0.1、1.0、10 四种类型，每种电极具体的电极常数值均粘贴在每支电导电极上，用户根据电极上所标的电极常数值进行设置。

按“电极常数”键或“常数调节”键，仪器进入电极常数设置状态，如果电导电极标贴的电极常数为“1.010”，则选择“1”并按“确认”键；再按“常数数值▽”或“常数数值△”，使常数数值显示“1.010”，按“确认”键。

e. 测量时电极浸入溶液，按“△”或“▽”选择合适的量程（$1.0\sim20\mu S\cdot cm^{-1}$、$20\sim200\mu S\cdot cm^{-1}$、$200\sim2000\mu S\cdot cm^{-1}$、$2000\sim1\times10^{4}\mu S\cdot cm^{-1}$），记下显示数值。

使用电导率仪时应注意以下事项。

① 电极使用前应在纯水中浸泡 1h 以上，应避免浸湿电极引线。

② 每测一种溶液前，依次用蒸馏水、待测液冲洗方可放入溶液中，并且测量时按照由稀到浓的顺序测定。

③ 擦拭电极时要注意保护电极。

实验九　解离平衡与盐类水解

一、实验目的

1. 理解弱电解质的电离平衡及影响平衡移动的因素。
2. 了解盐类的水解反应和影响水解反应的因素。
3. 掌握缓冲溶液的配制方法并验证其性质。

二、实验原理

弱酸弱碱等弱电解质在溶液中存在电离平衡，符合化学平衡移动的规律。如果往弱电解质的水溶液中加入含有与其相同离子的另一电解质时，会使弱电解质的电离度降低，这种效应称为同离子效应。

缓冲溶液一般由浓度较大的弱酸及其共轭碱或弱碱及其共轭酸所组成。它们在稀释时或在其中加入少量的强酸、强碱时，平衡的移动很小，使其 pH 值基本不变。缓冲溶液的缓冲能力与缓冲溶液的总浓度及其配比有关。

盐类的水解反应是酸碱中和反应的逆反应，是组成盐的离子与水中的 H^{+} 或 OH^{-} 结合生成弱酸或弱碱的过程。水解后溶液的酸碱性取决于盐的类型。

水解反应是吸热反应并以平衡状态存在，因此升高溶液的温度，有利于水解的进行。

如果水解的产物溶解度很小，则它们水解后会产生沉淀，以 $Bi(NO_3)_3$ 为例：

$$Bi(NO_3)_3+H_2O \rightleftharpoons BiONO_3\downarrow+2HNO_3$$

因此实验室配制这一类盐的水溶液时，通常是将盐溶于相应的酸中，然后再稀释成所需要的浓度。

如果两种盐都能水解，且其中一种盐水解后溶液呈酸性，另一种盐水解后溶液呈碱性，当两种溶液相混合时，发生酸碱中和反应，使两种盐的水解反应彼此加剧并都进行得很彻底。例如 $Al_2(SO_4)_3$ 溶液和 $NaHCO_3$ 溶液混合后发生双水解反应：

$$6NaHCO_3 + Al_2(SO_4)_3 \rightleftharpoons 2Al(OH)_3\downarrow + 6CO_2\uparrow + 3Na_2SO_4$$

三、仪器及试剂

1. 仪器：试管，试管架，试管夹，离心试管，酒精灯，量筒，离心机。

2. 试剂：锌粒，NH_4Ac(s)，$Fe(NO_3)_3\cdot 9H_2O$(s)，$Bi(NO_3)_3$(s)，HCl(0.1mol·L^{-1}，6mol·L^{-1})，HAc(0.1mol·L^{-1})，HNO_3(6mol·L^{-1})，$NH_3\cdot H_2O$(0.1mol·L^{-1})，NaOH(0.1mol·L^{-1})，$NaHCO_3$(0.1mol·L^{-1})，Na_2CO_3(0.1mol·L^{-1})，$Al_2(SO_4)_3$(0.1mol·L^{-1})，甲基橙溶液，酚酞溶液。

3. 其他：广泛 pH 试纸，精密 pH 试纸。

四、实验内容

1. 强电解质与弱电解质性质的比较

(1) 用广泛 pH 试纸分别测定 0.1mol·L^{-1} HCl 溶液和 0.1mol·L^{-1} HAc 溶液的 pH 值，并与计算值比较。

(2) 分别在两支试管中加入 0.1mol·L^{-1} HCl 和 0.1mol·L^{-1} HAc 溶液各 5 滴，再各滴加甲基橙指示剂一滴，观察溶液的颜色（如现象不明显，可各加入 1mL 蒸馏水稀释后再观察）。

(3) 在两支试管中各加入 2mL 0.1mol·L^{-1} HCl 溶液和 0.1mol·L^{-1} HAc 溶液，再各加一小粒锌粒（用砂纸除去表面的氧化层），微热之，观察在哪一个试管中反应较为剧烈？说明原因。

将实验结果和计算的 pH 值填入表 5-4。

由实验结果比较 HCl 和 HAc 的酸性有何不同？为什么？

表 5-4 强弱电解质性质的比较

溶液	加甲基橙后溶液颜色	pH 值		加锌粒并微热下反应现象
		测定值	计算值	
0.1mol·L^{-1} HCl				
0.1mol·L^{-1} HAc				

2. 同离子效应

(1) 往两支小试管中各加入 1mL 0.1mol·L^{-1} HAc 溶液及一滴甲基橙指示剂，摇匀，溶液呈何颜色？在其中一支试管中加入 NH_4Ac 固体少许，摇动试管使其溶解后与另一支试管比较，溶液的颜色有何变化？说明原因。

(2) 往两支小试管中各加入 1mL 0.1mol·L^{-1} $NH_3\cdot H_2O$ 溶液及一滴酚酞指示剂，摇匀，溶液呈何颜色？在其中一支试管中加入 NH_4Ac 固体少许，摇动试管使其溶解后与另一支试管比较，溶液的颜色有何变化？说明原因。

结合上述两个实验，说明哪些因素影响弱电解质的电离平衡。

3. 缓冲溶液的配制与性质

(1) 缓冲溶液的配制

欲用 0.1mol·L^{-1} HAc 和 0.1mol·L^{-1} NaAc 溶液配制 pH=4.1 的缓冲溶液 10mL，应

该怎样配制？

先计算所需的 0.1mol·L^{-1} HAc 和 0.1mol·L^{-1} NaAc 溶液的体积，再按计算的量用小量筒量取（尽可能读准到小数点后一位）后，混合均匀。用精密 pH 试纸检查所配溶液是否符合要求（保留溶液，留作下面试验用）。

（2）缓冲溶液的性质

取三支小试管各加入所配的 HAc-NaAc 缓冲溶液 3mL，分别进行如下实验。

a. 在第一支试管中加 3 滴 0.1mol·L^{-1} HCl 溶液，摇匀后用精密 pH 试纸测其 pH 值。

b. 在第二支试管中加 3 滴 0.1mol·L^{-1} NaOH 溶液，摇匀后用精密 pH 试纸测其 pH 值。

c. 在第三支试管中加 3 滴 2mL 蒸馏水，用精密 pH 试纸测其 pH 值。

将 a、b、c 的实验结果与实验（1）比较，可得出什么结论？解释原因。

（3）对照实验

在两支试管中各加 2mL 蒸馏水，用广泛 pH 试纸测其 pH 值，然后分别加入 0.1mol·L^{-1} HCl 溶液和 0.1mol·L^{-1} NaOH 溶液各 3 滴，再用广泛 pH 试纸测其 pH 值。

通过对比缓冲溶液与水在加少量酸或少量碱后的 pH 值变化实验，你对缓冲溶液的性质能得出什么结论？

4. 盐类的水解和影响水解平衡的因素

（1）盐类的水解和溶液的酸碱性

用广泛 pH 试纸分别测定浓度均为 0.1mol·L^{-1} 的 NaAc、NH_4Cl、NaCl、Na_2CO_3、$Al_2(SO_4)_3$ 等溶液的 pH 值。写出水解反应的离子方程式，并解释之。

（2）影响水解平衡的因素

a. 温度

① 在两支小试管中分别加入 1mL 0.1mol·L^{-1} NaAc 溶液，并各加入一滴酚酞指示剂，将其中一支试管中的溶液加热到沸腾，比较两支试管中溶液的颜色变化，并解释观察到的实验现象。

② 取少量 $Fe(NO_3)$ ·$9H_2O$ 固体，加蒸馏水 6mL 使之溶解后，将溶液分成三份，将其中的第一份加热至沸腾后，与另外两份相比较，观察现象，并说明其原因；另两份留作下面试验用。

b. 溶液的酸度

① 往第二份 $Fe(NO_3)_3$ 溶液中加入 6mol·L^{-1} HNO_3 溶液 2～3 滴，与第三份比较，有何现象？说明原因。

② 往试管中加少量 $Bi(NO_3)_3$ 固体，加少量蒸馏水摇匀，有何现象？用广泛 pH 试纸测其 pH 值，再滴加 6mol·L^{-1} HNO_3 溶液，又有何现象？最后再加入蒸馏水稀释又有何现象？根据平衡移动原理解释观察到的实验现象，由此了解实验室制备 $Bi(NO_3)_3$ 溶液的方法。

（3）双水解反应

取两支离心试管，分别先加入 1mL 0.1mol·L^{-1} $Al_2(SO_4)_3$ 溶液，再加入 1mL 0.1mol·L^{-1} $NaHCO_3$ 溶液后，有何现象？从水解平衡的观点解释之。用玻璃棒充分搅拌混合物，离心分离并用蒸馏水洗涤沉淀后，往一支试管中加入 6mol·L^{-1} HCl 溶液，另一支试管中加入 2mol·L^{-1} NaOH 溶液，观察沉淀溶解的情况，证明沉淀是什么？写出有关反应的方程式。

从本实验总结出哪些因素可影响盐类的水解。

五、思考题

1. 在 HAc 和 $NH_3 \cdot H_2O$ 的水溶液中分别加入 $NH_4Ac(s)$，均会使弱电解质的解离度下降。试分析分别是哪种离子在起作用？

2. 为什么 $NaHCO_3$ 水溶液呈碱性，而 $NaHSO_4$ 水溶液呈酸性？

3. 如何配制 Sn^{2+}、Sb^{3+}、Fe^{3+} 等盐的水溶液？

4. 如将 10mL 0.2mol·L^{-1} HAc 溶液与 10mL 0.1mol·L^{-1} NaOH 溶液混合，所得溶液是否具有缓冲能力？该溶液的 pH 值是多少？若将 0.2mol·L^{-1} HAc 溶液与 0.2mol·L^{-1} NaOH 溶液等体积混合，结果又怎样？

实验十　沉淀溶解平衡

一、实验目的

1. 掌握溶度积规则，熟悉沉淀的生成、溶解、转化等条件。

2. 掌握离心机的使用和固液分离操作。

二、实验原理

在难溶电解质的饱和溶液中，未溶解的难溶电解质与溶液中相应的离子之间可建立如下的多相离子平衡，称为沉淀溶解平衡。可用通式表示如下：

$$A_mB_n(s) \rightleftharpoons mA^{n+}(aq) + nB^{m-}(aq)$$

难溶电解质达到沉淀溶解平衡时，其溶度积表达式为

$$K_{sp}^{\ominus} = [A^{n+}]^m[B^{m-}]^n$$

式中，$[A^{n+}]$ 和 $[B^{m-}]$ 为两离子的平衡浓度。

根据溶度积，利用不同条件下相应的离子积可判断沉淀的生成和溶解。

(1) 当$[A^{n+}]^m[B^{m-}]^n > K_{sp}$时，溶液过饱和，有沉淀生成。

(2) 当$[A^{n+}]^m[B^{m-}]^n = K_{sp}$时，处于平衡状态，为饱和溶液。

(3) 当$[A^{n+}]^m[B^{m-}]^n < K_{sp}$时，溶液未饱和，无沉淀生成。

溶液 pH 值的改变、配合物的生成或氧化还原反应的发生，往往会引起难溶电解质的溶解度改变。

如果溶液为多种离子的混合溶液，当加入某种试剂时，可能与溶液中几种离子发生沉淀反应，某些离子先沉淀，另一些离子后沉淀，这种现象称为分步沉淀。对于相同类型的难溶电解质，沉淀的先后顺序可根据 $K_{sp}^{\ominus}$的相对大小加以判断。对于不同类型的难溶电解质，则要根据所需沉淀剂浓度的大小来判断沉淀的先后顺序。

把一种沉淀转化为另一种沉淀的过程称为沉淀的转化。两种沉淀间相互转化的难易程度要根据沉淀转化反应的标准平衡常数来确定。

三、仪器及试剂

1. 仪器：低速离心机，10mL 离心试管，试管，试管架。

2. 试剂：HCl（2mol·L^{-1}，6mol·L^{-1}），NaCl（1.0mol·L^{-1}，0.1mol·L^{-1}），KI

(0.001mol·L^{-1}，0.02mol·L^{-1}，0.1mol·L^{-1})，$Pb(NO_3)_2$(0.001mol·L^{-1}，0.1mol·L^{-1})，$BaCl_2$(0.5mol·L^{-1})，$AgNO_3$(0.1mol·L^{-1})，HAc(0.1mol·L^{-1})，HNO_3(6mol·L^{-1})，$NH_3 \cdot H_2O$(2mol·L^{-1})，Na_2S(0.1mol·L^{-1})，K_2CrO_4(0.1mol·L^{-1}，0.5mol·L^{-1})，PbI_2 饱和溶液，草酸铵饱和溶液。

四、实验内容

1. 沉淀平衡和同离子效应

(1) 在离心试管中滴加 10 滴 0.1mol·L^{-1} $Pb(NO_3)_2$ 溶液，然后滴加 5 滴 1.0mol·L^{-1} NaCl 溶液，振荡试管，观察有无沉淀生成。沉淀离心分离后，在分离溶液中加入少许 0.5mol·L^{-1}铬酸钾溶液，振荡试管，观察现象，解释原因，写出反应方程式。

(2) 在试管中滴入 1mL PbI_2 饱和溶液，然后滴入 5 滴 0.1mol·L^{-1} KI 溶液，振荡试管，观察有无沉淀生成，解释原因，写出反应方程式。

2. 溶度积规则的应用

(1) 在试管中加 5 滴 0.1mol·L^{-1} $Pb(NO_3)_2$ 溶液，再滴加 10 滴 0.1mol·L^{-1} KI 溶液，振荡试管，观察现象。解释原因，写出离子方程式。

(2) 用 0.001mol·L^{-1} $Pb(NO_3)_2$ 溶液和 0.001mol·L^{-1}的 KI 溶液代替 (1) 中试剂进行反应，振荡试管，观察有无沉淀生成，用溶度积解释原因。

(3) 在试管中加入 0.1mol·L^{-1}氯化钠溶液 10 滴和 0.5mol·L^{-1}铬酸钾溶液 2 滴，振荡试管使混合均匀，然后边振荡试管边滴加 0.1mol·L^{-1}硝酸银溶液，观察现象，并解释原因，写出反应方程式。

3. 分步沉淀

(1) 在试管中加入 0.1mol·L^{-1}的 $AgNO_3$ 溶液和 0.1mol·L^{-1}的 Pb $(NO_3)_2$ 溶液各一滴，加 5mL 蒸馏水稀释，摇匀后，加入 1 滴 0.1mol·L^{-1}的 K_2CrO_4 溶液，振荡试管，观察沉淀的颜色，离心后，向清液中继续滴加 K_2CrO_4 溶液，观察此时生成沉淀的颜色。写出离子反应式，根据沉淀颜色的变化和溶度积规则，判断哪一种难溶物质先沉淀。

(2) 在试管中各加入 1 滴 0.1mol·L^{-1}的 Na_2S 溶液和 1 滴 0.1mol·L^{-1}的 K_2CrO_4 溶液，加 5mL 蒸馏水，摇匀。先加入 1 滴 0.1mol·L^{-1}的 $Pb(NO_3)_2$ 溶液，振荡试管，观察沉淀的颜色，离心后，向清液中继续滴加 $Pb(NO_3)_2$ 溶液，观察此时生成沉淀的颜色。写出离子反应式。根据沉淀颜色的变化和溶度积规则，判断哪一种难溶物质先沉淀。

4. 沉淀溶解

(1) 在试管中加入 5 滴 0.5mol·L^{-1}氯化钡溶液，滴加 3 滴草酸铵饱和溶液，振荡试管，观察现象。然后向试管中滴加 6mol·L^{-1}盐酸，边滴加边振荡试管，观察现象，解释原因，写出反应方程式。

(2) 在试管中加入 10 滴 0.1mol·L^{-1}硝酸银溶液，滴入 0.1mol·L^{-1}氯化钠溶液 3～4 滴，振荡试管，观察现象，然后向试管中再滴加 6mol·L^{-1}氨水，边滴加边振荡，观察现象，解释原因，写出反应方程式。

(3) 在试管中加入 10 滴 0.1mol·L^{-1}硝酸银溶液，滴入 3～4 滴 0.1mol·L^{-1}硫化钠溶液，振荡试管，观察现象，然后向试管中再滴加 6mol·L^{-1}硝酸 20 滴，加热，观察现象，解释原因，写出反应方程式。

5. 沉淀的转化

(1) 在 5 滴 0.1mol·L^{-1}的 $AgNO_3$ 溶液中，加入 3 滴 0.1mol·L^{-1}的 K_2CrO_4 溶液，振

荡试管，观察沉淀的颜色。再在其中逐滴加入 0.1mol·L^{-1}的 NaCl 溶液，边加边振荡，观察现象。写出相关的离子反应式，计算沉淀转化反应的标准平衡常数。

(2) 在离心试管中滴加 5 滴 0.1mol·L^{-1}硝酸铅溶液，再滴加 3 滴 1mol·L^{-1}氯化钠溶液，振荡离心试管，观察现象。待沉淀完全后，在氯化铅沉淀中滴加 3 滴 0.1mol·L^{-1}碘化钾溶液，振荡试管，观察现象，写出反应方程式。按上述操作依次滴入 5 滴饱和硫酸钠、0.5mol·L^{-1}铬酸钾、0.1mol·L^{-1}硫化钠溶液，每加入一种新的溶液后，都充分振荡试管，认真观察沉淀的转化及颜色的变化。写出发生反应方程式，并解释沉淀转化反应发生的条件。

五、思考题

1. 在铬酸银沉淀中加入氯化钠溶液，会出现什么现象？

2. 沉淀生成的条件是什么？等体积混合 0.01mol·L^{-1}的 $PbAc_2$ 溶液和 0.02mol·L^{-1}的 KI 溶液，根据溶度积规则，判断有无沉淀产生。

实验十一 难溶电解质溶度积常数的测定

Ⅰ. 电导法测定硫酸钡的溶度积常数

一、实验目的

1. 掌握沉淀的生成、陈化、离心分离、洗涤等基本操作。
2. 理解电解质溶液电导与浓度的关系。
3. 掌握电导法测定 $BaSO_4$ 的溶度积的原理和方法。

二、实验原理

在难溶电解质 $BaSO_4$ 的饱和溶液中，存在下列平衡：

$$BaSO_4 \rightleftharpoons Ba^{2+} + SO_4^{2-}$$

其溶度积常数为：

$$K_{sp,BaSO_4} = c(Ba^{2+})c(SO_4^{2-}) \tag{5-7}$$

设 25℃时，$BaSO_4$ 的溶解度为 $c(BaSO_4)$（单位为 mol·L^{-1}），则溶液中 $c(Ba^{2+}) = c(SO_4^{2-}) = c(BaSO_4)$。

$$K_{sp,BaSO_4} = c(Ba^{2+}) \cdot c(SO_4^{2-}) = c^2(BaSO_4) \tag{5-8}$$

由于难溶电解质的溶解度很小，很难直接测定，本实验利用浓度与电导率的关系，通过测定溶液的电导率，计算 $BaSO_4$ 的溶解度 $c(BaSO_4)$，从而计算其溶度积。电解质溶液中摩尔电导（Λ_m）、电导率（κ）与浓度（c）之间存在着下列关系：

$$\Lambda_m = \frac{\kappa}{c} \tag{5-9}$$

对于难溶电解质来说，它的饱和溶液可近似地看成无限稀释的溶液，正、负离子间的影响趋于零，这时溶液的摩尔电导率 Λ_m 为无限稀释摩尔电导率 Λ_m^{∞}，即 $\Lambda_{m,BaSO_4} = \Lambda_{m,BaSO_4}^{\infty}$。$\Lambda_{m,BaSO_4}^{\infty}$ 可由物理化学手册查得。因此，只要测得 $BaSO_4$ 饱和溶液的电导率（κ），根据式

(5-9)，就可计算出 $BaSO_4$ 溶解度 c_{BaSO_4}（单位为 $mol \cdot L^{-1}$）。

$$c_{BaSO_4}=\frac{\kappa_{BaSO_4}}{\Lambda_{m,BaSO_4}^{\infty}}(mol \cdot m^{-3})=\frac{\kappa_{BaSO_4}}{1000\Lambda_{m,BaSO_4}^{\infty}}(mol \cdot L^{-1}) \tag{5-10}$$

则

$$K_{sp,BaSO_4}=\left(\frac{\kappa_{BaSO_4}}{1000\Lambda_{m,BaSO_4}^{\infty}}\right)^2 \tag{5-11}$$

三、仪器及试剂

1. 仪器：DDS-307 型电导仪，烧杯（100mL）。
2. 试剂：$BaCl_2$（$0.05mol \cdot L^{-1}$），H_2SO_4（$0.05mol \cdot L^{-1}$），$AgNO_3$（$0.1mol \cdot L^{-1}$）。

四、实验内容

1. $BaSO_4$ 饱和溶液的制备

量取 20mL $0.05mol \cdot L^{-1}$ H_2SO_4 溶液和 20mL $0.05mol \cdot L^{-1}$ $BaCl_2$ 溶液分别置于 100mL 烧杯中，加热至近沸（至刚有气泡出现）。在搅拌下趁热将 $BaCl_2$ 慢慢滴入（每秒钟约 2～3 滴）H_2SO_4 溶液中，然后将盛有沉淀的烧杯放置于沸水浴中加热，并搅拌 10min，静置冷却 20min，用倾析法去掉清液，再用近沸的去离子水洗涤 $BaSO_4$ 沉淀 3～4 次，直到检验清液中无 Cl^- 为止。最后在洗净的 $BaSO_4$ 沉淀中加入 40mL 去离子水，煮沸 3～5min，并不断搅拌，冷却至室温。

2. 用电导率仪测定上面制得的 $BaSO_4$ 饱和溶液的电导率 κ_{BaSO_4}。

五、数据记录与处理

室温＿＿＿＿＿＿＿＿＿＿＿＿＿℃

κ_{BaSO_4}＿＿＿＿＿＿＿＿＿＿＿＿＿＿＿$S \cdot m^{-1}$

$K_{sp,BaSO_4}$＿＿＿＿＿＿＿＿＿＿＿＿＿＿

六、思考题

1. 为什么在制得的 $BaSO_4$ 沉淀中要反复洗涤至溶液中无 Cl^- 存在？如果沉淀中有 Cl^- 将会对实验结果有何影响？
2. 使用电导率仪要注意哪些操作？

Ⅱ. 分光光度法测定碘酸铜溶度积常数

一、实验目的

1. 理解分光光度法测定 $Cu(IO_3)_2$ 溶度积的原理和方法。
2. 掌握分光光度计的使用。

二、实验原理

一束单色光通过有色溶液时，溶液吸收了一部分光，吸收程度越大，透过溶液的光越少。实验证明，当入射光波长、溶剂、溶质、溶液的温度及厚度一定时，溶液的吸光度为：

$$A=\lg\frac{I_0}{I} \tag{5-12}$$

A 只与浓度 c 成正比，符合 Lambert-Beer 定律：

$$A=\varepsilon bc \tag{5-13}$$

式中，I_0 为入射光强；I 为透射光强；ε 为摩尔吸光系数；b 为液体厚度，cm；c 为被检测物质的浓度，$mol \cdot L^{-1}$。一般，I/I_0 表示透射率 T，$\lg(I_0/I)$ 表示吸光度 A。

Cu^{2+} 与 NH_3 生成深蓝色 $[Cu(NH_3)_4]^{2+}$ 溶液，这种配离子对波长 600nm 的光具有强

吸收，其稀溶液对该波长光的吸光度 A 与溶液浓度成正比。利用这一原理绘制标准曲线：用一系列已知浓度的 Cu^{2+} 溶液，加入过量 $NH_3 \cdot H_2O$，使 Cu^{2+} 生成 $[Cu(NH_3)_4]^{2+}$，在分光光度计上测定有色液在 600nm 波长下的吸光度 A，以 A 为纵坐标，$[Cu^{2+}]$ 为横坐标，绘出 $A \sim [Cu^{2+}]$ 关系曲线（即为标准曲线）。

碘酸铜是难溶性强电解质，在其饱和溶液中，$Cu(IO_3)_2$ 的溶解与 Cu^{2+} 和 IO_3^- 的沉淀是同时进行的。溶液中总存在下列沉淀-溶解平衡：

$$Cu(IO_3^-)_2(s) \rightleftharpoons Cu^{2+}(aq) + 2IO_3^-(aq)$$

$$K_{sp} = c(Cu^{2+})c(IO_3^-)^2 \tag{5-14}$$

在一定温度下，其溶度积 K_{sp} 是常数。在 $Cu(IO_3)_2$ 饱和溶液中加入过量 $NH_3 \cdot H_2O$，Cu^{2+} 与 NH_3 生成深蓝色 $[Cu(NH_3)_4]^{2+}$ 溶液，在波长 600nm 处测定所得蓝色溶液的吸光度 A，利用标准曲线，在标准曲线上找出与 A 相对应的 $c(Cu^{2+})$，即可得到 $Cu(IO_3)_2$ 饱和溶液中的 $c(Cu^{2+})$，通过计算就可以确定 $Cu(IO_3)_2$ 的溶度积常数。

三、仪器及试剂

1. 仪器：电子天平（0.1g），722 型分光光度计，容量瓶（50mL），吸量管（2mL），移液管（25mL），烧杯（250mL，50mL），玻璃漏斗，量筒，滤纸，直角坐标纸，漏斗架，烘箱。

2. 试剂：$CuSO_4 \cdot 5H_2O(s)$，$KIO_3(s)$，$CuSO_4$（$0.100mol \cdot L^{-1}$），$NH_3 \cdot H_2O(1:1)$，$BaCl_2(1mol \cdot L^{-1})$。

四、实验内容

1. $Cu(IO_3)_2$ 固体的制备

（1）用 250mL 烧杯称取 0.8g KIO_3 晶体，加入 30mL 热蒸馏水，搅拌溶解，保持近沸状态。

（2）用小烧杯称 0.5g $CuSO_4 \cdot 5H_2O$，加 10mL 热蒸馏水，搅拌溶解。

（3）边搅拌边将 $CuSO_4$ 溶液缓慢倒入 KIO_3 溶液中，得绿色 $Cu(IO_3)_2$ 沉淀，近沸状态下搅拌 5min。取下烧杯静置，待沉淀完全沉降在杯底时，倾去上层清液。向沉淀中加入 30～40mL 蒸馏水，充分搅拌后静置，直至沉淀完全沉降后，倾去上层清液。按上述操作重复两次后，将第三次洗涤后的上层清液取 1mL，加 2 滴 $1mol \cdot L^{-1}$ $BaCl_2$ 溶液，检查 SO_4^{2-} 是否除去完全。

2. $Cu(IO_3)_2$ 饱和溶液的制备

向洗涤好的 $Cu(IO_3)_2$ 沉淀中，加入近沸的蒸馏水 100mL，保温搅拌 10min 后取下，让溶液自然冷却至室温。用干燥的漏斗和双层滤纸在常压下过滤上层清液，滤液用干燥小烧杯盛接。过滤时，不能将 $Cu(IO_3)_2$ 沉淀转入漏斗中。

3. 标准曲线制作

（1）分别用吸量管取 0.40mL、0.80mL、1.20mL、1.60mL、2.00mL $0.100mol \cdot L^{-1}$ $CuSO_4$ 溶液于五只 50mL 容量瓶中（按顺序标记为 1#～5#），各加 4mL $NH_3 \cdot H_2O(1:1)$ 溶液，加水稀释至刻度，摇匀。计算各个容量瓶中 Cu^{2+} 的准确浓度。

（2）以蒸馏水作为参比液，用 1cm 比色皿，在波长为 600nm 处，测定上述各溶液的吸光度 A 值。以 A 值为纵坐标，$c(Cu^{2+})$ 为横坐标，绘制标准曲线。

4. 测定 $Cu(IO_3)_2$ 饱和溶液中的 $c(Cu^{2+})$

用移液管移取 25.00mL $Cu(IO_3)_2$ 饱和溶液于 50mL 容量瓶（标记为 6#）中，加入 4mL $NH_3 \cdot H_2O(1:1)$，加水至刻度，摇匀，按实验内容 3 中（2）的条件，测定其吸光度 A 值。

五、数据记录与处理

(1) 标准曲线的绘制

将数据填入表5-5。

表5-5　标准曲线绘制

编号	1	2	3	4	5	6
0.100mol·L^{-1} $CuSO_4$/mL	0.40	0.80	1.20	1.60	2.00	25.00mL $Cu(IO_3)_2$ 饱和溶液
$NH_3 \cdot H_2O$ 体积/mL	4	4	4	4	4	4
定容/mL	50.00	50.00	50.00	50.00	50.00	50.00
$[Cu^{2+}]$/mol·L^{-1}	8.0×10^{-4}	1.6×10^{-3}	2.4×10^{-3}	3.2×10^{-3}	4.0×10^{-3}	
吸光度 A						

以 A 为纵坐标，$c(Cu^{2+})$ 为横坐标，绘制标准曲线，根据实验内容4测定溶液吸光度，在标准曲线上找出相应的 $c(Cu^{2+})$。

(2) 计算 $Cu(IO_3)_2$ 的溶度积 K_{sp}

$$Cu(IO_3^-) \rightleftharpoons Cu^{2+}(aq) + 2IO_3^-(aq)$$

$$K_{sp} = [Cu^{2+}][IO_3^-]^2 = 2c \times (4c)^2 = 32c^3$$

文献值　$K_{sp}[Cu(IO_3)_2] = 1.7\times10^{-7} \sim 6.4\times10^{-8}$

六、思考题

1. 本实验中配制 $[Cu(NH_3)_4]^{2+}$ 溶液时，加入1∶1的 $NH_3 \cdot H_2O$ 的量是否要准确？能否用量筒量取？

2. 吸取 $Cu(IO_3)_2$ 饱和溶液时，若吸取少量固体，对测定结果有无影响？

3. 为保证 $Cu(IO_3)_2$ 饱和溶液不被稀释，在过滤时应采取哪些措施？

附：

分光光度计的使用

1. 分光光度计

722型分光光度计采用光栅自准式色散系统和单光束结构光路如图5-5所示。

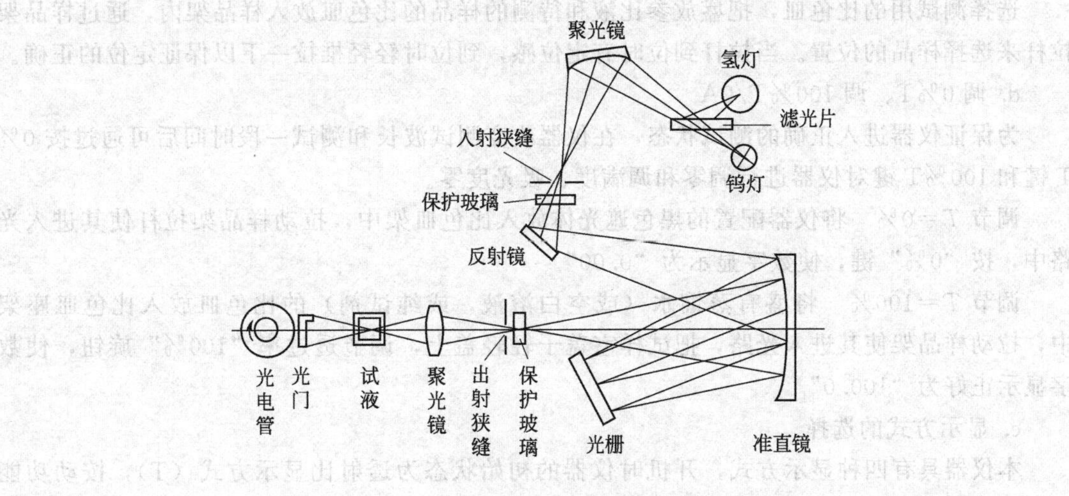

图5-5　722型分光光度计光路图

钨卤素灯发出的连续辐射光经滤色片选择后，由聚光镜聚光后投向单色器入射狭缝，此狭缝正好于聚光镜及单色器内准直镜的焦平面上，因此进入单色器的复合光通过平面反射镜反射及准直镜准直变成平行光射向色散元件光栅，光栅将入射的复合光通过衍射作用形成按照一定顺序均匀排列的连续的单色光谱，此单色光谱重新回到准直镜上，由于仪器出射狭缝设置在准直镜的焦平面上，这样，从光栅色散出来的光谱经准直镜后利用聚光原理成像在出射狭缝上，出射狭缝选出指定带宽的单色光通过聚光镜落在试样室被测样品中心。

2. 722 型分光光度计的使用方法

722 型分光光度计主要由光源、单色器、样品室、检测器、信号处理器和显示与存储系统组成，其仪器整机如图 5-6 所示。

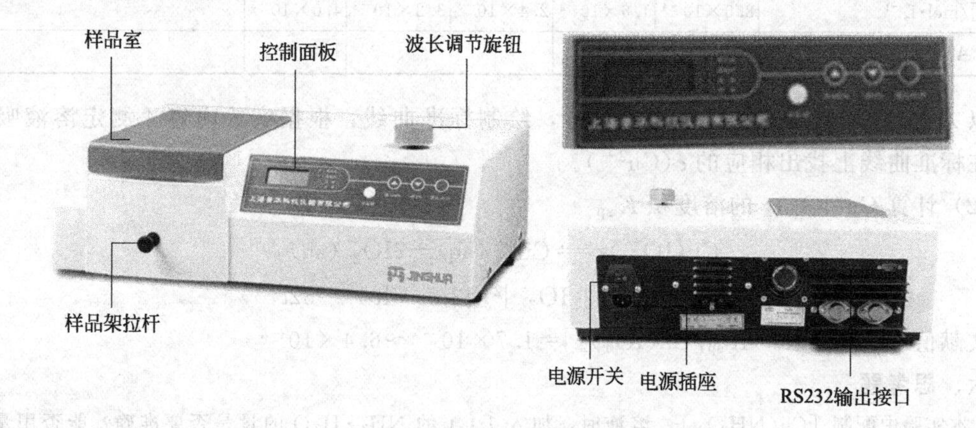

图 5-6　722 型分光光度计

a. 开机预热

仪器接通电源，微机进行系统自检，LCD 显示窗口显示相应的产品型号后，仪器进入工作状态。此时显示窗口在默认的工作模式 T。

注：为使仪器内部达到热平衡，开机预热时间不少于 30min。

b. 改变波长

通过波长调节旋钮可改变仪器的波长，并在波长观察窗的刻度选择所需的波长。

c. 放置参比液与待测样品

选择测试用的比色皿，把盛放参比液和待测的样品的比色皿放入样品架内，通过样品架拉杆来选择样品的位置。当拉杆到位时有定位感，到位时轻轻推拉一下以保证定位的正确。

d. 调 0%T、调 100%T/0A

为保证仪器进入正确的测试状态，在仪器改变测试波长和测试一段时间后可通过按 0%T 键和 100%T 键对仪器进行调零和调满度、吸光度零。

调节 $T=0\%$　将仪器配置的黑色遮光体放入比色皿架中，拉动样品架拉杆使其进入光路中，按“0%”键，使数字显示为“0.00”。

调节 $T=100\%$　将盛有蒸馏水（或空白溶液，或纯试剂）的比色皿放入比色皿座架中，拉动样品架使其进入光路，把试样室盖子轻轻盖上，调节透过率“100%”旋钮，使数字显示正好为“100.0”。

e. 显示方式的选择

本仪器具有四种显示方式，开机时仪器的初始状态为透射比显示方式（T），按动功能键在四种模式之间进行切换：透射比（Trans）；吸光度（Absorbance）；浓度（Conc.）；浓度因子（Factor）。

f. 吸光度的测定

按动功能键，将显示模式切换至“A”，盖上试样室盖子，如果参比液位于光路中，则数字显示为“0.000”。将盛有待测溶液的比色皿放入比色皿座架中的其他格内，盖上试样室盖，轻轻拉动试样架拉手，使待测溶液进入光路，此时数字显示值即为该待测溶液的吸光度值。读数后，打开试样室盖，切断光路。

重复上述操作 1～2 次，读取相应的吸光度值，取其平均值。

g. 关机

实验完毕，切断电源，将比色皿取出洗净，并将比色皿座架用软纸擦净。

3. 注意事项

比色皿一般为长方体，其底及两侧为磨毛玻璃，另两面为光学玻璃制成的透光面，采用熔融一体、玻璃粉高温烧结和胶黏合而成。所以使用时应注意以下几点。

a. 拿取比色皿时，只能用手指接触两侧的毛玻璃，避免接触光学玻璃面。同时注意轻拿轻放，防止外力对比色皿的影响，产生应力后破损。

b. 凡含有腐蚀玻璃的物质的溶液，不得长期盛放在比色皿中。

c. 不能将比色皿放在火焰或电炉上进行加热或在干燥箱内烘烤。

d. 当发现比色皿里面被污染后，应用无水乙醇清洗，及时擦拭干净。

e. 不得将比色皿的光学玻璃面与硬物或脏物接触。盛装溶液时，高度为比色皿的 2/3 处即可，光学玻璃面如有残液可先用滤纸轻轻吸附，然后再用镜头纸或丝绸擦拭。

实验十二　化学反应速率与活化能的测定

一、实验目的

1. 理解浓度、温度和催化剂对反应速率的影响。
2. 掌握测定过二硫酸铵与碘化钾反应的平均反应速率的方法。
3. 掌握计算反应速率常数和反应的活化能的方法。

二、实验原理

在水溶液中过二硫酸铵与碘化钾反应为：

$$(NH_4)_2S_2O_8+3KI \xlongequal{} (NH_4)_2SO_4+K_2SO_4+KI_3$$

其离子反应为：

$$S_2O_8^{2-}+3I^- \xlongequal{} SO_4^{2-}+I_3^- \tag{1}$$

反应速率方程为：

$$\nu=kc_{S_2O_8^{2-}}^{m}c_{I^-}^{n} \tag{5-15}$$

式中，ν 是瞬时速率。若 $c_{S_2O_8^{2-}}^{m}$、c_{I^-} 是起始浓度，则 ν 表示初速率（ν_0）。在实验中只能测定在一段时间内反应的平均速率。

$$\bar{\nu}=\frac{-\Delta c_{S_2O_8^{2-}}}{\Delta t}$$

在此实验中近似地用平均速率代替初速率：

$$\nu_0 = kc^m_{S_2O_8^{2-}} c^n_{I^-} = \frac{-\Delta c_{S_2O_8^{2-}}}{\Delta t} \tag{5-16}$$

为了测出反应在 Δt 时间内 $S_2O_8^{2-}$ 浓度的改变量，需要在混合 $(NH_4)_2S_2O_8$ 和 KI 溶液的同时，加入一定体积已知浓度的 $Na_2S_2O_3$ 溶液和淀粉溶液（指示剂），这样在反应（1）进行的同时还进行着另一反应：

$$2S_2O_3^{2-} + I_3^- \longrightarrow S_4O_6^{2-} + 3I^- \tag{2}$$

此反应几乎是瞬间完成，反应（1）比反应（2）慢得多。因此，反应（1）生成的 I_3^- 立即与 $S_2O_3^{2-}$ 反应，生成无色 $S_4O_6^{2-}$ 和 I^-，而观察不到碘与淀粉呈现的特征蓝色。当 $S_2O_3^{2-}$ 消耗尽，反应（2）终止，反应（1）还在进行，则生成的 I_3^- 遇淀粉呈蓝色。

从反应开始到溶液出现蓝色这一段时间 Δt 里，$S_2O_3^{2-}$ 浓度的改变值为：

$$\Delta c_{S_2O_3^{2-}} = -[c_{S_2O_3^{2-}(终)} - c_{S_2O_3^{2-}(始)}] = c_{S_2O_3^{2-}(始)}$$

再将反应(1) 和反应(2) 相比，则得：

$$\Delta c_{S_2O_8^{2-}} = \frac{c_{S_2O_3^{2-}(始)}}{2}$$

通过改变 $S_2O_8^{2-}$ 和 I^- 的初始浓度，测定消耗等量的 $S_2O_8^{2-}$ 的物质的量浓度 $\Delta c_{S_2O_8^{2-}}$ 所需的不同时间间隔，即可计算出不同初始浓度反应物的初始速率，从而确定速率方程和反应速率常数。

$$\nu_0 = kc^m_{S_2O_8^{2-}} c^n_{I^-} = \frac{-\Delta c_{S_2O_8^{2-}}}{\Delta t} = \frac{-c_{S_2O_3^{2-}(始)}}{2\Delta t} = \frac{c_{0,S_2O_3^{2-}}}{2\Delta t}$$

由阿伦尼乌斯方程得

$$\lg k = \frac{-E_a}{2.303RT} + \lg A$$

求出不同温度的 k 值后，以 $\lg k$ 对 $\frac{1}{T}$ 作图，可得到一条直线，由直线的斜率可求得反应的活化能 E_a。

化学反应的活化能也可以通过不同温度时的化学反应速率常数求出：

$$\lg \frac{k_2}{k_1} = \frac{E_a}{2.303R}\left(\frac{1}{T_1} - \frac{1}{T_2}\right) \tag{5-17}$$

三、仪器及试剂

1. 仪器：量筒（50mL，10mL），烧杯（100mL），试管，玻璃棒，秒表，温度计，水浴锅。

2. 试剂：KI(0.2mol·L^{-1})， $(NH_4)_2S_2O_8$(0.2mol·L^{-1})， $(NH_4)_2SO_4$(0.2mol·L^{-1})，$Cu(NO_3)_2$(0.02mol·L^{-1})，$Na_2S_2O_3$ 溶液(0.01mol·L^{-1})，KNO_3(0.2mol·L^{-1})，淀粉溶液(0.2%)。

四、实验内容

1. 浓度对化学反应速率的影响

在室温条件下进行表 5-6 中编号 Ⅰ 的实验。用量筒分别量取 20.0mL 0.20mol·L^{-1} KI 溶液，8.0mL 0.010mol·L^{-1} $Na_2S_2O_3$ 溶液和 2.0mL 0.20mol·L^{-1} 0.4%淀粉溶液（每种试剂所用的量筒都要贴上标签，以免混乱），全部注入烧杯中，混合均匀。

然后用另一量筒取 20.0mL 0.2mol·L^{-1} $(NH_4)_2S_2O_8$ 溶液，迅速倒入上述混合溶液中，同时开动秒表，并不断搅拌，仔细观察。

当溶液刚出现蓝色时，立即按停秒表，记录反应时间和室温。

依次按照表 5-6 中各溶液用量进行Ⅱ-Ⅴ组实验。

表 5-6 浓度对化学反应速率的影响　　　　室温______℃

实验编号		Ⅰ	Ⅱ	Ⅲ	Ⅳ	Ⅴ
试剂用量/mL	0.2mol·L^{-1} $(NH_4)_2S_2O_8$	20.0	10.0	5.0	20.0	20.0
	0.2mol·L^{-1} KI	20.0	20.0	20.0	10.0	5.0
	0.01mol·L^{-1} $Na_2S_2O_3$	8.0	8.0	8.0	8.0	8.0
	0.4%淀粉溶液	2.0	2.0	2.0	2.0	2.0
	0.2mol·L^{-1} KNO_3	0	0	0	10.0	15.0
	0.2mol·L^{-1} $(NH_4)_2SO_4$	0	10.0	15.0	0	0
混合液中反应的起始浓度/mol·L^{-1}	$(NH_4)_2S_2O_8$					
	KI					
	$Na_2S_2O_3$					
反应时间 Δt/s						
$S_2O_8^{2-}$ 的浓度变化 $\Delta c_{S_2O_8^{2-}}$/mol·L^{-1}						
反应速率 v						
反应速率常数 k						

2. 温度对化学反应速率的影响

按表 5-6 中实验Ⅳ中的药品用量，将分别装有 KI、$Na_2S_2O_3$、KNO_3 和淀粉混合溶液的烧杯和装有 $(NH_4)_2S_2O_8$ 溶液的小烧杯，放在冰水浴中冷却，待温度低于室温 10℃时，将两种溶液迅速混合，同时计时，并不断搅拌，待溶液出现蓝色时记录反应时间，填入表 5-7 中，此实验记录为实验Ⅵ。

用同样方法在热水浴中分别进行高于室温 10℃和 20℃时的实验，记录溶液出现蓝色的反应时间，分别记录为实验Ⅶ和Ⅷ。

根据反应时间，讨论温度对化学反应速率的影响，并计算不同温度时反应 (1) 的反应速率 v 及反应速率常数 k。

表 5-7　温度及催化剂对化学反应速率的影响

实验编号	Ⅳ	Ⅵ	Ⅶ	Ⅷ	Ⅸ
反应温度 T/K					
反应时间 Δt/s					
反应速率 v					
反应速率常数 k					
活化能 E_a/kJ·mol^{-1}	—				—

3. 催化剂对化学反应速率的影响

室温时，按实验Ⅳ药品用量进行实验Ⅸ，在 $(NH_4)_2S_2O_8$ 溶液加入 KI 混合液之前，先在 KI 混合液中加入 2 滴 $Cu(NO_3)_2$ (0.02mol·L^{-1}) 溶液，搅匀，其他操作同实验Ⅰ。

讨论催化剂对化学反应速率的影响，并计算催化剂存在时，该反应在室温时的反应速率 v 及反应速率常数 k。

五、思考题

1. 反应液中为什么加入 KNO_3 和 $(NH_4)_2SO_4$？
2. 取 $(NH_4)_2S_2O_8$ 试剂的量筒如果没有专用，对实验有何影响？
3. 将 $(NH_4)_2S_2O_8$ 缓慢加入 KI 混合溶液中，对实验有何影响？
4. 催化剂 $Cu(NO_3)_2$ 为何能够加快该化学反应的速率？

附：

水浴锅的使用

化学实验中，当被加热的物体需要受热均匀又不能超过 100℃时，可用水浴间接加热。水浴加热分普通水浴加热和电热恒温水浴加热。

① 普通水浴加热　普通水浴加热是在水浴锅中进行。水浴锅中盛水（一般不超过容量的 2/3），将要加热的器具浸入水中（但不能触及底部），就可在一定温度下加热。通常使用的水浴加热如图 5-7 所示，均附有一套大小不同的金属圈环，可根据被加热器皿的大小选择适当的圈环，以尽可能增大器皿底部受热面积，而又不掉进水浴锅内为原则。为方便起见，在实验室中常常用大烧杯代替水浴锅。

② 电热恒温水浴加热　电热恒温水浴加热是在电热恒温水浴锅中进行。电热恒温水浴锅用来蒸发和恒温加热，是常用的电热设备，有 2、4、6 孔等不同规格。

电热恒温水浴锅由电热恒温水浴槽和电器箱两部分构成。如图 5-8 所示，水浴锅左边为水浴槽，它为带有保温夹层的水槽，槽底隔板下有电热管及感温管，提供热量和传感水温。槽面为有同心圈和温度计插孔的盖板。右边为电器箱，面板上装有工作指示灯（红灯表示加热，绿灯表示恒温）、调温旋钮和电源开关。

图 5-7　普通水浴加热

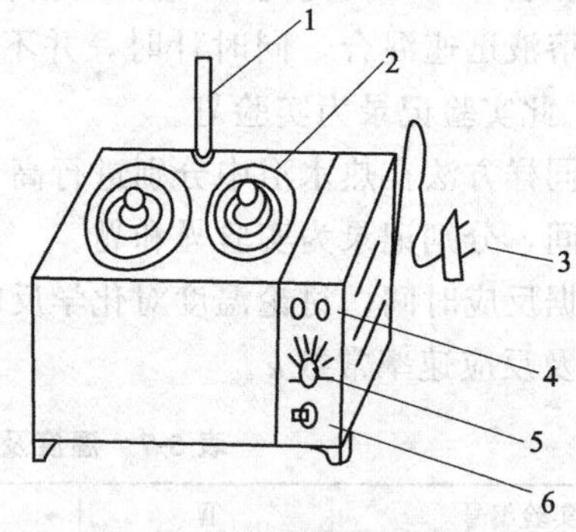

图 5-8　电热恒温水浴锅

1—温度计；2—浴槽盖；3—电源插头；4—指示灯；5—调温旋钮；6—电源开关

使用时，先往电热恒温水浴锅内注入清洁的水至适当深度，然后接通电源，开启电源开关后红灯亮表示电热管开始工作。调节温度旋钮至适当位置，待水温升到与控制温度约差 2℃时（通过插在槽面上的水银温度计观察），即可反向转动调温旋钮至红灯刚好熄灭，绿灯切换变亮，这时就表示恒温控制器发生作用。此后稍微调整调温旋钮便可达到恒定的水温。

使用电热恒温水浴锅注意事项：①必须先加水，后通电，水位不能低于电热管；②电器箱不能受潮，以防漏电损坏；③盐及酸、碱溶液不要撒入恒温槽内，如不小心撒入要立即停电，及时清洗，以免腐蚀，较长时间不用水浴锅时也应倒去槽内的水，用干净的布擦干后保存；④水槽如有渗漏时要及时维修。

实验十三　化学平衡常数的测定

一、实验目的

1. 掌握溶液量取容器（量筒、移液管、吸量管）的使用。

2. 掌握测定反应 $I_3^- \rightleftharpoons I^- + I_2$ 的化学平衡常数的方法，加强对化学平衡、平衡常数的理解，并了解平衡移动的原理。

3. 学习滴定操作。

二、实验原理

碘溶于碘化钾溶液中主要形成 I_3^-，并建立下列平衡：

$$I_3^- \rightleftharpoons I^- + I_2$$

在一定温度下其平衡常数为

$$K^\ominus = \frac{a_{I^-} a_{I_2}}{a_{I_3^-}} = \frac{\gamma_{I^-} \gamma_{I_2} c[I^-] c[I_2]}{\gamma_{I_3^-} c[I_3^-]} \tag{5-18}$$

式中，a 为活度；γ 为活度系数；$[I^-]$、$[I_2]$、$[I_3^-]$ 为 I^-、I_2、I_3^- 平衡浓度。在离子强度不大的溶液中有

$$\frac{\gamma_{I^-} \gamma_{I_2}}{\gamma_{I_3^-}} \approx 1$$

所以式(5-18) 可简化为

$$K^\ominus \approx \frac{[I^-][I_2]}{[I_3^-]} \tag{5-19}$$

为了测定平衡时的 $[I^-]$、$[I_2]$、$[I_3^-]$，可用过量固体碘与已知浓度的碘化钾溶液一起摇荡，达到平衡后，取上层清液，用标准 $Na_2S_2O_3$ 溶液进行滴定，则

$$2Na_2S_2O_3 + I_2 \rightleftharpoons 2NaI + Na_2S_4O_6$$

由于溶液中存在 $I_3^- \rightleftharpoons I^- + I_2$ 的平衡，因此用硫代硫酸钠溶液滴定，最终测得的是平衡时 I_2 和 I_3^- 的总浓度。设该总浓度为 c，则

$$c = [I_2] + [I_3^-] \tag{5-20}$$

$[I_2]$ 可通过在相同温度的条件下，测定过量固体碘与水处于平衡，由溶液中碘的浓度来代替。设这个浓度为 c'，则

$$[I_2] = c'$$

整理式(5-20)，得

$$[I_3^-] = c - [I_2] = c - c'$$

由于形成一个 I_3^- 就需要一个 I^-，因此平衡时有

$$[I^-]=c_0-[I_3^-]$$

式中，c_0 为碘化钾的起始浓度。

将 $[I^-]$、$[I_2]$ 和 $[I_3^-]$ 代入式(5-19)，即可求得在此温度条件下平衡常数 $K^\ominus$。

三、仪器及试剂

1. 仪器：量筒（100mL），吸量管（10mL），移液管（50mL），碱式滴定管，碘量瓶（100mL，250mL），锥形瓶（250mL），洗耳球。

2. 试剂：I_2(s)，KI 标准溶液（$0.01mol \cdot L^{-1}$，$0.02mol \cdot L^{-1}$），$Na_2S_2O_3$ 标准溶液（$0.005mol \cdot L^{-1}$），淀粉溶液（0.2%）。

四、实验内容

1. 取两个干燥的 100mL 碘量瓶和一个 250mL 碘量瓶，分别标上 1、2、3 号。用量筒分别量取 80mL $0.01mol \cdot L^{-1}$ KI 溶液加入 1 号瓶，80mL $0.02mol \cdot L^{-1}$ KI 溶液加入 2 号瓶，200mL 蒸馏水加入 3 号瓶。然后在每个瓶内各加入 0.5g 研细的碘，盖好瓶塞。

2. 将 3 个碘量瓶在室温下振荡或在磁力搅拌器上搅拌 30min，然后静置 10min，待过量固体碘完全沉于瓶底后，取上层清液进行滴定。

3. 用 10mL 吸量管取 1 号瓶上层清液两份，分别注入 250mL 锥形瓶中，再各加入 40mL 蒸馏水，用 $0.005mol \cdot L^{-1}$ 标准 $Na_2S_2O_3$ 溶液滴定其中一份至呈淡黄色时（注意不要滴定过量），加入 4mL 0.2%淀粉溶液，此时溶液应呈蓝色，继续滴定至蓝色刚好消失。记下所消耗的 $Na_2S_2O_3$ 溶液的体积。平行操作第二份清液。

同样方法滴定 2 号瓶的上层清液，记录下所消耗的 $Na_2S_2O_3$ 溶液的体积。

4. 用 50mL 移液管取 3 号瓶上层清液两份，用 $0.005mol \cdot L^{-1}$ 标准 $Na_2S_2O_3$ 溶液滴定，方法同上，记录下所消耗的 $Na_2S_2O_3$ 溶液的体积。

五、数据记录与处理

将所得的数据记入表 5-8 中。用 $Na_2S_2O_3$ 标准溶液滴定碘时，相应的浓度计算方法如下：

1 号、2 号瓶
$$c'=\frac{c_{Na_2S_2O_3}V_{Na_2S_2O_3}}{2V_{H_2O\text{-}I_2}}$$

3 号瓶
$$c=\frac{c_{Na_2S_2O_3}V_{Na_2S_2O_3}}{2V_{KI\text{-}I_2}}$$

表 5-8 数据记录与结果

瓶号		1	2	3
取样体积 V/mL		10.00	10.00	50.00
$V_{Na_2S_2O_3}/(mol \cdot L^{-1})$	Ⅰ			
	Ⅱ			
	平均			
$c_{Na_2S_2O_3}/(mol \cdot L^{-1})$				
I_2 与 I_3^- 的总浓度/$(mol \cdot L^{-1})$				
水溶液中碘的平衡浓度/$(mol \cdot L^{-1})$				
$[I_2]/(mol \cdot L^{-1})$				
$[I_3^-]/(mol \cdot L^{-1})$				

续表

瓶号	1	2	3
$c_0/(\mathrm{mol \cdot L^{-1}})$			
$[I^-]/(\mathrm{mol \cdot L^{-1}})$			
$K^\ominus$			
$K^\ominus_{平均}$			

本实验测定 $K^\ominus$ 在 $1.0\times10^{-3}\sim2.0\times10^{-3}$ 合格（文献值 $K^\ominus=1.5\times10^{-3}$）

六、思考题

1. 本实验中，碘的用量是否要准确称取？为什么？
2. 为什么本实验中量取标准溶液时，有的用移液管，有的可用量筒？
3. 实验过程中若出现下列情况，将会对实验产生何种影响？

(1) 所取碘的量不够。

(2) 3 个碘量瓶没有充分振荡。

(3) 在吸取清液时，不小心将沉在溶液底部或悬浮在溶液表面的少量固体碘带入吸量管。

实验十四　氧化还原反应

一、实验目的

1. 掌握电极电势与氧化还原反应的关系。
2. 理解氧化态（或还原态）物质浓度、酸度变化，配合物（沉淀）生成对电极电势的影响。
3. 掌握浓度、酸度、温度、催化剂对氧化还原反应方向、产物、速率的影响。
4. 了解原电池的装置和电池电动势的测定方法。

二、实验原理

在化学反应过程中，元素的原子或离子在反应前后有电子得失或电子对偏移（表现为氧化数的变化）的一类反应，称为氧化还原反应。氧化剂和还原剂的氧化、还原能力强弱，可由其电对的电极电势的相对大小来衡量。一个电对的电极电势的值越大，则氧化态物质的氧化能力越强，氧化态物质是较强的氧化剂，在氧化还原反应中是氧化剂；反之，电对的电极电势的值越小，则还原态物质的还原能力越强，还原态物质为较强的还原剂，在氧化还原反应中是还原剂。

氧化还原反应总是由较强的氧化剂和较强的还原剂相互作用，向着生成较弱的还原剂和较弱的氧化剂方向进行。

氧化还原反应自发进行的方向判断依据为：$E_{正}-E_{负}>0$ 时，氧化还原反应可以正方向进行。故根据电极电势可以判断氧化还原反应的方向。

利用氧化还原反应而产生电流的装置称为原电池。原电池的电动势等于正、负两极的电极电势之差：$E=E_{正}-E_{负}>0$。通常情况下，可直接用标准电极电势（$E^\ominus$）来比较氧化剂的相对强弱。物质的浓度与电极电势的关系可用能斯特方程来表示，如 298.15K 时，电极反应

$$a\ 氧化态物质+ne^- \rightleftharpoons b\ 还原态物质$$

其中 $$E=E^{\ominus}_{氧/还}+\frac{0.0592}{n}\lg\frac{[氧化态物质]^a}{[还原态物质]^b}$$

$\frac{[氧化态物质]^a}{[还原态物质]^b}$表示氧化态物质一侧各物质浓度幂次方的乘积与还原态物质一侧各物质浓度幂次方的乘积之比。因此，当氧化态物质或还原态物质的浓度、酸度改变时，电极电势 E 值必定发生改变，从而引起电极电势 $E_{氧化态物质/还原态物质}$ 乃至电池电动势 E 的改变，影响氧化剂和还原剂的相对强弱，特别是当有沉淀剂和配合剂存在时，会大大降低溶液中某一离子的浓度，使电极电势发生很大的变化，有的甚至会改变氧化还原反应进行的方向。

准确测定电动势是用对消法在电位计上进行的，需标准电池做参比。本实验只是为了定性进行比较，所以采用伏特计。

三、仪器及试剂

1. 仪器：水浴锅，伏特计，酸度计，试管，烧杯，表面皿，U 形管。

2. 试剂：HCl（$2mol\cdot L^{-1}$，浓），HNO_3（$1mol\cdot L^{-1}$，浓），HAc（$3mol\cdot L^{-1}$），H_2SO_4（$1mol\cdot L^{-1}$，$3mol\cdot L^{-1}$），$H_2C_2O_4$（$0.1mol\cdot L^{-1}$），NaOH（$6mol\cdot L^{-1}$，40%），$NH_3\cdot H_2O$（浓），$ZnSO_4$（$1mol\cdot L^{-1}$），$CuSO_4$（$1mol\cdot L^{-1}$），KCl（饱和），KBr（$0.1mol\cdot L^{-1}$），KI（$0.1mol\cdot L^{-1}$），$AgNO_3$（$0.1mol\cdot L^{-1}$），$FeCl_3$（$0.1mol\cdot L^{-1}$），$Fe_2(SO_4)_3$（$0.1mol\cdot L^{-1}$），$FeSO_4$（$0.1mol\cdot L^{-1}$，$1mol\cdot L^{-1}$），$K_2Cr_2O_7$（$0.4mol\cdot L^{-1}$），$KMnO_4$（$0.001mol\cdot L^{-1}$），Na_2SO_3（$0.1mol\cdot L^{-1}$），Na_3AsO_3（$0.1mol\cdot L^{-1}$），$MnSO_4$（$0.1mol\cdot L^{-1}$），KSCN（$0.1mol\cdot L^{-1}$），碘水，溴水，CCl_4，NH_4F 固体，$(NH_4)_2S_2O_8$ 固体，MnO_2 固体，锌粒。

3. 其他：琼脂，电极（Zn 片、Cu 片、Fe 片、碳棒），导线，鳄鱼夹，砂纸，广泛 pH 试纸，红色石蕊试纸，淀粉碘化钾试纸。

四、实验内容

1. 电极电势和氧化还原反应

（1）在试管中加入 3 滴 $0.1mol\cdot L^{-1}$ KI 溶液和 3 滴 $0.1mol\cdot L^{-1}$ $FeCl_3$ 溶液，混合均匀后加入 5 滴 CCl_4，充分振荡并观察 CCl_4 层颜色，有什么变化？

（2）用 $0.1mol\cdot L^{-1}$ KBr 溶液代替 KI 溶液，进行同样的实验，观察 CCl_4 层，有无 Br_2 的橙红色？

（3）分别用 4 滴溴水和碘水同 2 滴 $0.1mol\cdot L^{-1}$ $FeSO_4$ 溶液作用，观察，溶液颜色有什么变化？再加入 1 滴 $0.1mol\cdot L^{-1}$ KSCN 溶液，溶液颜色又有何变化？

根据上面的实验事实，定性比较三个电对的电极电势的相对高低，指出哪个物质是最强的氧化剂，哪个物质是最强的还原剂，并说明电极电势和氧化还原反应的关系。

2. 反应物的浓度、酸度对电极电势的影响

（1）浓度的影响

a. 取两只 50mL 烧杯，分别加入 15mL $1mol\cdot L^{-1}$ $ZnSO_4$ 溶液和 15mL $1mol\cdot L^{-1}$ $CuSO_4$ 溶液，按图 5-9 安装实验装置，在 $ZnSO_4$ 溶液中插入 Zn 片，在 $CuSO_4$ 溶液中插入 Cu 片，用导线将 Zn 片和 Cu 片分别与伏特计的负极和正极相连，再用盐桥连通两个烧杯溶液，测量电动势。

b. 取出盐桥，在 $CuSO_4$ 溶液中滴加浓 $NH_3\cdot H_2O$ 并不断搅拌，至生成的沉淀溶解而形成深蓝色溶液，放入盐桥，观察伏特计有何变化。利用能斯特方程解释实验现象。

$$2CuSO_4+2NH_3\cdot H_2O = Cu_2(OH)_2SO_4+(NH_4)_2SO_4$$

$$Cu_2(OH)_2SO_4+8NH_3 = 2[Cu(NH_3)_4]^{2+}+SO_4^{2-}+2OH^-$$

c. 再取出盐桥，在 $ZnSO_4$ 溶液中加浓 $NH_3\cdot H_2O$ 并不断搅拌，至生成的沉淀完全溶解后，放入盐桥，观察伏特计有何变化。利用能斯特方程解释实验现象。

$$ZnSO_4+2NH_3\cdot H_2O = Zn(OH)_2+(NH_4)_2SO_4$$

$$Zn(OH)_2+4NH_3 = [Zn(NH_3)_4]^{2+}+2OH^-$$

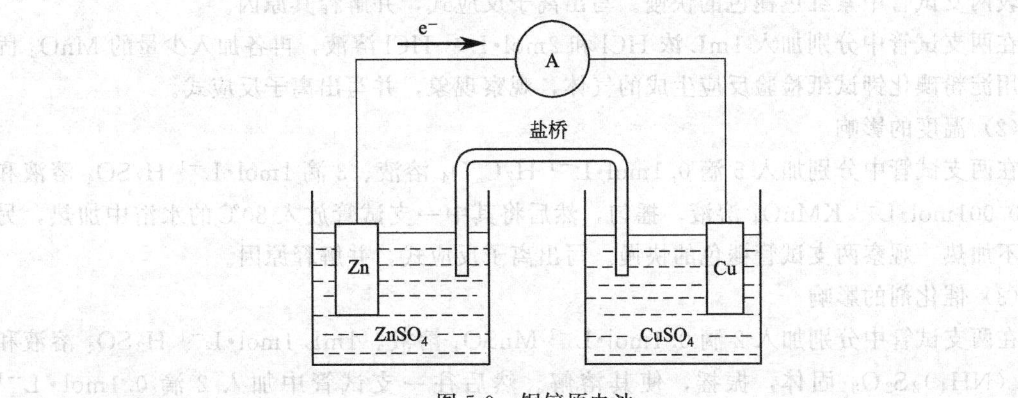

图 5-9　铜锌原电池

(2) 酸度的影响

a. 取两只 50mL 烧杯，在一只烧杯中注入 15mL $1mol\cdot L^{-1}$ 的 $FeSO_4$ 溶液，插入 Fe 片，另一只烧杯中注入 15mL $0.4mol\cdot L^{-1}$ 的 $K_2Cr_2O_7$ 溶液，插入碳棒通过导线分别与伏特计的负极、正极相连，两烧杯溶液用另一个盐桥连通，测量其电动势。

b. 往盛有 $K_2Cr_2O_7$ 溶液的烧杯中慢慢加入 $1mol\cdot L^{-1}$ 的 H_2SO_4 溶液，观察电压，有何变化？再往 $K_2Cr_2O_7$ 溶液中逐滴加入 $6mol\cdot L^{-1}$ NaOH 溶液，电压又有什么变化？

3. 反应物浓度和溶液酸度对氧化还原产物的影响

a. 取两支试管，各盛一粒锌粒，分别加入 10 滴浓 HNO_3 和 $1mol\cdot L^{-1}$ HNO_3 溶液，观察所发生的现象。写出有关反应式。浓 HNO_3 被还原后的主要产物可通过观察生成气体的颜色来判断。稀 HNO_3 的还原产物可用气室法检验溶液中是否有 NH_4^+ 生成。

b. 在三支试管中，各加入 5 滴 $0.1mol\cdot L^{-1}$ Na_2SO_3 溶液，再分别加入 $3mol\cdot L^{-1}$ H_2SO_4 溶液、蒸馏水、$6mol\cdot L^{-1}$ NaOH 溶液各 2 滴，摇匀后，再往三支试管中加入 3 滴 $0.001mol\cdot L^{-1}$ $KMnO_4$ 溶液。然后观察反应产物，有什么不同？并写出有关反应式。

4. 反应物浓度和溶液酸度对氧化还原反应方向的影响

(1) 浓度的影响

a. 在一支试管中依次加入 H_2O、CCl_4 和 $0.1mol\cdot L^{-1}$ $Fe_2(SO_4)_3$ 溶液各 8 滴，摇匀后，再加入 5 滴 $0.1mol\cdot L^{-1}$ KI 溶液，振荡后观察 CCl_4 层的颜色。

b. 另取一支试管依次加入 CCl_4、$0.1mol\cdot L^{-1}$ $FeSO_4$ 溶液、$0.1mol\cdot L^{-1}$ $Fe_2(SO_4)_3$ 溶液各 8 滴，摇匀后，再加入 5 滴 $0.1mol\cdot L^{-1}$ KI 溶液，振荡后观察 CCl_4 层的颜色，与上一试管中 CCl_4 层颜色有何区别？

c. 在上述两支试管中各加入少量 NH_4F 固体，振荡后，再观察 CCl_4 层的颜色变化。

(2) 酸度的影响

在试管中加入 5 滴 $0.1mol\cdot L^{-1}$ Na_3AsO_3 溶液，再加入 5 滴碘水，观察溶液颜色。然

后用 $2mol \cdot L^{-1}$ HCl 溶液酸化，观察，有何变化？再加入40% NaOH 溶液，又有什么变化？写出有关离子反应式，并解释原因。

5. 溶液的酸度、温度和催化剂对氧化还原反应速率的影响

（1）酸度的影响

在两支各盛5滴 $0.1mol \cdot L^{-1}$ KBr 溶液试管中，分别加入3滴 $3mol \cdot L^{-1}$ H_2SO_4 溶液和 $3mol \cdot L^{-1}$ 的 HAc 溶液，然后往两支试管中各加入2滴 $0.001mol \cdot L^{-1}$ $KMnO_4$ 溶液。观察并比较两支试管中紫红色褪色的快慢。写出离子反应式，并解释其原因。

在两支试管中分别加入1mL浓 HCl 和 $2mol \cdot L^{-1}$ HCl 溶液，再各加入少量的 MnO_2 固体，用淀粉碘化钾试纸检验反应生成的气体，观察现象，并写出离子反应式。

（2）温度的影响

在两支试管中分别加入5滴 $0.1mol \cdot L^{-1}$ $H_2C_2O_4$ 溶液、3滴 $1mol \cdot L^{-1}$ H_2SO_4 溶液和2滴 $0.001mol \cdot L^{-1}$ $KMnO_4$ 溶液，摇匀，然后将其中一支试管放入80℃的水浴中加热，另一支不加热，观察两支试管褪色的快慢。写出离子反应式，并解释原因。

（3）催化剂的影响

在两支试管中分别加入2滴 $0.1mol \cdot L^{-1}$ $MnSO_4$ 溶液、1mL $1mol \cdot L^{-1}$ H_2SO_4 溶液和少许 $(NH_4)_2S_2O_8$ 固体，振摇，使其溶解。然后往一支试管中加入2滴 $0.1mol \cdot L^{-1}$ $AgNO_3$ 溶液，另一支不加，水浴持续加热，试比较两支试管的反应现象，有什么不同？并说明原因。

五、注意事项

1. 为了减少接触不良引起伏特计读数误差，电极 Cu 片、Zn 片、导线头及鳄鱼夹等必须用砂纸打磨干净。原电池的正极应接在3V处。

2. $FeSO_4$ 溶液和 Na_2SO_3 溶液必须是新配制的。

3. 往试管中加入锌粒时，为防止锌粒直接将试管冲坏，要将试管倾斜，让 Zn 粒沿容器内壁滑到底部。

六、思考题

1. 通过实验，归纳出影响电极电势的因素有哪些？它们是怎样影响电极电势的？

2. 为什么 $K_2Cr_2O_7$ 能氧化浓 HCl 中的 Cl^-，而不能氧化浓度比 HCl 大得多的 NaCl 浓溶液中的 Cl^-？

3. 为什么稀 HCl 不能与 MnO_2 反应，而浓 HCl 则可与 MnO_2 反应？

4. 原电池中的盐桥有何作用？

附注

1. 盐桥的制法

a. 称取1g琼脂，放在100mL饱和 KCl 溶液中浸泡一会儿，加热煮成糊状，趁热倒入U形玻璃管中，冷却后即成，注意里面不能有气泡。

b. 取饱和 KCl 溶液，缓慢滴加到U形玻璃管中，加满，U形玻璃管两端口用脱脂棉堵塞即成。U形玻璃管两端口用脱脂棉堵塞是防止 KCl 溶液因虹吸而流失和产生气泡。

2. 气室法检验 NH_4^+

气室法检验 NH_4^+ 时，用干燥、洁净的表面皿两块（大小各一），将5滴被检验溶液滴入较大的一个表面皿中，再加3滴40%的 NaOH 溶液摇匀。在较小的一块表面皿中心黏附一小条潮湿的红色石蕊（酚酞）试纸，把它盖在大的表面皿上做出气室。将此气室放在水浴上微热2min，若石蕊试纸变蓝色（或酚酞变红），则表示有 NH_4^+ 存在。这是 NH_4^+ 的特征反应，灵敏度达 $0.05 \sim 1\mu g \cdot g^{-1}$。

实验十五　磺基水杨酸合铁(Ⅲ)配合物的组成及稳定常数的测定

一、实验目的

1. 了解分光光度法测定配合物组成和稳定常数的方法。
2. 掌握用图解法处理实验数据的方法。
3. 学习分光光度计、吸量管、容量瓶等的使用方法。

二、实验原理

磺基水杨酸（简式为 H_3R）与 Fe^{3+} 在 pH＝2～3、4～9、9～11.5 时可分别形成三种不同颜色、不同组成的配离子。其中在 pH 为 2～3 时生成的为紫红色配合物（有一个配位体）。本实验通过分光光度法测定该红色配合物的组成及稳定常数。

COOH
OH
SO_3H
磺基水杨酸

用分光光度法测定配离子的组成，通常有等摩尔连续变化法、摩尔比法、斜率法和平衡移动法等，每种方法都有一定的适用范围。

本实验采用等摩尔连续变换法测定其配合物的组成。测定过程中用高氯酸调节溶液的酸度（配位能力较弱），每份溶液中金属离子和配体的总物质的量不变，将金属离子（用 M 表示）和配体（用 R 表示）按不同的物质的量之比混合，配制一系列等物质的量的溶液，测定其吸光度。实际测定时，用等物质的量浓度的金属离子溶液和配位体溶液，按照不同的体积比（即摩尔数之比）配成一系列溶液进行测定。虽然这一系列溶液中总的物质的量相等，但 M 与 R 的物质的量之比是不同的，即有一些溶液中 M 是过量的，在另一些溶液中 R 是过量的，在这两部分溶液中配离子的浓度都不可能达到最大值，只有当溶液中配体与金属离子的物质的量之比与配离子的组成一致时，配离子浓度最大，此时测定的吸光度 A 也最大。以吸光度 A 为纵坐标，以物质的量分数（配体和中心离子浓度相同时，可用体积分数）为横坐标作图（图 5-10）。

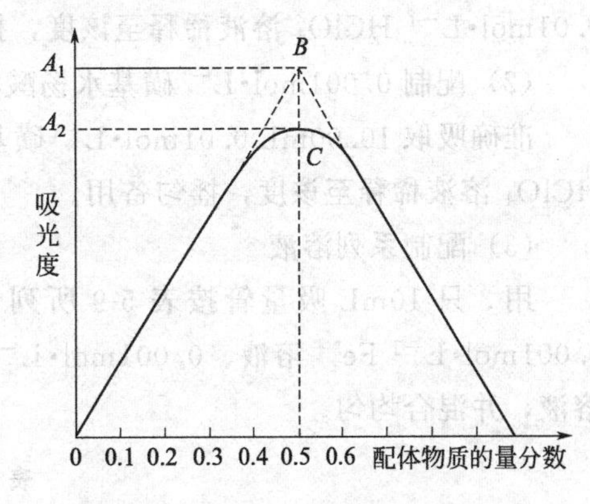

图 5-10　等摩尔连续变换法

在最大吸收处

$$x_M=\frac{n_M}{n_{M+R}}=0.5 \qquad x_R=\frac{n_R}{n_{M+R}}=0.5$$

即：金属离子与配位体物质的量之比为 1 ∶ 1，配合物的组成是 MR。

由图 5-10 可见，当完全以 MR 形式存在时，B 处 MR 的浓度最大，对应的最大吸光度为 A_1，由于配合物发生部分解离，实验测得最大吸光度为 C 处对应的 A_2。因此配合物 MR 的解离度 α 为：

$$\alpha=\frac{A_1-A_2}{A_1}$$

1∶1 型配合物 MR 的稳定常数可由下列平衡关系导出：

$$MR \rightleftharpoons M + R$$

平衡浓度 $\qquad c - c\alpha \qquad c\alpha \qquad c\alpha$

其表观稳定常数 K 为

$$K=\frac{c(\mathrm{MR})}{c(\mathrm{M})c(\mathrm{R})}=\frac{1-\alpha}{c\alpha^2} \tag{5-21}$$

式中，c 是相应于 B 点的金属离子浓度。

三、仪器及试剂

1. 仪器：分光光度计，烧杯（50mL），容量瓶（100mL），吸量管（10mL）。

2. 试剂：0.01mol·L^{-1} 磺基水杨酸，0.01mol·L^{-1} $(NH_4)Fe(SO_4)_2$，0.01mol·L^{-1} $HClO_4$。

四、实验内容

1. 配制溶液

（1）配制 0.001mol·L^{-1} Fe^{3+} 溶液

准确吸取 10.00mL 0.01mol·L^{-1} $(NH_4)Fe(SO_4)_2$ 溶液于 100mL 容量瓶中，用 0.01mol·L^{-1} $HClO_4$ 溶液稀释至该度，摇匀备用。

（2）配制 0.001mol·L^{-1} 磺基水杨酸溶液

准确吸取 10.00mL 0.01mol·L^{-1} 磺基水杨酸溶液于 100mL 容量瓶中，用 0.01mol·L^{-1} $HClO_4$ 溶液稀释至该度，摇匀备用。

（3）配制系列溶液

用 3 只 10mL 吸量管按表 5-9 所列试剂体积，分别吸取 0.01mol·L^{-1} $HClO_4$ 溶液、0.001mol·L^{-1} Fe^{3+} 溶液、0.001mol·L^{-1} 磺基水杨酸溶液，依次在 11 只 50mL 烧杯中配制溶液，并混合均匀。

表 5-9 测量数据

编号	0.01mol·L^{-1} $HClO_4$/mL	0.001mol·L^{-1} Fe^{3+}/mL	0.001mol·L^{-1} H_3R/mL	H_3R 物质的量分数	吸光度
1	10.00	10.00	0.00		
2	10.00	9.00	1.00		
3	10.00	8.00	2.00		
4	10.00	7.00	3.00		
5	10.00	6.00	4.00		
6	10.00	5.00	5.00		
7	10.00	4.00	6.00		
8	10.00	3.00	7.00		
9	10.00	2.00	8.00		
10	10.00	1.00	9.00		
11	10.00	0.00	10.00		

2. 测定系列溶液的吸光度

用分光光度计在 $\lambda=500$nm 的波长下，以蒸馏水为空白（为什么?），测定系列溶液的吸光度，并记录于表 5-9 中。以吸光度对磺基水杨酸的物质的量分数作图，从图中找出最大吸收峰，求出配合物的组成和稳定常数。

五、思考题

1. 本实验测定配合物的组成和稳定常数的原理是什么？

2. 在配制溶液时，为什么要用高氯酸的稀溶液作为稀释液？

3. 1∶1 型磺基水杨酸铁配离子的 $\lg K_{稳}$ 为 14.64（文献值），分析产生误差的原因。

第六章 常见元素性质实验

实验十六 氯、溴、碘的化合物

一、实验目的

1. 了解卤素单质的性质和卤化氢的制备方法及性质。

2. 学习氯酸盐的氧化性。

3. 掌握 Cl^-、Br^-、I^- 的分离和鉴定。

二、实验原理

氯、溴、碘是周期表ⅦA族元素，其原子的价电子层构型为 ns^2np^5，它们都容易得到一个电子而成为稳定的 -1 价离子，所以在化合物中它们最常见的氧化值为 -1，但在一定条件下也可生成氧化值为 $+1$、$+3$、$+5$、$+7$ 的化合物。

氯、溴、碘皆为双原子分子，在常温下，氯是气体，溴是液体，碘是固体，随着分子量的增大，氯、溴、碘单质的颜色依次加深。它们在水中的溶解度不大，氯、溴、碘的水溶液分别称为氯水、溴水、碘水。卤素都是氧化剂，它们的氧化性 $F_2>Cl_2>Br_2>I_2$，而卤素离子的还原性，则按相反顺序变化：$I^->Br^->Cl^->F^-$。例如，HI 能将浓 H_2SO_4 还原到 H_2S，HBr 可将浓 H_2SO_4 还原为 SO_2，而 HCl 则不能还原浓 H_2SO_4。氯酸盐在中性介质中，没有明显的氧化性，但在酸性介质中能表现出强氧化性。如在酸性介质中，ClO_3^- 能将 I^- 氧化为 I_2，随着酸性的逐渐增强，可将 I^- 进一步氧化为 IO_3^-。

Cl^-、Br^-、I^- 能与 Ag^+ 生成难溶于水的 AgCl（白色）、AgBr（淡黄色）、AgI（黄色），它们都不溶于稀 HNO_3 中。AgCl 在氨水、$(NH_4)_2CO_3$ 溶液、$AgNO_3$-NH_3 溶液中，由于生成配离子 $[Ag(NH_3)_2]^+$ 而溶解，其反应为

$$AgCl+2NH_3 = [Ag(NH_3)_2]^+ + Cl^-$$

利用该性质，可以将 AgCl 和 AgBr、AgI 分离。在分离 AgBr、AgI 后的溶液中，再加入 HNO_3 酸化，则 AgCl 又重新沉淀，其反应为

$$[Ag(NH_3)_2]^+ + Cl^- + 2H^+ = AgCl\downarrow + 2NH_4^+$$

Br^- 和 I^- 可以被氯水氧化为 Br_2 和 I_2，如用 CCl_4 萃取，Br_2 在 CCl_4 层中呈橙黄色，I_2 在 CCl_4 层中呈紫色，借此可鉴定 Br^- 和 I^-。

三、仪器及试剂

1. 仪器：试管，离心机，玻璃棒。

2. 试剂：淀粉溶液（1%），碘水，KI（0.1mol·L^{-1}），NaCl（0.1mol·L^{-1}），NaBr（0.1mol·L^{-1}），氯水，CCl_4，$Na_2S_2O_3$（0.1mol·L^{-1}），KI 固体，NaBr 固体，NaCl 固体，MnO_2 固体，浓 H_2SO_4，浓氨水，NaOH（2mol·L^{-1}），HCl（2mol·L^{-1}），H_2SO_4（2mol·L^{-1}），饱和 $KClO_3$，浓 HCl，H_2SO_4（1∶1），HNO_3（2mol·L^{-1}），$AgNO_3$（0.1mol·L^{-1}），氨水（6mol·L^{-1}），HNO_3（6mol·L^{-1}）。

3. 其他材料：醋酸铅试纸，淀粉碘化钾试纸。

四、实验内容

1. 碘与淀粉的反应

在两支试管中各加入 1%淀粉溶液 1mL，然后向其中的一支试管里加 2～3 滴碘水，观察试管中出现的现象，向另一支试管里加 2～3 滴 0.1mol·L^{-1}的碘化钾溶液，试管中又会出现什么现象，解释原因。

2. 卤化银沉淀的生成

在分别盛有 0.1mol·L^{-1}的氯化钠、溴化钠、碘化钾溶液各 2mL 的三支试管中各加入 2～3 滴 1%硝酸银溶液，再分别向每支试管中加少量稀硝酸，会出现什么现象，分别写出反应方程式。

3. 卤素的氧化性

（1）在分别盛有 10 滴 0.1mol·L^{-1}的溴化钠溶液、碘化钾溶液的试管中各加入 5 滴四氯化碳，再分别滴加氯水，边加边振荡，四氯化碳层会出现什么现象。

（2）在盛有 10 滴 0.1mol·L^{-1}碘化钾溶液的试管里，加入 5 滴四氯化碳，再滴加溴水，边加边振荡，四氯化碳层又会出现什么现象。

从以上实验结果说明氯、溴、碘的置换顺序，比较其氧化性的大小，并写出反应方程式。

（3）在两支分别加入数滴碘水的试管中，分别滴加 0.1mol·L^{-1}的硫代硫酸钠溶液和硫化氢水溶液，两支试管分别出现什么现象，写出相应的反应方程式。

（4）在盛有 1mL 0.1mol·L^{-1}溴化钠溶液的试管中，依次加入 2 滴 0.1mol·L^{-1}的碘化钾和 0.5mL 四氯化碳，逐滴加入氯水，边加边振荡，仔细观察四氯化碳层颜色的变化。

4. 卤素的还原性

在分别盛有少量碘化钾固体、溴化钠固体、氯化钠固体及氯化钠和二氧化锰固体（稍加热该混合物的试管）的试管中各加入 1mL 浓硫酸，观察各试管中产物的颜色和状态，并分别将湿润的醋酸铅试纸、湿润的淀粉碘化钾试纸、用玻璃棒蘸一些浓氨水分别移近前三个试管口部，观察现象；从气味和颜色上判断第四个试管的反应产物。

5. 氯酸盐氧化性

（1）ClO^-氧化性

取 1mL 氯水，用 2mol·L^{-1} NaOH 碱化后分装于三支试管中。第一支试管中加数滴 2mol·L^{-1} HCl，检验 Cl_2 产生；第二支试管中加数滴 0.1mol·L^{-1} KI 和 2mol·L^{-1} H_2SO_4，检验 I_2 产生；第三支试管中加数滴品红溶液，观察颜色变化。

（2）ClO_3^- 的氧化性

a. 取 10 滴饱和 $KClO_3$，加入 3 滴浓 HCl，检验 Cl_2 产生。

b. 取 3 滴 0.1mol·L^{-1} KI，加入少量饱和 $KClO_3$，再逐滴加入 1∶1 H_2SO_4，观察颜色变化，比较 $HClO_3$ 与 HIO_3 氧化性强弱。

6. Cl^-、Br^-、I^- 的分离与鉴定

(1) 鉴定反应

a. Cl^- 的鉴定　取 2 滴 0.1mol·L^{-1} NaCl 于试管中，加入 1 滴 2mol·L^{-1} HNO_3 和 2 滴 0.1mol·L^{-1} $AgNO_3$，观察沉淀颜色。离心弃去清液，于沉淀上加数滴 6mol·L^{-1} 氨水。沉淀溶解，再用 6mol·L^{-1} HNO_3 酸化，沉淀又出现，说明 Cl^- 存在。

b. Br^- 和 I^- 的鉴定　取 2 滴 0.1mol·L^{-1} KBr 和 KI，分别放入两试管中，加入 1 滴 2mol·L^{-1} H_2SO_4 和数滴 CCl_4，再分别加入氯水，振荡后观察 CCl_4 层颜色的变化。

(2) Cl^-、Br^-、I^- 的分离和鉴定

取 2 滴 0.1mol·L^{-1} NaCl、KBr 和 KI 溶液混合，按如图 6-1 所示分离鉴定。

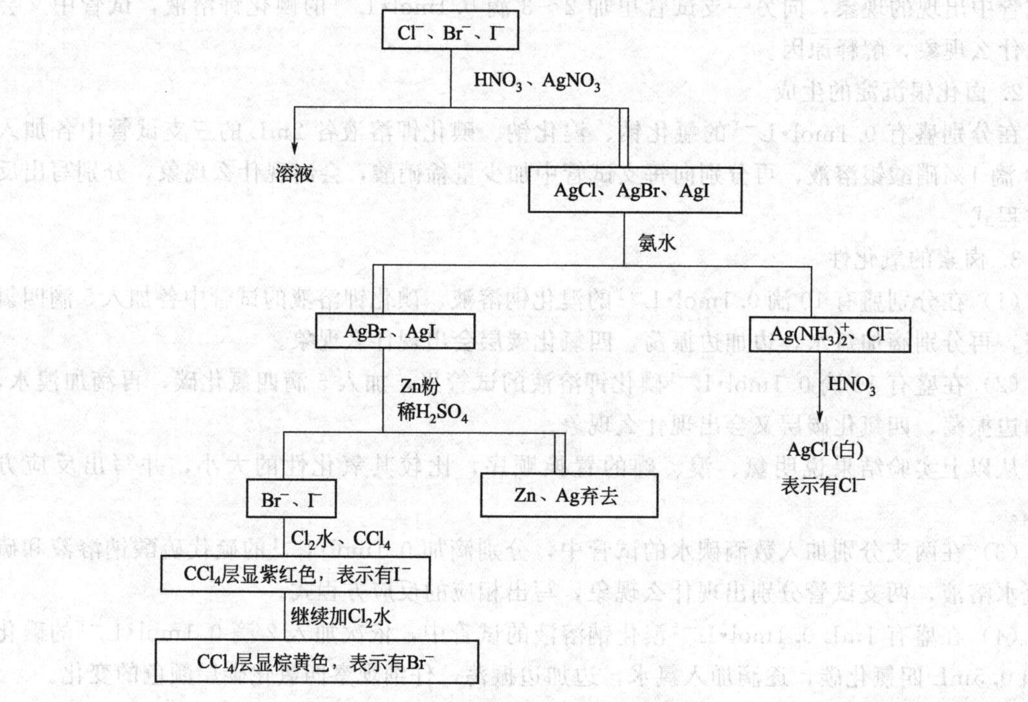

图 6-1　Cl^-、Br^- 和 I^- 的分离和鉴定

五、思考题

1. 在溴化钠、四氯化碳和氯水参加的反应中，经振荡后，溶液的哪一部分的颜色较深？为什么？
2. 实验室中如何制备氯化氢、溴化氢？
3. 氯酸盐在什么条件下有明显氧化性？加入什么物质使其具有较强氧化性？
4. AgCl、AgBr、AgI 分离时，为何用 $(NH_4)_2CO_3$ 而不用 $NH_3·H_2O$？

实验十七　氧和硫

一、实验目的

1. 了解 H_2O_2 的氧化性、还原性及鉴定反应。

2. 了解 H_2S 的还原性及硫化物的溶解性。

3. 掌握不同氧化态硫的含氧化合物的主要性质。

二、实验原理

氧和硫是周期表第ⅥA族元素，其原子的价电子层结构为 ns^2np^4，氧一般形成－2价的化合物，而硫能形成氧化数为－2、＋4、＋6等的化合物。

1. H_2O_2 的性质

氧和氢的化合物，除了水以外，还有过氧化氢（H_2O_2），俗称双氧水。市售商品通常为30％的过氧化氢水溶液，它是一种无色透明的液体。在 H_2O_2 分子中，氧的氧化数为－1，处于中间氧化态，因此 H_2O_2 既有氧化性，又有还原性。在酸性介质中 H_2O_2 是强氧化剂；当 H_2O_2 与某些强氧化剂（$KMnO_4$）作用时，可显示其还原性；H_2O_2 还是一种弱酸（$K_1=2.24\times10^{-12}$），其酸性比 H_2O 稍强。过氧化氢遇光、受热或有 MnO_2 及其他重金属离子存在的情况下可加速其分解。

2. H_2S 的性质

H_2S 是有毒气体，能溶于水，其水溶液呈弱酸性。H_2S 中S的氧化数是－2，它是强的还原剂。S^{2-} 可与多种金属离子生成不同颜色的金属硫化物沉淀，例如ZnS（白色）、CuS（棕色）、HgS（黑色）、CdS（黄色）等（难溶硫化物的 K_{sp} 及颜色见附录6和8）。由于硫化物的溶解度差别相当大，一般利用硫化物的溶解度不同及颜色的差异，通过控制溶液的pH值来进行金属离子的分离和鉴定。

S^{2-} 能与稀酸反应产生 H_2S 气体，可根据 H_2S 特有的臭鸡蛋气味，或能使 $PbAc_2$ 试纸变黑（由于生成PbS）的现象来检验 S^{2-}；在碱性溶液中，亚硝酰铁氰化钠 $Na[Fe(CN)_5NO]$ 与 S^{2-} 生成紫红色的配合物，这是鉴定 S^{2-} 的灵敏反应，其反应为：

$$S^{2-}+[Fe(CN)_5NO]^{2-} = [Fe(CN)_5NOS]^{4-}$$

3. 不同氧化态硫的含氧化合物的主要性质

SO_2 和 H_2SO_3 中S的氧化数为＋4，通常情况下作为还原剂，但是与强还原剂作用时，又表现为氧化剂。

$Na_2S_2O_3$ 是一种中等强度的还原剂，其氧化产物取决于氧化剂的强弱。I_2 可以将其氧化成 $Na_2S_4O_6$，而与强氧化剂（如 Cl_2）作用时也可被氧化成 Na_2SO_4。$Na_2S_2O_3$ 在酸性溶液中不稳定，迅速分解析出单质S，并放出 SO_2 气体。$S_2O_3^{2-}$ 有很强的配位作用，能与许多金属离子形成稳定的配合物。

浓 H_2SO_4 是一种强氧化剂，在加热时，它能氧化许多金属，而条件不同时可被还原成 SO_2、S或 H_2S。H_2SO_4 的还原产物可按如下反应现象判断：如溶液呈白色浑浊，表示析出S；如产生具有还原性的刺激性气体则为 SO_2；如产生具有还原性或使 $Pb(Ac)_2$ 试纸变黑的，具有臭鸡蛋气味的气体则为 H_2S。

过二硫酸盐是强氧化剂，能将 I^- 氧化为 I_2。

利用不同氧化态硫化合物的不同性质，可以进行相关离子的分离和鉴定。

三、仪器及试剂

1. 仪器：试管，药匙，石棉网，酒精灯。

2. 试剂：KI（$0.2mol\cdot L^{-1}$），H_2SO_4（$3mol\cdot L^{-1}$），3％ H_2O_2，淀粉溶液（1％），$KMnO_4$（$0.01mol\cdot L^{-1}$），MnO_2 固体，$K_2Cr_2O_7$（$0.1mol\cdot L^{-1}$），乙醚，FeS固体，HCl（$6mol\cdot L^{-1}$），$AgNO_3$（$0.1mol\cdot L^{-1}$），$Pb(NO_3)_2$（$0.1mol\cdot L^{-1}$），$CuSO_4$（0.1mol·

L^{-1}），$FeSO_4$（0.1mol·L^{-1}），$ZnSO_4$（0.1mol·L^{-1}），$Cd(NO_3)_2$（0.1mol·L^{-1}），Na_2S（0.1mol·L^{-1}），$Na_2[Fe(CN)_5NO]$（新配，1%），SO_2 水溶液，$Na_2S_2O_3$（0.2mol·L^{-1}），碘水，氨水（2mol·L^{-1}），饱和 H_2S，浓 H_2SO_4，Zn 粒，金属 Cu，$MnSO_4$（0.2mol·L^{-1}），$K_2S_2O_8$ 固体。

3. 其他材料：火柴，$PbAc_2$ 试纸，pH 试纸。

四、实验内容

1. H_2O_2 的性质

（1）H_2O_2 的氧化性

在试管中加入 3 滴 0.2mol·L^{-1} KI 溶液和 2 滴 3mol·L^{-1} H_2SO_4 溶液，再加入 2 滴 3% H_2O_2 溶液，观察现象。然后加入 1 滴 1%淀粉溶液，观察溶液颜色变化，写出离子方程式。

（2）H_2O_2 的还原性

向试管中加 5 滴 0.01mol·L^{-1} $KMnO_4$ 溶液，用 1 滴 3mol·L^{-1} H_2SO_4 酸化后再逐滴滴加 3%H_2O_2 溶液，边加边振荡，观察溶液的颜色变化，写出离子方程式。

（3）H_2O_2 的不稳定性

向盛有 2mL3%H_2O_2 溶液的试管中加入少量 MnO_2 固体，观察反应情况，用拇指堵住试管口后迅速用火柴余烬检验生成的气体，写出反应方程式。

（4）H_2O_2 的鉴定

在试管中加入 1mL 蒸馏水和几滴 3% H_2O_2 溶液，用 2 滴 3mol·L^{-1} H_2SO_4 酸化，再加 2 滴 0.1mol·L^{-1} $K_2Cr_2O_7$ 溶液和 5 滴乙醚，振荡试管，观察乙醚层的颜色。静置一段时间，观察水层颜色及有无气体放出，写出反应方程式。

此反应用于鉴定 H_2O_2。

2. H_2S 的性质

（1）H_2S 的制备

取一小块固体 FeS 放入试管中，然后加入 1 滴 6mol·L^{-1} HCl 溶液，以 $PbAc_2$ 试纸检验试管中放出的 H_2S 气体。

（2）H_2S 的还原性

取 2 支试管，分别加 5 滴 0.1mol·L^{-1} $K_2Cr_2O_7$ 和 0.01mol·L^{-1} $KMnO_4$ 溶液，然后加 3mol·L^{-1} H_2SO_4 酸化，再分别滴加数滴 H_2S 溶液，观察溶液颜色的变化和产物的状态，写出相关的化学方程式。

（3）H_2S 溶液的酸碱性

用 pH 试纸检测 H_2S 溶液的 pH 值。

（4）H_2S 与金属离子的反应

取 6 支试管，分别加入 2～3 滴 0.1mol·L^{-1} $AgNO_3$、$Pb(NO_3)_2$、$CuSO_4$、$FeSO_4$、$ZnSO_4$ 和 $Cd(NO_3)_2$ 溶液，滴加饱和 H_2S 溶液，观察各试管中有无沉淀生成，若无沉淀生成，继续加 2mol·L^{-1}氨水至碱性，观察各试管中沉淀的颜色或生成沉淀的情况。

（5）S^{2-} 的鉴定

取数滴 0.1mol·L^{-1} Na_2S 溶液，滴入新配制的 1% $Na_2[Fe(CN)_5NO]$（亚硝酰铁氰化钠）溶液，观察产生的现象。

3. 不同氧化态硫的含氧化合物的性质

（1）H_2SO_3 的性质

a. H_2SO_3 的酸性及氧化性　取 H_2SO_3 溶液 2mL（即 SO_2 水溶液），先用 pH 试纸试验其酸性，然后滴加 H_2S 溶液，观察现象，写出反应方程式。

b. H_2SO_3 的还原性　取 $0.01mol \cdot L^{-1}$ $KMnO_4$ 溶液 0.5mL，加 5 滴 $3mol \cdot L^{-1}$ H_2SO_4 溶液，再滴加 H_2SO_3 溶液，观察现象，写出反应方程式。

(2) $Na_2S_2O_3$ 的性质

a. 与酸的反应　在试管中加入 3 滴 $0.2mol \cdot L^{-1}$ $Na_2S_2O_3$ 溶液，再逐滴滴入 $6mol \cdot L^{-1}$ HCl，有何现象？写出相关反应方程式。

b. 还原性

① 在试管中加入 5 滴碘水，再逐滴滴入 $0.2mol \cdot L^{-1}$ $Na_2S_2O_3$ 溶液，不断振摇试管，观察现象，写出反应方程式。

② 在试管中加入 2 滴 $0.2mol \cdot L^{-1}$ $Na_2S_2O_3$ 溶液，再加入氯水数滴，充分振荡试管，观察现象，设法证明有 SO_4^{2-} 生成，写出反应方程式。

c. $S_2O_3^{2-}$ 鉴定　取 $0.2mol \cdot L^{-1}$ $Na_2S_2O_3$ 溶液 3 滴，加 1mL 蒸馏水，滴加 $0.1mol \cdot L^{-1}$ $AgNO_3$ 溶液，即有白色 $Ag_2S_2O_3$ 沉淀生成，振荡后沉淀溶解，再加入过量的 $0.1mol \cdot L^{-1}$ $AgNO_3$ 溶液，又有白色沉淀生成，但迅速转变为黄色、红棕色，最后转变为黑色。根据反应现象写出反应方程式。

(3) 浓 H_2SO_4 与金属作用

a. 浓 H_2SO_4 与活泼金属反应　取浓 H_2SO_4 2mL，小心放入 Zn 粒，微热，观察现象，如何用化学方法判断所产生的气体是什么，写出反应方程式。

b. 浓 H_2SO_4 与不活泼金属反应　按 a 中方法进行浓 H_2SO_4 与金属铜的反应，观察溶液颜色的变化，用化学方法判断所产生的气体，并写出反应方程式。

(4) 过二硫酸盐的氧化性

a. 取 2mL $3mol \cdot L^{-1}$ H_2SO_4 溶液和 7～8 滴 $0.2mol \cdot L^{-1}$ $MnSO_4$ 溶液，混合均匀后，加 1 滴 $0.1mol \cdot L^{-1}$ $AgNO_3$ 溶液（作为催化剂）和少量 $K_2S_2O_8$ 固体，微热，观察溶液颜色的变化情况，写出反应方程式。

b. 取米粒大小的 $K_2S_2O_8$ 固体，加入 2mL 蒸馏水溶解后，滴加 $0.2mol \cdot L^{-1}$ KI，观察反应产物的颜色和状态变化，再加入淀粉试液有何现象出现？写出反应方程式。

五、思考题

1. 用 H_2O_2 作为氧化剂有什么优点？H_2O_2 溶液能长久放置吗？
2. H_2S、Na_2S、SO_2 水溶液长久放置会有什么变化？如何判断变化情况？
3. $Na_2S_2O_3$ 和 I_2 反应时，能否加酸？为什么？
4. 为什么亚硫酸盐中常含有硫酸盐？怎样检验亚硫酸盐中的 SO_4^{2-}？

实验十八　氮和磷

一、实验目的

1. 掌握铵盐的主要性质。

2. 掌握亚硝酸及其盐、硝酸及其盐的主要性质。

3. 理解磷酸盐的酸碱性和溶解性。

4. 理解磷酸根离子、偏磷酸根离子及焦磷酸根离子的鉴定方法。

二、实验原理

氮和磷是周期表中ⅤA族的元素，为典型的非金属元素，它们的原子的价电子层构型为 ns^2np^3，与ⅦA和ⅥA两族的元素相比，形成正氧化数化合物的趋势较明显。它们和电负性较大的元素结合时，氧化数为+3和+5。

1. 铵盐的性质及 NH_4^+ 的鉴定

铵盐是氨和酸进行加合反应的产物，NH_4^+ 的离子半径（143pm）与 K^+ 的离子半径（133pm）差别不大；$NH_4^+(aq)$ 的离子半径（537pm）与 K^+（aq）的离子半径（530pm）更为接近，故铵盐在晶型、颜色、溶解度等方面都与相应的钾盐类似，为此在化合物的分类上往往把铵盐和碱金属放在一起。

铵盐一般为无色晶体（若阴离子无色），易溶于水。在铵盐溶液中加入强碱并加热，就会释放出氨来：

$$NH_4^+ + OH^- \xrightarrow{\triangle} NH_3\uparrow + H_2O$$

固态的铵盐加热极易分解，其分解产物与铵盐中阴离子对应的酸的性质以及分解温度有关。挥发性酸组成的铵盐，分解产物一般为氨和相应的酸；非挥发性酸组成的铵盐，则逸出氨；氧化性酸组成的铵盐，分解产物为 N_2 或氮的氧化物。

2. 亚硝酸及其盐的性质

将等物质的量的NO和 NO_2 的混合物溶解在冷水中，或在亚硝酸盐的冷水溶液中加入硫酸或盐酸，均可生成亚硝酸：

$$NO + NO_2 + H_2O \xrightarrow{冷} 2HNO_2$$

$$NaNO_2 + HCl = NaCl + HNO_2$$

亚硝酸是弱酸，酸性比醋酸略强：其 $K_a^{\ominus}=7.2\times10^{-4}$。亚硝酸很不稳定，仅存在于冷的稀溶液中，从未制得游离酸，其溶液浓缩或加热时会分解为NO和 NO_2。

大多数亚硝酸盐是可溶的，它们一般易溶于水（$AgNO_2$ 除外）。在亚硝酸及其盐中，氮的氧化数为+3，处于中间价态，因此，它既具有氧化性又有还原性。亚硝酸盐在酸性溶液中是强氧化剂；当亚硝酸及其盐与强氧化剂作用时，可被氧化为 NO_3^-。

3. 硝酸及其盐的性质

硝酸是三大无机酸之一，易挥发，属腐蚀性强酸，它能与水以任意比互溶，受热或光照时会发生分解产生 NO_2。硝酸的重要化学性质除了强酸性外，主要表现为强氧化性和硝化作用。硝酸中的氮呈最高氧化数（+5），故硝酸尤其是发烟硝酸具有很强的氧化性。很多非金属元素都能被浓硝酸氧化成相应的氧化物或含氧酸，而硝酸被还原为NO。硝酸与金属的反应较为复杂，硝酸被金属还原的程度主要取决于硝酸的浓度和金属的活泼性。

硝酸与相应的金属或金属氧化物作用可制得硝酸盐，大多数硝酸盐是无色的、易溶于水的离子晶体，其水溶液没有氧化性。硝酸盐在常温下比较稳定，但在高温时，固体硝酸盐都会分解而显氧化性，分解的产物因金属离子的不同而有差别。

4. 磷酸盐的性质及磷酸根的鉴定

磷酸是一种非挥发性的中强酸，它可以形成三种不同类型的盐：磷酸盐、磷酸一氢盐和磷酸二氢盐。磷酸二氢盐易溶于水，其余两种磷酸盐除了钠、钾、铵盐外都难溶于水，但能溶于盐酸。碱金属的磷酸盐如 Na_3PO_4、Na_2HPO_4、NaH_2PO_4 溶于水后，由于水解程度不同，溶液酸碱性不同。在各类磷酸盐溶液中，加入 $AgNO_3$ 溶液都可得到黄色的磷酸银沉淀。

PO_4^{3-} 能和钼酸作用生成黄色难溶的晶体，故可以钼酸铵来鉴定。其反应如下：

$$PO_4^{3-}+3NH_4^+ +12MoO_4^{2-}+24H^+ = (NH_4)_3PO_4 \cdot 12MoO_3 \cdot 6H_2O \downarrow +6H_2O$$

注意：磷酸盐、磷酸一氢盐、磷酸二氢盐、磷酸等含有 PO_4^{3-} 的物质都能发生此反应。

三、仪器及试剂

1. 仪器：试管，石棉网，酒精灯，表面皿。

2. 试剂：NH_4Cl 晶体，NH_4Cl（$0.1mol \cdot L^{-1}$），奈氏试剂，NaOH（$6mol \cdot L^{-1}$），饱和 $NaNO_2$ 溶液，H_2SO_4（$3mol \cdot L^{-1}$），$NaNO_2$（$1mol \cdot L^{-1}$），KI（$0.1mol \cdot L^{-1}$），淀粉溶液，$KMnO_4$（$0.01mol \cdot L^{-1}$），HAc（$6mol \cdot L^{-1}$），对氨基苯磺酸，α-萘胺，浓 HNO_3，硫黄粉，Cu 屑，Zn 粒，HNO_3（$2mol \cdot L^{-1}$），固体 $NaNO_3$，固体 $Cu(NO_3)_2$，固体 $AgNO_3$，$NaNO_3$（$0.1mol \cdot L^{-1}$），$FeSO_4$ 晶体，浓 H_2SO_4，Na_3PO_4（$0.1mol \cdot L^{-1}$），Na_2HPO_4（$0.1mol \cdot L^{-1}$），NaH_2PO_4（$0.1mol \cdot L^{-1}$），$CaCl_2$（$0.5mol \cdot L^{-1}$），氨水（$2mol \cdot L^{-1}$），$AgNO_3$（$0.1mol \cdot L^{-1}$），焦磷酸钠（$0.1mol \cdot L^{-1}$），HNO_3（$6mol \cdot L^{-1}$），饱和 $(NH_4)_2MoO_4$ 溶液。

3. 其他材料：石蕊试纸，pH 试纸。

四、实验内容

1. 铵盐的性质及鉴别反应

(1) 铵盐的热稳定性

在干燥试管内放入少量 NH_4Cl 晶体，加热试管底部（管底略高于管口），用湿润的红色石蕊试纸检验逸出的气体。继续加强热，观察试纸颜色有何变化？试管上部的内壁上又有何现象？加以解释，并写出相关的离子方程式。

(2) NH_4^+ 的鉴定

a. 萘氏法　在小试管中加入 5 滴 $0.1mol \cdot L^{-1}$ NH_4Cl 溶液，再加入 2 滴萘氏试剂，观察现象。

b. 气室法　取几滴铵盐溶液置于一表面皿中心，在另一块表面皿中心黏附一条湿润的红色石蕊试纸或 pH 试纸，然后在铵盐溶液中滴加几滴 $6mol \cdot L^{-1}$ NaOH 溶液至呈碱性，混匀后，再将粘有试纸的表面皿盖在盛有试液的表面皿上作为“气室”。将此气室放在水浴上微热，观察试纸颜色的变化。

2. 亚硝酸和亚硝酸盐的性质

(1) HNO_2 的生成及其稳定性

将 10 滴饱和亚硝酸钠溶液和 10 滴 $3mol \cdot L^{-1}$ 硫酸溶液分别在冰水中冷却，然后混合。在冰水中观察溶液的颜色。从冰水中取出试管，在常温下观察亚硝酸的分解，解释现象。

(2) 亚硝酸盐的氧化还原性

a. 在试管中加入 2 滴 $1mol \cdot L^{-1}$ $NaNO_2$ 溶液，加水稀释至 1mL，滴加 $0.1mol \cdot L^{-1}$ KI 溶液，有无变化？用 $3mol \cdot L^{-1}$ H_2SO_4 酸化，观察现象。再加入淀粉溶液 1 滴，又有何现象。

b. 在试管中加入 3 滴 $1mol \cdot L^{-1}$ $NaNO_2$ 溶液，然后滴入 $0.01mol \cdot L^{-1}$ $KMnO_4$ 溶液，有无变化？再滴加 $3mol \cdot L^{-1}$ H_2SO_4 溶液，观察溶液颜色的变化。写出反应方程式。

(3) NO_2^- 的鉴别

在试管中加 2 滴 $0.1mol \cdot L^{-1}$ $NaNO_2$ 溶液，再加几滴 $6mol \cdot L^{-1}$ HAc，然后加 1 滴对氨基苯磺酸和 1 滴 α-萘胺，观察实验现象并记录。

3. 硝酸和硝酸盐的性质

(1) HNO_3 的性质

a. 浓 HNO_3 与非金属的反应　往试管中加入黄豆大小的硫黄粉和 5 滴浓硝酸，加热观察现象，有何气体产生？冷却后，检验产物中的 SO_4^{2-}，写出反应方程式。

b. 浓 HNO_3 与金属的反应　在通风橱中，往盛有一小片铜屑的试管中加 5 滴浓硝酸，观察气体和溶液的颜色，解释原因并写出反应方程式。

c. 稀 HNO_3 与金属的反应　在通风橱中，分别往两支试管中加入一小片 Cu 屑和一个 Zn 粒，然后各加入 5 滴 $2mol \cdot L^{-1}$的 HNO_3，观察实验现象，检查实验的产物，写出反应方程式。

(2) 硝酸盐的热分解性

在三支干燥的试管中，分别加入少量硝酸钠、硝酸铜、硝酸银固体，加热，观察反应的情况和产物的颜色，如何检验气体产物？写出反应方程式。总结硝酸盐热分解与阳离子的关系。

(3) NO_3^- 的鉴定

在试管中取 0.5mL $0.1mol \cdot L^{-1}$ $NaNO_3$ 溶液，加入少量 $FeSO_4$ 晶体，然后沿试管壁缓缓加入数滴浓 H_2SO_4（切勿振摇），观察浓 H_2SO_4 与溶液界面上形成的棕色环。

4. 磷酸盐的性质及磷酸根离子的鉴定

(1) 磷酸盐溶液的酸碱性

取三支试管，各加入 10 滴 $0.1mol \cdot L^{-1}$ Na_3PO_4、Na_2HPO_4 和 NaH_2PO_4，测其 pH 值。溶液保留供下述实验用。

(2) 磷酸盐的水溶性

a. 分别在三支试管中注入浓度都是 1mL $0.1mol \cdot L^{-1}$ Na_3PO_4、Na_2HPO_4 和 NaH_2PO_4 溶液，再滴入 $0.5mol \cdot L^{-1}$ $CaCl_2$ 溶液，观察有何现象发生？用 pH 试纸试验它们的 pH 值（为什么?），滴入几滴 $2mol \cdot L^{-1}$氨水，有何变化？再滴入 $2mol \cdot L^{-1}$盐酸，又有何变化？

比较磷酸钙、磷酸氢钙、磷酸二氢钙的溶解性，说明它们之间相互转化的条件，写出反应方程式。

b. 分别往三支试管中注入 0.5mL $0.1mol \cdot L^{-1}$ Na_3PO_4、Na_2HPO_4、NaH_2PO_4 溶液，再各滴加 $0.1mol \cdot L^{-1}$的 $AgNO_3$ 溶液，是否有沉淀产生？实验溶液的酸碱性有无变化？为什么？写出反应方程式。

(3) 磷酸盐的配位性

取 0.5mL $0.2mol \cdot L^{-1}$的 $CuSO_4$ 溶液，逐滴加入 $0.1mol \cdot L^{-1}$焦磷酸钠溶液，观察沉淀的生成。继续滴加焦磷酸钠溶液，沉淀是否溶解？写出相应的反应方程式。

(4) PO_4^{3-} 的鉴定

取 3 滴 $0.1mol \cdot L^{-1}$ Na_3PO_4 溶液于小试管中，加入 2 滴 $6mol \cdot L^{-1}$ HNO_3 及数滴饱和

$(NH_4)_2MoO_4$ 溶液，温热并搅拌，观察沉淀的生成。

五、思考题

1. 为什么一般情况下不用硝酸作为酸性反应介质？稀硝酸与金属反应和稀硫酸或稀盐酸与金属反应有何不同？

2. 硝酸与金属的反应，随酸的浓度和金属活泼性不同，其被还原的产物也不同，能否用还原产物氧化数改变的多少来说明硝酸氧化能力的强弱？

3. 怎样制备亚硝酸？亚硝酸是否稳定？怎样检验亚硝酸盐的氧化性和还原性？

4. 欲用酸溶解磷酸银沉淀，在盐酸、硫酸和硝酸中，选用哪一种最适宜？为什么？

5. 试述通过实验可以用几种方法将无标签的试剂磷酸钠、磷酸氢钠、磷酸二氢钠一一鉴别出来。

实验十九 碱金属和碱土金属

一、实验目的

1. 通过钾、钠、钙、镁等单质与水的反应，掌握碱金属、碱土金属的活泼性。

2. 了解碱土金属难溶盐及碱土金属氢氧化物的溶解情况。

3. 掌握焰色反应鉴别碱金属、碱土金属离子的方法。

二、实验原理

1. 碱金属和碱土金属的活泼性

碱金属和碱土金属属于ⅠA和ⅡA族，在同一族中，金属活泼性由上而下逐渐增强；在同一周期中从左至右金属性逐渐减弱。例如ⅠA族中钠、钾与水作用活泼性依次增强，第3周期的钠、镁与水作用的活泼性依次减弱。碱金属和碱土金属都容易和氧反应。碱金属在室温下能迅速地与空气中的氧反应。钠、钾在空气中稍微加热即可燃烧生成过氧化物和超氧化物（如 Na_2O_2 和 KO_2）。碱土金属活泼性略差，室温下这些金属表面会缓慢生成氧化膜。

2. 碱金属和碱土金属盐类的溶解性

碱金属盐类的最大特点是绝大多数易溶于水，而且在水中能完全电离，只有极少数盐类是微溶的。例如：六羟基锑酸钠（$Na[Sb(OH)_6]$）、酒石酸氢钾（$KHC_4H_4O_6$）、钴亚硝酸钠钾（$K_2Na[Co(NO_2)_6]$）等。钠、钾的一些微溶盐常用于鉴定钠、钾离子。碱土金属盐类的重要特征是它们的难溶性，除氯化物、硝酸盐、硫酸镁、铬酸镁、铬酸钙易溶于水外，其余碳酸盐、硫酸盐、草酸盐、铬酸盐等皆难溶。

3. 焰色反应

碱金属和钙、钡的挥发性盐在氧化焰中灼烧时，能使火焰呈现出一定颜色，称为焰色反应。可以根据火焰的颜色鉴别这些元素的存在。

三、仪器及试剂

1. 仪器：烧杯，试管，小刀，镊子，砂纸。

2. 试剂：NaCl（$0.5mol\cdot L^{-1}$），KCl（$0.5mol\cdot L^{-1}$），$MgCl_2$（$0.5mol\cdot L^{-1}$），$CaCl_2$（$0.5mol\cdot L^{-1}$），$BaCl_2$（$0.2mol\cdot L^{-1}$），$SrCl_2$（$0.5mol\cdot L^{-1}$），NaOH（新配，2mol·

L^{-1})，氨水（$6mol \cdot L^{-1}$），饱和 NH_4Cl 溶液，HNO_3（$2mol \cdot L^{-1}$），H_2SO_4（$1mol \cdot L^{-1}$），HCl（$2mol \cdot L^{-1}$，$6mol \cdot L^{-1}$），HAc（$2mol \cdot L^{-1}$），Na_2SO_4（$0.5mol \cdot L^{-1}$），Na_2CO_3（$0.5mol \cdot L^{-1}$），$(NH_4)_2CO_3$（$0.5mol \cdot L^{-1}$），NH_4Cl（$2mol \cdot L^{-1}$），饱和 $CaSO_4$，K_2CrO_4（$0.5mol \cdot L^{-1}$），饱和（$(NH_4)C_2O_4$）。

3. 其他材料：金属钠、钾、钙、镁条、镍丝，pH 试纸，钴玻璃，滤纸。

四、实验内容

1. 钠、钾与水的反应

用镊子取一粒绿豆大小的金属钾和金属钠（切勿与皮肤接触!），用滤纸吸干其表面的煤油，切去表面的氧化膜，立即将它们分别放入盛水的烧杯中。可将事先准备好的合适漏斗倒扣在烧杯上，以确保安全。观察两者与水反应的情况，并进行比较。反应终止后，滴入 1～2 滴酚酞试剂，检验溶液的酸碱性。根据反应进行的剧烈程度，说明钠、钾的金属活泼性。

2. 镁、钙与水的反应

(1) 取一小段镁条，用砂纸擦去表面的氧化物，放入一支试管中，加入少量水。观察有无反应。然后将试管加热，观察反应情况。加入 1 滴酚酞检验水溶液的碱性，写出反应方程式。

(2) 将一小块钙放入盛有少量水的试管中，观察反应情况，并检验溶液 pH 值。

比较镁、钙与水反应的情况，说明它们的金属活泼性顺序。

3. 碱土金属的难溶盐

(1) 碱土金属硫酸盐溶解性的比较

在三支试管中，分别加入少量 $0.5mol \cdot L^{-1}$ 氯化镁、氯化钙、氯化钡溶液，然后再分别滴加数滴 $0.5mol \cdot L^{-1}$ 硫酸钠溶液，观察现象。若氯化镁、氯化钙溶液中加入硫酸钠溶液后无沉淀生成，可用玻璃棒摩擦试管壁，再观察有无沉淀生成。说明生成沉淀情况。试验沉淀是否溶于 $2mol \cdot L^{-1}$ HNO_3？解释原因并写出反应方程式。Ba^{2+} 与 SO_4^{2-} 反应生成不溶于强酸的白色 $BaSO_4$ 沉淀，可作为 Ba^{2+} 的鉴定反应。

(2) 碱土金属碳酸盐溶解性的比较

取 3 支试管各加 5 滴 $0.5mol \cdot L^{-1}$ $MgCl_2$、$0.5mol \cdot L^{-1}$ $CaCl_2$ 和 $0.5mol \cdot L^{-1}$ $BaCl_2$，然后各加 5 滴 $0.5mol \cdot L^{-1}$ Na_2CO_3，观察生成沉淀的颜色，检验沉淀对 $2mol \cdot L^{-1}$ HAc 和 $2mol \cdot L^{-1}$ HCl 的作用。

另取 3 支试管各加 3 滴 $0.5mol \cdot L^{-1}$ $MgCl_2$、$0.5mol \cdot L^{-1}$ $CaCl_2$ 和 $0.5mol \cdot L^{-1}$ $BaCl_2$，然后各加 1 滴 $2mol \cdot L^{-1}$ $NH_3 \cdot H_2O$ 和 $2mol \cdot L^{-1}$ NH_4Cl，再加 2 滴 $0.5mol \cdot L^{-1}$ $(NH_4)_2CO_3$，观察现象。

比较二者实验结果有何不同。

(3) 碱土金属草酸盐溶解性的比较

于 3 支试管中分别加少量 $0.5mol \cdot L^{-1}$ $MgCl_2$、$CaCl_2$ 和 $BaCl_2$，再各加 3 滴饱和 $(NH_4)_2C_2O_4$，观察现象。白色 CaC_2O_4 沉淀的生成，可表示 Ca^{2+} 存在，此反应可作为 Ca^{2+} 的鉴定反应。检验沉淀在 $2mol \cdot L^{-1}$ HAc 和 HCl 的溶解性。

(4) 铬酸盐的溶解性

于三支试管中分别滴加 10 滴 $0.5mol \cdot L^{-1}$ $MgCl_2$、$CaCl_2$ 和 $BaCl_2$，各加入 $0.5mol \cdot L^{-1}$ K_2CrO_4，观察实验现象。分别检验沉淀对 $2mol \cdot L^{-1}$ HAc 和 HCl 的作用，写出反应方程式，比较他们的溶解度。

4. 碱土金属氢氧化物的溶解

(1) 氢氧化镁的性质

在试管中加入 1mL 0.5mol·L^{-1} $MgCl_2$ 溶液和 2mol·L^{-1} NaOH 溶液数滴，观察反应产物颜色和状态。然后将沉淀分成 3 份，分别加入饱和 NH_4Cl、2mol·L^{-1} NaOH 及 2mol·L^{-1} HCl 中，观察实验现象，并写出相关反应方程式。

(2) 取 5 滴 0.5mol·L^{-1} $MgCl_2$、0.5mol·L^{-1} $CaCl_2$、0.5mol·L^{-1} $BaCl_2$ 与等体积的新配制的 2mol·L^{-1} NaOH 混合，放置，观察形成沉淀的情况。

用 2mol·L^{-1} $NH_3·H_2O$ 代替 2mol·L^{-1} NaOH 进行实验，观察有无沉淀生成。

由实验结果总结碱土金属氢氧化物溶解度变化情况。

5. 焰色反应

先清洗镍丝。将镍丝浸入 2mol·L^{-1} HCl 中，取出后放在氧化焰中灼烧，再浸入 HCl 中，再灼烧。若镍丝在氧化焰中燃烧不呈任何颜色，说明清洗干净。用镍丝分别蘸取 0.5mol·L^{-1} NaCl、KCl、$CaCl_2$、$SrCl_2$、$BaCl_2$ 溶液做焰色反应。观察并比较它们的焰色有何不同？注意：每做完一个样品，都要用 2mol·L^{-1}盐酸将镍丝处理干净。观察钾盐的焰色时，要用钴玻璃滤去钠盐的黄色火焰。

五、思考题

1. 为什么向氯化镁溶液中加入氨水能生成氢氧化镁沉淀和氯化铵，而氢氧化镁沉淀又能溶于饱和氯化铵溶液？两者是否矛盾？试通过化学平衡移动的原理说明。

2. 解释碱土金属氢氧化物溶解度的变化。

3. 钾盐、钠盐、镁盐、钙盐、钡盐的鉴别反应是什么？试设计一个分离 K^+、Mg^{2+}、Ba^{2+} 的实验方案。

实验二十　配合物的生成和性质

一、实验目的

1. 了解配合物的生成、组成、性质及其与简单离子的不同。

2. 掌握其他平衡（沉淀溶解平衡、氧化还原平衡、溶液酸碱平衡）对配位平衡的影响。

3. 了解螯合物形成的条件及稳定特性。

二、实验原理

由中心离子（或原子）与配体按一定组成和空间构型以配位键结合所形成的化合物称为配位化合物（简称配合物）。配合反应是分步进行的可逆反应，每一步反应都存在着配位平衡。如配离子 $[Cu(NH_3)_4]^{2+}$ 在溶液中存在下列平衡，

$$Cu^{2+} + 4NH_3 \rightleftharpoons [Cu(NH_3)_4]^{2+}$$

$$K_{稳} = \frac{c([Cu(NH_3)_4]^{2+})}{c(Cu^{2+}) \cdot c^4(NH_3)} \tag{6-1}$$

对于同种类型的配合物，$K_{稳}$ 越大，配合物越稳定。

配离子的解离平衡也是一种离子平衡，改变溶液的酸碱度，加入能与中心离子或配体发

生反应的试剂均可使平衡发生移动，同样也存在同离子效应。

螯合物是中心离子与多齿配体键合而成的具有环状结构的配合物。多齿配位体多为有机化合物。螯合物中以五元环、六元环最稳定，且形成的环越多越稳定。螯合物大多具有特征的颜色。

三、仪器及试剂

1. 仪器：试管，试管架，离心试管，离心机。

2. 试剂：$HgCl_2$（0.1mol·L^{-1}），KI（0.1mol·L^{-1}），$NiSO_4$（0.2mol·L^{-1}），$BaCl_2$（0.1mol·L^{-1}），NaOH（0.1mol·L^{-1}），NaOH（2mol·L^{-1}），$FeCl_3$（0.1mol·L^{-1}），$FeCl_3$（0.5mol·L^{-1}），KSCN（0.1mol·L^{-1}），$K_3[Fe(CN)_6]$（0.1mol·L^{-1}），$AgNO_3$（0.1mol·L^{-1}），NaCl（0.1mol·L^{-1}），$NH_3 \cdot H_2O$（6mol·L^{-1}），KBr（0.1mol·L^{-1}），$Na_2S_2O_3$（0.5mol·L^{-1}），NH_4F（4mol·L^{-1}），NaF（0.1mol·L^{-1}），$CuSO_4$（0.1mol·L^{-1}），$K_4P_2O_7$（0.1mol·L^{-1}），丁二酮肟（1%），CCl_4，乙醚。

四、实验内容

1. 配离子的生成与配合物的组成

（1）在试管中加入适量0.1mol·L^{-1} $HgCl_2$（注意：剧毒!）溶液，逐滴加入适量0.1mol·L^{-1} KI溶液，观察实验现象，写出相关反应方程式；再继续加入过量的KI溶液，观察实验现象，解释并写出相关反应方程式。将试管中溶液立即倒回Hg盐回收瓶中（必须十分注意，$HgCl_2$剧毒，切勿沾染手、眼，如沾染，必须洗净）。

（2）在两支试管中分别加入适量0.2mol·L^{-1} $NiSO_4$溶液，然后在一支试管中加入0.1mol·L^{-1} $BaCl_2$溶液，观察现象，写出反应方程式；在另一支试管中加入0.1mol·L^{-1} NaOH溶液，观察实验现象并写出反应方程式。

（3）在试管中加入少量1mL 0.2mol·L^{-1} $NiSO_4$溶液，逐滴加入1∶1氨水，边加边摇动试管，直至沉淀完全溶解，再适当多加些氨水，然后将此溶液分成两份，一份加入适量0.1mol·L^{-1} $BaCl_2$溶液，观察现象，写出反应方程式；另一份加入0.1mol·L^{-1} NaOH溶液，观察现象并解释原因。

2. 简单离子和配离子的区别

（1）在试管中加入适量0.1mol·L^{-1} $FeCl_3$溶液和2滴0.1mol·L^{-1} KSCN溶液，观察现象，写出反应方程式。

（2）以0.1mol·L^{-1} $K_3[Fe(CN)_6]$溶液代替$FeCl_3$溶液，做同样的实验，观察现象有何不同，并解释原因。

根据两次实验结果，试说明配离子与简单离子有何区别。

3. 配位平衡的移动

（1）配位平衡与沉淀反应

在离心试管中加入适量0.1mol·L^{-1} $AgNO_3$，滴加适量0.1mol·L^{-1} NaCl溶液，离心后弃去上层清液，然后加入6mol·L^{-1} $NH_3 \cdot H_2O$至沉淀刚好溶解。往所得溶液中加一滴0.1mol·L^{-1} NaCl溶液，观察现象，再加入一滴0.1mol·L^{-1} KBr溶液有何现象？若有AgBr沉淀生成，继续加入KBr溶液，至不再产生沉淀为止，离心后弃去上层清液，然后加入0.5mol·L^{-1} $Na_2S_2O_3$溶液，使沉淀刚好溶解为止。往所得溶液中加一滴0.1mol·L^{-1} KBr溶液，观察有无AgBr沉淀生成。再加入一滴0.1mol·L^{-1} KI溶液，有何现象？

通过上述实验结果，讨论沉淀平衡与配位平衡的关系，比较AgCl、AgBr、AgI的K_{sp}

大小和 $[Ag(NH_3)_2]^+$、$[Ag(S_2O_3)_2]^{3-}$ 的稳定性。

(2) 配位平衡与氧化还原反应

a. 在试管中加入适量 0.5mol·L^{-1} $FeCl_3$ 溶液，滴加适量 0.1mol·L^{-1} KI 溶液，再加入 10 滴 CCl_4，振荡后观察 CCl_4 层的颜色，解释原因并写出反应方程式。

b. 在试管中加入适量 0.5mol·L^{-1} $FeCl_3$ 溶液，逐滴加入 4mol·L^{-1} 氟化氨溶液，至溶液呈无色，再加入与上述实验同量的 KI 溶液和 CCl_4，振荡后观察 CCl_4 层的颜色，解释原因，写出相关反应方程式。

讨论配位平衡与氧化还原平衡的关系。

(3) 配位平衡与介质的酸碱性

a. 在试管中加入适量 0.5mol·L^{-1} $FeCl_3$ 溶液，逐滴加入 4mol·L^{-1} 氟化氨溶液，至溶液呈无色，然后将溶液分成两份，一份加入适量 2mol·L^{-1} NaOH 溶液；另一份加入适量硫酸（1∶1）溶液，观察实验现象，并写出反应方程式。

b. 在一支试管中加入 2 滴 0.5mol·L^{-1} $FeCl_3$ 溶液，加水稀释至无色，加入 2 滴 0.1mol·L^{-1} KSCN 溶液，溶液颜色会发生什么变化？再逐滴加入 0.1mol·L^{-1} NaF 溶液，观察实验现象，解释原因。

4. 螯合物的生成

(1) 在试管中加入适量 0.1mol·L^{-1} $CuSO_4$ 溶液，然后逐滴加入适量 0.1mol·L^{-1} $K_4P_2O_7$ 溶液，出现什么现象？继续加入 $K_4P_2O_7$ 溶液，观察实验现象。

(2) 在试管中加入 2 滴 0.2mol·L^{-1} $NiSO_4$ 溶液及 1mL 蒸馏水，加入 2 滴 6mol·L^{-1} 氨水使其呈碱性，再加入 3 滴 1% 的丁二酮肟溶液，观察实验现象，然后加入 1mL 乙醚，振荡，又会出现什么现象？

五、思考题

1. 影响配位平衡的因素有哪些？
2. 通过实验总结简单离子形成配离子后，哪些性质会发生改变？
3. 配离子与简单离子有何区别？如何证明？

实验二十一　铁、钴、镍

一、实验目的

1. 了解铁、钴、镍元素的氢氧化物的生成和性质。
2. 学习并掌握二价铁、钴、镍的还原性和三价铁、钴、镍的氧化性。
3. 学习并熟悉铁、钴、镍配位化合物的生成和性质。
4. 学习 Fe^{2+}、Fe^{3+}、Co^{2+}、Ni^{2+} 的鉴定方法。

二、实验原理

铁、钴、镍是周期表第四周期第Ⅷ族元素，它们都能形成多种氧化值的化合物。铁、钴、镍的重要氧化值为+2 和+3。$Fe(OH)_2$ 很容易被空气中的 O_2 氧化，$Co(OH)_2$ 也能被空气中的 O_2 慢慢氧化。由于 Co^{3+} 和 Ni^{3+} 都具有强氧化性，$Co(OH)_3$、$Ni(OH)_3$ 与盐酸反应分别生成Co(Ⅱ)和Ni(Ⅱ)，并放出氯气。$Co(OH)_3$和$Ni(OH)_3$通常分别由Co(Ⅱ)和Ni(Ⅱ)的盐在碱性条件下用强氧化剂氧化得到，例如：

$$2Ni^{2+}+6OH^-+Br_2 \longrightarrow 2Ni(OH)_3(s)+2Br^-$$

铁、钴、镍都能形成多种配合物。Co^{2+}和Ni^{2+}与过量的氨水反应分别生成$[Co(NH_3)_6]^{2+}$和$[Ni(NH_3)_6]^{2+}$。$[Co(NH_3)_6]^{2+}$不稳定，容易被空气中的O_2氧化为$[Co(NH_3)_6]^{3+}$。Fe^{2+}与$[Fe(CN)_6]^{3-}$反应，或Fe^{3+}与$[Fe(CN)_6]^{4-}$反应，都生成深蓝色沉淀，分别用于鉴定Fe^{2+}和Fe^{3+}。酸性溶液中Fe^{3+}与SCN^-的反应也可用于鉴定Fe^{3+}。Co^{2+}也能与SCN^-反应，生成的$[Co(SCN)_4]^{2-}$不稳定，在丙酮等有机溶剂中较稳定，此反应用于鉴定Co^{2+}。Ni^{2+}与丁二酮肟在弱碱性条件下反应生成鲜红色的内配盐，此反应常用于鉴定Ni^{2+}。

三、仪器及试剂

1. 仪器：试管，离心试管，离心机。

2. 试剂：$FeSO_4 \cdot 7H_2O$晶体，H_2SO_4（$2mol \cdot L^{-1}$，$6mol \cdot L^{-1}$），NaOH（$0.1mol \cdot L^{-1}$，$2mol \cdot L^{-1}$，$6mol \cdot L^{-1}$），$CoCl_2$（$0.1mol \cdot L^{-1}$），$NiSO_4$（$0.1mol \cdot L^{-1}$），$FeCl_3$（$0.1mol \cdot L^{-1}$），$FeSO_4$（$0.1mol \cdot L^{-1}$），HCl（$6mol \cdot L^{-1}$），氯水，$K_4[Fe(CN)_6]$（$0.1mol \cdot L^{-1}$），$K_3[Fe(CN)_6]$（$0.1mol \cdot L^{-1}$），碘水，KSCN（$0.5mol \cdot L^{-1}$），H_2O_2溶液（3%），NH_4Cl（$1mol \cdot L^{-1}$），浓氨水，NH_4SCN（$1mol \cdot L^{-1}$），$BaCl_2$（$0.1mol \cdot L^{-1}$），戊醇，乙醚，丁二酮肟。

3. 其他材料：淀粉碘化钾试纸。

四、实验内容

1. 铁、钴、镍氢氧化物的生成和性质

（1）在试管中加入2mL蒸馏水，再加入1～2滴$2mol \cdot L^{-1}$ H_2SO_4，煮沸片刻后在其中加入几粒$FeSO_4 \cdot 7H_2O$晶体，同时在另一支试管中煮1mL $2mol \cdot L^{-1}$ NaOH，迅速加到装有$FeSO_4$溶液的试管中（不要振摇），观察现象。取出部分沉淀检验$Fe(OH)_2$的酸碱性，然后摇匀，静置片刻，观察沉淀颜色的变化。

（2）取10滴$0.1mol \cdot L^{-1}$ $CoCl_2$溶液加热至沸，然后滴加$2mol \cdot L^{-1}$ NaOH，观察现象，不断振摇试管，观察沉淀颜色的变化。将沉淀分成三份，两份用来检验$Co(OH)_2$的酸碱性，一份静置，观察沉淀颜色的变化。

（3）在少量$0.1mol \cdot L^{-1}$ $NiSO_4$溶液中滴加$2mol \cdot L^{-1}$ NaOH，观察现象，将沉淀分成三份，两份用来检验$Ni(OH)_2$的酸碱性，一份静置，观察$Ni(OH)_2$在空气中放置时颜色是否会发生变化？

（4）在$0.1mol \cdot L^{-1}$ $FeCl_3$溶液中滴加$2mol \cdot L^{-1}$ NaOH，观察产物的颜色与状态，在沉淀中加入$6mol \cdot L^{-1}$ HCl至沉淀溶解，用湿润的淀粉碘化钾试纸检验有无氯气生成。

（5）取5滴$0.1mol \cdot L^{-1}$ $CoCl_2$溶液，加入3滴溴水，再加入$2mol \cdot L^{-1}$ NaOH，观察产物的颜色与状态，向沉淀中加入$6mol \cdot L^{-1}$ HCl，加热，观察现象，并用湿润的淀粉碘化钾试纸检验生成的气体。

（6）用$0.1mol \cdot L^{-1}$ $NiSO_4$代替$CoCl_2$，用同样方法制备$Ni(OH)_3$，并检验$Ni(OH)_3$与$6mol \cdot L^{-1}$ HCl作用的情况。

2. 二价铁、钴、镍的还原性和三价铁、钴、镍的氧化性

（1）铁(Ⅱ)、钴(Ⅱ)、镍(Ⅱ)的化合物的还原性

a. 酸性介质 往盛有 0.5mL 氯水的试管中加入 3 滴 6mol·L^{-1} H_2SO_4 溶液，然后滴加 $(NH_4)_2Fe(SO_4)_2$ 溶液，观察现象，写出反应式（如现象不明显，可滴加 1 滴 KSCN 溶液，出现红色，证明有 Fe^{3+} 生成）。

b. 碱性介质 在一试管中放入 2mL 蒸馏水和 3 滴 6mol·L^{-1} H_2SO_4 溶液煮沸，以赶尽溶于其中的空气，然后溶入少量硫酸亚铁铵晶体。在另一试管中加入 3mL 6mol·L^{-1} NaOH 溶液煮沸，冷却后，用一长滴管吸取 NaOH 溶液，插入 $(NH_4)_2Fe(SO_4)_2$ 溶液（直至试管底部），慢慢挤出滴管中的 NaOH 溶液，观察产物颜色和状态。振荡后放置一段时间，观察产物又有何变化，写出反应方程式。产物留待下面实验用。

c. 往两支分别盛有 5 滴 0.1mol·L^{-1} $CoCl_2$、5 滴 0.1mol·L^{-1} $NiSO_4$ 溶液的试管中滴加氯水，观察有何变化。

d. 在两支各盛有 5 滴 0.1mol·L^{-1} $CoCl_2$ 溶液的试管中分别加入 3 滴 2mol·L^{-1} NaOH 溶液，所得沉淀一份置于空气中，一份加入新配制的氯水，观察有何变化。第二份沉淀留待下面实验用。

e. 用 0.1mol·L^{-1} $NiSO_4$ 溶液按 b 实验方法操作，观察现象，第二份沉淀留待下面实验用。

(2) 铁(Ⅲ)、钴(Ⅲ)、镍(Ⅲ) 化合物的氧化性

a. 在前面实验中保留下来的氢氧化铁(Ⅲ)、氢氧化钴(Ⅲ) 和氢氧化镍(Ⅲ) 沉淀中均加入浓盐酸，振荡后各有何变化，并用淀粉碘化钾试纸检验所放出的气体，试写出相关反应的方程式。

b. 在上述制得的 $FeCl_3$ 溶液中加入 KI 溶液，再加入 CCl_4，振荡后观察现象，写出反应方程式。

3. 铁、钴、镍配位化合物的生成和性质

(1) 在少量 0.1mol·L^{-1} $K_4[Fe(CN)_6]$ 溶液和 0.1mol·L^{-1} $K_3[Fe(CN)_6]$ 溶液中分别滴加数滴 0.1mol·L^{-1} $FeCl_3$ 溶液、0.1mol·L^{-1} $FeSO_4$ 溶液。观察现象，写出有关的反应方程式。

(2) 向盛有 20 滴新配制的 $(NH_4)_2Fe(SO_4)_2$ 溶液的试管中加入 10 滴碘水，摇动试管后，将溶液分成两份，各滴入数滴 0.5mol·L^{-1} KSCN 溶液，然后向其中一支试管中注入约 0.5mL 3% H_2O_2 溶液，观察现象。

(3) 往盛有 0.5mL 0.1mol·L^{-1} $FeCl_3$ 的试管中，滴入浓氨水直至过量，观察沉淀是否溶解。

(4) 在少量 0.5mol·L^{-1} $CoCl_2$ 溶液中加入 1mol·L^{-1} NH_4Cl 和过量的浓氨水，观察实验现象。振荡后将上述混合溶液放置在空气中或加入 1～2 滴 H_2O_2，观察溶液颜色变化，并写出有关的反应方程式。

(5) 取少量 0.1mol·L^{-1} $CoCl_2$，滴入数滴 1mol·L^{-1} NH_4SCN，再加入 10 滴丙酮，记录溶液颜色变化。

(6) 在试管中加入 1mL 0.1mol·L^{-1} $NiSO_4$ 溶液，逐滴加入 6mol·L^{-1}氨水，边加边摇动试管，直至沉淀完全溶解后，再适当多加 2 滴氨水，然后将此溶液分成两份，一份加入适量的 0.1mol·L^{-1} $BaCl_2$ 溶液；另一份加入 0.1mol·L^{-1} NaOH 溶液，观察实验现象并说明原因。

4. Fe^{2+}、Fe^{3+}、Co^{2+}、Ni^{2+} 的鉴定方法

利用铁、钴、镍形成各种配合物的特征颜色来鉴定Fe^{2+}、Fe^{3+}、Co^{2+}、Ni^{2+}。

(1) 往盛有1mL亚铁氰化钾［六氰合铁(Ⅱ)酸钾］溶液的试管中，加入约0.5mL碘水，摇动试管后，滴入数滴硫酸亚铁铵溶液，有何现象发生？此为Fe^{2+}的鉴定反应。

(2) 往$FeCl_3$溶液中加入$0.1mol \cdot L^{-1}$ $K_4[Fe(CN)_6]$溶液，观察现象，写出反应方程式。这也是鉴定Fe^{3+}的一种常用方法。

(3) 往盛1mL $CoCl_2$溶液的试管里加入少量硫氰酸钾固体，观察固体周围的颜色。再加入0.5mL戊醇和0.5mL乙醚，振荡后，观察水相和有机相的颜色，这个反应可用来鉴定Co^{2+}。

(4) 在3滴$0.1mol \cdot L^{-1}$ $NiSO_4$溶液中，加入3滴$2mol \cdot L^{-1}$氨水，再加入一滴丁二酮肟，由于Ni^{2+}与丁二酮肟生成稳定的螯合物而产生红色沉淀。这个反应用来鉴定Ni^{2+}。

五、思考题

1. 总结并比较二价铁、钴、镍的氢氧化物的稳定性及Fe^{3+}、Co^{3+}、Ni^{3+}氧化能力的大小。
2. 一般如何制备Co^{3+}的配合物？是否用Co^{3+}和配位体直接形成配合物？
3. 铁系元素$M(OH)_3$与浓HCl作用的产物是否相同？
4. 如何保存$FeSO_4$溶液？

实验二十二 铜、银、锌、汞

一、实验目的

1. 掌握铜、银、锌、汞氢氧化物（或氧化物）的酸碱性。
2. 了解铜、银化合物的氧化还原性。
3. 掌握Cu(Ⅰ)与Cu(Ⅱ)的化合物，Hg(Ⅰ)与Hg(Ⅱ)的化合物存在及相互转化条件。
4. 了解铜、银、锌、汞的配合能力及常见配合物的性质。
5. 掌握Cu^{2+}、Ag^{+}、Zn^{2+}、Hg^{2+}、Hg_2^{2+}的鉴定方法。

二、仪器及试剂

1. 仪器：电热板，微型试管，烧杯，锥形瓶，表面皿，酒精灯，井穴板（九孔，六孔），石蕊试纸，离心机。

2. 试剂：HCl（$2mol \cdot L^{-1}$，浓），HNO_3（$2mol \cdot L^{-1}$，$6mol \cdot L^{-1}$），H_2SO_4（$1mol \cdot L^{-1}$），NaOH（$2mol \cdot L^{-1}$，$6mol \cdot L^{-1}$新配）、$NH_3 \cdot H_2O$（$2mol \cdot L^{-1}$，浓）、H_2O_2（3%），NH_4Cl（$1mol \cdot L^{-1}$，$0.1mol \cdot L^{-1}$），NaCl（$0.1mol \cdot L^{-1}$），Na_2S（$0.1mol \cdot L^{-1}$），$Na_2S_2O_3$（$0.1mol \cdot L^{-1}$，$0.5mol \cdot L^{-1}$），KBr（$0.1mol \cdot L^{-1}$），KSCN（饱和），KI（$0.1mol \cdot L^{-1}$，饱和，固体），$K_4[Fe(CN)_6]$（$0.1mol \cdot L^{-1}$），$SnCl_2$（$0.5mol \cdot L^{-1}$），$AgNO_3$（$0.1mol \cdot L^{-1}$），$CuSO_4$（$0.1mol \cdot L^{-1}$），$CuCl_2$（$0.5mol \cdot L^{-1}$），$ZnSO_4$（$0.1mol \cdot L^{-1}$），$Hg(NO_3)_2$（$0.1mol \cdot L^{-1}$），$Hg_2(NO_3)_2$（$0.1mol \cdot L^{-1}$），葡萄糖（10%），二苯硫腙，铜屑，锌粒，KSCN（s）。

三、实验内容

1. Cu^{2+}、Ag^{+}、Zn^{2+}、Hg^{2+}、Hg_2^{2+} 氢氧化物的生成与性质

(1) 在 5 支试管中依次加入 3 滴浓度为 0.1mol·L^{-1} $AgNO_3$ 溶液、$CuSO_4$ 溶液、$ZnSO_4$ 溶液、$Hg_2(NO_3)_2$、$Hg(NO_3)_2$ 溶液、然后各加 2 滴 2mol·L^{-1}的 NaOH 溶液，振荡，观察沉淀的颜色及状态，再滴加相应的稀酸，振荡，观察现象。

(2) 将上述沉淀再做一份，分别向试管中滴加 6mol·L^{-1}的 NaOH 溶液，观察这些沉淀与碱的作用。

(3) 另制一份 $Cu(OH)_2$ 沉淀，在酒精灯上加热，观察现象（6mol·L^{-1} NaOH 溶液需新配）。

将以上反应产物及其性质列表进行比较并得出结论，写出相关化学反应方程式。

2. Cu^{2+}、Ag^{+}、Zn^{2+}、Hg^{2+}、Hg_2^{2+} 与氨生成配合物

在 5mL 井穴板的五个孔穴中依次加入 2 滴浓度为 0.1mol·L^{-1} $AgNO_3$ 溶液、$CuSO_4$ 溶液、$ZnSO_4$ 溶液、$Hg(NO_3)_2$ 溶液、$Hg_2(NO_3)_2$，然后各加 2 滴 2mol·L^{-1} $NH_3 \cdot H_2O$ 溶液，边滴加边摇动，观察实验现象（对于 Hg^{2+}，需加数滴浓 $NH_3 \cdot H_2O$ 溶液及 1mol·L^{-1} NH_4Cl 溶液），再滴加相应的稀酸，观察实验现象？在微型试管中另做一份铜氨溶液，加热煮沸，观察现象，用石蕊试纸检验逸出的气体。

将以上反应的产物及其性质列表进行比较并得出结论，写出相关化学反应方程式。

3. Cu(Ⅱ) 的氧化性及 Cu(Ⅱ) 与 Cu(Ⅰ) 的相互转化

(1) Cu_2O 的生成与性质

在洁净的试管中加 5 滴 0.1mol·L^{-1} $CuSO_4$ 溶液，加入过量的 6mol·L^{-1} NaOH 溶液(需新配)，待生成的沉淀全部溶解后，再加 0.5mL 的葡萄糖溶液，摇匀，水浴加热，观察沉淀的颜色及状态，离心分离，将沉淀用蒸馏水洗涤并分成两份，一份加入 1mol·L^{-1} H_2SO_4 溶液，另一份加入浓 $NH_3 \cdot H_2O$ 溶液，观察现象，静置 10min，再观察现象，并加以解释。

(2) CuCl 的生成与性质

在锥形瓶中加 10mL 0.5mol·L^{-1} $CuCl_2$ 溶液、3mL 浓 HCl 及少量的铜屑，于电热板上加热，观察溶液颜色由黄棕色——深棕色——表面生成白膜（溶液已很少），将全部溶液迅速转入盛有 50mL 蒸馏水的烧杯中，观察沉淀的生成，静置数分钟，倾出溶液，用蒸馏水洗涤沉淀。取少量的沉淀，分别与浓 $NH_3 \cdot H_2O$ 溶液和浓 HCl 反应，观察沉淀是否溶解，放置片刻后，溶液的颜色有何变化？并解释试验现象。

(3) CuI 的生成与性质

在离心试管中加 2 滴 0.1mol·L^{-1} $CuSO_4$ 溶液，然后滴加 0.1mol·L^{-1} KI 溶液，观察现象，再滴加少量的 0.1mol·L^{-1} $Na_2S_2O_3$ 溶液（以除去反应中生成的碘，切勿多加，以免沉淀溶解)，离心分离并洗涤沉淀，观察沉淀的颜色，向沉淀中加入饱和的 KI 溶液至沉淀刚好溶解，加水稀释，观察并解释实验现象。

根据以上实验，总结 Cu(Ⅱ) 与 Cu(Ⅰ) 的化合物的存在条件及相互转化关系。

4. 银的化合物

(1) 银的沉淀及配合物的生成与性质

在离心试管中加 5 滴 0.1mol·L^{-1} NaCl 溶液，用 1 滴 6mol·L^{-1} HNO_3 酸化，再滴加 0.1mol·L^{-1} $AgNO_3$ 溶液，待沉淀完全后，水浴加热，离心分离，洗涤沉淀，然后边振荡

边滴加 1mol·L^{-1}的 $NH_3·H_2O$ 溶液，观察沉淀是否溶解，再加 1 滴 0.1mol·L^{-1} NaCl 溶液，观察现象，再滴加 0.1mol·L^{-1} KBr 溶液，观察有无沉淀，若有沉淀，离心分离，洗涤沉淀，在沉淀中滴加 0.5mol·L^{-1}的 $Na_2S_2O_3$ 溶液充分振荡，观察沉淀是否溶解，再加 1 滴 0.1mol·L^{-1} KBr 溶液，观察现象，再滴加 0.1mol·L^{-1}的 KI 溶液，观察有无沉淀，若有沉淀，离心分离，洗涤沉淀，再滴加 3～5 滴蒸馏水及少量的 KI 固体，观察现象。再滴加 0.5mol·L^{-1} Na_2S 溶液，观察沉淀颜色的变化，通过 K_{sp}计算相关反应的平衡常数，并说明反应进行的方向。

(2) Ag^+的氧化性（银镜反应）

在洁净的试管内加入 10 滴 0.1mol·L^{-1} $AgNO_3$ 溶液，滴加 2mol·L^{-1} NaOH 溶液，至生成沉淀，沉淀完全后滴加 2mol·L^{-1} $NH_3·H_2O$ 溶液至生成的沉淀完全溶解，然后加入 4 滴 10%的葡萄糖溶液，混匀后水浴加热（50℃左右，注意加热的过程中不要摇动），观察试管内壁的实验现象，解释上述现象并写出相关的化学反应方程式。

5. $K_2[HgI_4]$ 的生成与应用

(1) 向盛有 2 滴 0.1mol·L^{-1} $Hg(NO_3)_2$ 溶液中，滴加 0.1mol·L^{-1} KI 溶液，观察沉淀的生成及颜色，继续加过量的 KI 溶液（或 KI 固体）至沉淀刚好溶解，再加与以上溶液同体积的 6mol·L^{-1}的 NaOH 溶液，即为萘斯勒试剂。

(2) 在 0.7mL 井穴板的孔穴中加 1 滴 0.1mol·L^{-1} NH_4Cl 溶液，再滴加 1 滴自制的萘斯勒试剂。观察现象，或用奈斯勒试剂湿润的滤纸检验逸出的气体。

(3) 在 0.7mL 井穴板的孔穴中加 2 滴 0.1mol·L^{-1} $Hg(NO_3)_2$ 溶液，滴加 0.1mol·L^{-1} KI 溶液，有何现象？再加入过量的饱和 KI 溶液（或 KI 固体），振荡，静置片刻，观察实验现象。

6. Cu^{2+}、Ag^+、Zn^{2+}、Hg_2^{2+} 的鉴定反应（可与实验 8 一起做）

(1) Cu^{2+}的鉴定

取 2 滴 0.1mol·L^{-1} $CuSO_4$ 溶液，加入 2 滴 0.1mol·L^{-1} $K_4[Fe(CN)_6]$ 溶液，生成红褐色 $Cu_2[Fe(CN)_6]$ 沉淀，向沉淀中加入 6mol·L^{-1} $NH_3·H_2O$ 溶液，沉淀溶解，溶液呈蓝色。

(2) Ag^+的鉴定

配制 $[Ag(NH_3)_2]^+$后，滴加 2 滴 0.1mol·L^{-1} KI 溶液，有黄色 AgI 沉淀生成（见卤素中 Cl^-的鉴定）。

(3) Zn^{2+}的鉴定

a. 在试管中加 1 滴 0.1mol·L^{-1} $ZnSO_4$溶液中，加入 5 滴 6mol·L^{-1} NaOH 溶液，再加入 1～2 滴二苯硫腙溶液，振荡并水浴加热，溶液呈粉红色。

b. 在试管中加 2 滴 0.1mol·L^{-1} $Hg(NO_3)_2$ 溶液，加入少量的固体 KSCN 直至呈浅红色溶液，再滴加 1 滴 0.1mol·L^{-1} NH_4Cl 溶液，配成 $(NH_4)_2[Hg(SCN)_4]$ 溶液，最后加 2 滴 0.1mol·L^{-1}的 $ZnSO_4$ 溶液，有白色 $Zn[Hg(SCN)_4]$ 沉淀生成。

(4) Hg^{2+}、Hg_2^{2+} 的鉴定

a. 在 2 滴 0.1mol·L^{-1}的 $Hg(NO_3)_2$ 溶液中，逐滴加入 0.1mol·L^{-1} $SnCl_2$ 溶液，边滴加边振荡，先有白色沉淀继而转化成灰黑色沉淀。

b. 在 2 滴 0.1mol·L^{-1} $Hg_2(NO_3)_2$ 溶液中，滴加 2 滴 2mol·L^{-1} $NH_3·H_2O$ 溶液，生成灰色沉淀（$HgNH_2NO_3$ 与 Hg）。用 $Hg(NO_3)_2$ 溶液做一份与之对比，现象有何不同？

7. H_2O_2 的催化分解

在三支试管中各加 1mL 3% H_2O_2，然后在第一份中加入 1 滴 0.1mol·L^{-1} $AgNO_3$ 溶液，在第二份中加 1 颗 Zn 粒，在第三份中加 1 滴 0.1mol·L^{-1} $AgNO_3$ 溶液和 1 颗 Zn 粒，比较不同条件下 H_2O_2 的分解快慢。

8. 分离与鉴定（选做）

设计分离并鉴定可能含有 Cu^{2+}、Ag^+、Zn^{2+}、Hg^{2+}、Hg_2^{2+} 的混合液。

四、注意事项

1. 银氨配合物不能储存，因久置（天热时不到 24h）会产生具有爆炸性的氮化银，可加盐酸，破坏溶液中的银氨配离子，使其转化为 AgCl 再回收。

2. 在微型试管中发生银镜反应生成的银，可用稀硝酸溶解后回收。

3. 金属汞易挥发，并通过呼吸道进入人体，逐渐积累会引起慢性中毒，所以在进行金属汞的实验时应特别小心，避免将汞洒落在桌面或者地上。若不小心洒落，必须尽可能收集起来，并用硫黄粉盖在洒落的地方，使汞转化为不挥发的硫化汞。

4. 对重金属离子液体的处理，最有效、最经济的方法是加碱或者加 Na_2S 将重金属离子转变成难溶的氢氧化物或硫化物而沉淀下来，过滤分离。

五、思考题

1. 用平衡原理判断在 $Hg(NO_3)_2$ 溶液中通入 H_2S 气体后生成的沉淀是什么，为什么？

2. 现有三瓶已失标签的 $Hg(NO_3)_2$ 溶液、$Hg_2(NO_3)_2$ 溶液和 $AgNO_3$ 溶液，试加以鉴别（至少写出两种方法）。

实验二十三 铝、锡、铅

一、实验目的

1. 掌握锡(Ⅱ)、铅(Ⅱ) 氢氧化物的酸碱性及铝的两性；
2. 掌握锡(Ⅱ) 的还原性和铅(Ⅳ) 的氧化性；
3. 掌握铝(Ⅲ)、锡(Ⅱ，Ⅳ)、铅(Ⅱ) 盐的水解性质；
4. 熟练掌握锡、铅硫化物的难溶性，了解铝的其他难溶化合物及性质；
5. 掌握铝(Ⅲ)、锡(Ⅱ，Ⅳ)、铅(Ⅱ) 的鉴定反应。

二、仪器及试剂

1. 仪器：试管，离心试管，井穴板，蒸发皿，砂纸，pH 试纸，淀粉碘化钾试纸，$PbAc_2$ 试纸。

2. 试剂：盐酸（2mol·L^{-1}，6mol·L^{-1}），HNO_3（6mol·L^{-1}，浓），H_2SO_4（3mol·L^{-1}，浓），H_2S（饱和），NaOH（2mol·L^{-1}，6mol·L^{-1}），$NH_3 \cdot H_2O$（2mol·L^{-1}），NH_4Cl（饱和），$(NH_4)_2S$（饱和），NaAc（饱和），Na_2S（1mol·L^{-1}），Na_2CO_3（饱和），KI（0.1mol·L^{-1}，饱和），K_2CrO_4（0.5mol·L^{-1}），$Al_2(SO_4)_3$（0.5mol·L^{-1}，饱和），$SnCl_2$（0.1mol·L^{-1}），$SnCl_4$（0.1mol·L^{-1}），$Pb(NO_3)_2$（0.1mol·L^{-1}），$Bi(NO_3)_3$（0.1mol·L^{-1}），$HgCl_2$（0.1mol·L^{-1}），$MnSO_4$（0.02mol·L^{-1}，饱和），$(NH_4)_2S_x$ 溶

液，铝试剂，PbO_2(s)，Pb_3O_4(s)，$SnCl_2 \cdot 2H_2O$（晶体），锡粒，铝片。

三、实验内容

1. 铝的两性（选做）

（1）金属铝的性质

a. 取五小块用砂纸擦净的铝片，分别置于盛有 6 滴蒸馏水、$2mol \cdot L^{-1}$ HCl 溶液、$2mol \cdot L^{-1}$ NaOH 溶液、饱和 NH_4Cl 溶液和 Na_2CO_3 溶液中，观察现象（常温下若反应不明显，可适当加热）。

b. 取一小块铝片放入盛有 5 滴冷的浓 H_2SO_4 中，观察现象，水浴加热后，又有什么变化？检查放出的气体。

（2）氢氧化铝的制备和两性

a. 在三支试管中各加入 2 滴 $0.1mol \cdot L^{-1}$ $Al_2(SO_4)_3$ 溶液，然后再各滴加 3 滴 $2mol \cdot L^{-1}$ $NH_3 \cdot H_2O$ 溶液，观察产物的颜色和状态。

b. 在第一支试管中加入过量 $2mol \cdot L^{-1}$ $NH_3 \cdot H_2O$ 溶液，在第二支试管中逐滴滴加 $2mol \cdot L^{-1}$ NaOH 溶液，在第三支试管中逐滴滴加 $2mol \cdot L^{-1}$ HCl 溶液，观察各有什么现象？写出化学反应方程式，并总结结论。

2. 铝盐的水解与氯化亚锡的水解

（1）在离心试管中加入 5 滴 $Al_2(SO_4)_3$ 饱和溶液，再加 5 滴饱和 $(NH_4)_2S_x$ 溶液，观察现象，检验产生的气体，沉淀是什么物质，如何验证？

（2）取少量 $SnCl_2 \cdot 2H_2O$ 晶体（观察形状）于试管中，加入蒸馏水放置 2～3min，观察现象，并测出溶液的 pH 值，写出化学反应方程式，并加以解释。

3. 锡、铅氢氧化物的生成和酸碱性

（1）在两支试管中各加 5 滴 $0.1mol \cdot L^{-1}$ $SnCl_4$ 溶液，再分别加入 $2mol \cdot L^{-1}$ NaOH 溶液，振荡后观察是否有白色沉淀生成。

（2）在上述两份沉淀中分别滴加 $2mol \cdot L^{-1}$ NaOH 溶液及 HCl 溶液，沉淀是否溶解（加 NaOH 后的溶液保留供本实验步骤 5 用）？

（3）用 $Pb(NO_3)_2$（$0.1mol \cdot L^{-1}$）代替 $0.1mol \cdot L^{-1}$ $SnCl_4$ 溶液进行同样的实验，$Pb(OH)_2$ 是否呈两性？（检验其碱性应用什么酸）？

总结锡(Ⅱ)、铅(Ⅱ）氢氧化物的酸碱性。

4. α-锡酸和β-锡酸

（1）α-锡酸的生成和性质

在两支盛有 3 滴 $0.1mol \cdot L^{-1}$ $SnCl_4$ 溶液的离心试管中滴加 $2mol \cdot L^{-1}$ NaOH 溶液，观察产物的颜色和状态，离心分离，弃去清液，分别将它们与 $2mol \cdot L^{-1}$ NaOH 溶液及 HCl 溶液反应。

（2）β-锡酸的生成和性质（选做）

取一锡粒放入蒸发皿中，滴加 15 滴浓硝酸，微热（在通风橱内进行），观察反应现象（产物的颜色和状态等），将产物分成两份，分别与 $2mol \cdot L^{-1}$ NaOH 溶液及 HCl 溶液反应。

试根据实验结果比较α-锡酸和β-锡酸的化学活性。

5. 锡(Ⅱ）化合物的还原性和铅(Ⅱ）化合物的氧化性

（1）$SnCl_4$ 的还原性

在盛有 2 滴 $HgCl_2$（$0.1mol \cdot L^{-1}$）溶液的井穴中逐滴滴加 $0.1mol \cdot L^{-1}$ $SnCl_2$ 溶液，有

什么现象发生？继续滴加过量的 $SnCl_2$ 溶液，并不断搅拌，然后放置 2～3min，又有什么变化？此反应常用于 Sn^{2+} 和 Hg^{2+} 的鉴定。

（2）亚锡酸的还原性

取实验 3 中自制的亚锡酸钠，滴加 $Bi(NO_3)_3$（$0.1mol \cdot L^{-1}$）溶液，观察现象（此反应用于 Bi^{3+} 的鉴定）。

（3）PbO_2 的氧化性

a. 取少量的 PbO_2 固体于试管中，滴加 5 滴浓盐酸。水浴加热，将湿润的淀粉碘化钾试纸移近管口，检验气体产物。

b. 取少量的 PbO_2 固体于试管中，滴加 5 滴 $3mol \cdot L^{-1}$ H_2SO_4 溶液和 1 滴 $0.01mol \cdot L^{-1}$ $MnSO_4$ 溶液，微热，静置片刻，观察上层溶液颜色的变化，写出化学反应方程式，通过能斯特方程计算讨论反应的可能性。

6. 铅的难溶化合物的生成及性质

（1）氯化铅

a. 在盛有 4 滴蒸馏水的两支试管中各加 3 滴 $0.5mol \cdot L^{-1}$ 的 $Pb(NO_3)_2$ 溶液，3 滴 $2mol \cdot L^{-1}$ HCl 溶液，观察产物的颜色和状态。

b. 将一支试管加热，观察沉淀是否溶解？溶液自然冷却后，又有什么变化？试说明氧化铅的溶解度与温度的关系。

c. 将另一支试管上层清液倾出，在沉淀中逐滴滴加浓盐酸，振荡，观察沉淀变化情况。

（2）碘化铅

a. 在盛有 3 滴蒸馏水和 2 滴 $0.1mol \cdot L^{-1}$ $Pb(NO_3)_2$ 溶液的试管中加 2 滴 $0.1mol \cdot L^{-1}$ KI 溶液，观察产物的颜色及状态，将沉淀和溶液一起加热，观察现象，冷却后，再观察颜色和状态。

b. 同样的方法制备一份 PbI_2 沉淀，在沉淀中加过量的饱和 KI 溶液，观察并解释实验现象。

（3）铬酸铅

在盛有 3 滴 $0.1mol \cdot L^{-1}$ $Pb(NO_3)_2$ 溶液的试管中加 2 滴 $0.5mol \cdot L^{-1}$ K_2CrO_4 溶液，有黄色沉淀生成，离心分离，将沉淀分成两份，向一份中加 $6mol \cdot L^{-1}$ HNO_3 溶液，另一份加 $6mol \cdot L^{-1}$ NaOH 溶液，观察现象（此反应可作为 Pb^{2+} 的鉴定反应）。

（4）硫酸铅

在盛有 3 滴 $0.1mol \cdot L^{-1}$ $Pb(NO_3)_2$ 溶液的试管中加 2 滴 $3mol \cdot L^{-1}$ H_2SO_4 溶液，有白色沉淀生成，离心分离，弃去清液，向沉淀中滴加饱和的 NaAc 溶液，微热，并不断搅拌，沉淀是否溶解？

解释上述现象，写出化学反应方程式。

7. 锡/铅硫化物的性质（选做）

（1）锡(Ⅱ)与锡(Ⅳ)硫化物的生成及性质

在四支离心试管中各加 2 滴 $0.1mol \cdot L^{-1}$ $SnCl_2$ 溶液，在另四支离心试管中各加 2 滴 $0.1mol \cdot L^{-1}$ $SnCl_4$ 溶液，然后在每支试管中分别滴加 H_2S 饱和溶液，微热，观察沉淀的颜色有何不同，离心分离后分别将所得沉淀与 $2mol \cdot L^{-1}$ HCl 溶液、浓硝酸、$1mol \cdot L^{-1}$ Na_2S 溶液及多硫化铵溶液的反应，观察沉淀是否溶解，并用 $PbAc_2$ 试纸检验加酸的试管是否有气体放出？

(2) 铅(Ⅱ) 的硫化物的生成及性质

取四支洁净的离心试管，各加 3 滴 0.1mol·L^{-1}的 $Pb(NO_3)_2$ 溶液，然后滴加 H_2S 饱和溶液，微热，观察沉淀的颜色，同上操作，观察沉淀是否溶于 2mol·L^{-1} HCl 溶液、浓硝酸、1mol·L^{-1} Na_2S 溶液及多硫化铵溶液中。将以上实验结果填入表 6-1。

表 6-1 锡/铅硫化物的性质

名称	颜色	2mol·L^{-1} HCl	浓硝酸	1mol·L^{-1} Na_2S	多硫化铵	K_{sp}
SnS						
SnS_2						
PbS						

结论：________________________

8. Al^{3+}的鉴定

在试管中加入 2 滴 0.5mol·L^{-1} $Al_2(SO_4)_3$ 溶液，再滴加 5 滴 3mol·L^{-1} NH_4Ac 溶液和 5 滴 2mol·L^{-1} $NH_3·H_2O$ 溶液，使其接近中性，然后加入 1～2 滴铝试剂，搅拌后微热，有鲜红色沉淀生成，则表明 Al^{3+} 的存在。

9. 分离与鉴定（选做）

确定铅丹（Pb_3O_4）的化学组成。

自己设计实验步骤，证实 Pb_3O_4 中含有 Pb(Ⅱ) 与 Pb(Ⅳ)。

四、思考题

1. 实验中配制 $SnCl_2$ 溶液时为什么既要加盐酸又要加锡粒？
2. 为什么 SnS 溶于多硫化铵，而 SnS_2 不溶？SnS 不溶于 Na_2S，而 SnS_2 溶于 Na_2S？
3. 如何鉴别下列各组物质？

$PbSO_4$ 与 $BaSO_4$，$BaCrO_4$ 与 $PbCrO_4$，SnS_2 与 PbS。

实验二十四 常见阳离子的定性分析

一、实验目的

1. 熟悉定性分析的操作方法和仪器。
2. 掌握常见阳离子的鉴定方法。

二、实验原理

1. 定性分析基础知识

(1) 鉴定反应进行的条件：用来鉴定待检离子的反应称为鉴定反应。鉴定反应必须具有明显的外观特征，如溶液颜色的改变、沉淀的生成或溶解、有气体产生等。为保证鉴定反应得到正确的实验结果，鉴定反应必须在一定的条件下进行。常需控制的条件是溶液的酸度、温度、反应离子的浓度、催化剂和溶剂等。

(2) 鉴定反应的灵敏度：鉴定反应的灵敏度常用检出限量和最低浓度表示。检出限量是指在一定条件下，利用某反应能检出的某离子的最小质量，单位是 μg。最低浓度是指在一定条件下，被检离子能得到肯定结果的最低浓度，单位是 μg·mL^{-1}。

(3) 分别分析法：在其他离子共存时，不需要分离，直接检出待检离子的方法称为分别分析法。

(4) 系统分析法：对于复杂的待检试样，需先用几种试剂将溶液中几种性质相近的离子分为若干组，然后在每一组中用适当的反应鉴定待检离子，这种方法称为系统分析法。

(5) 空白试验：用蒸馏水代替试液，用同样的方法在同样条件下的试验，称为空白试验。其目的是检验试剂或蒸馏水中是否含有被检验离子。

(6) 对照试验：用已知溶液代替试液，用同样的方法在同样条件下进行的试验，称为对照试验。其目的是检验试剂是否失效或反应条件是否控制正确。

2. 阳离子分析方法

(1) 观察样品：接到样品后，首先根据样品的来源，分析其可能组成，然后对样品进行观察（样品为溶液时需观察其颜色、气味、酸碱性、是否混有固态颗粒等，若为固体，观察其颜色、光泽和均匀程度等），确定其可能组成。

(2) 预备试验：对样品进行灼烧试验、焰色试验和溶解试验，进一步确定其可能组成。

(3) 试液的制备：根据溶解试验，选择合适的溶剂，制备成阳离子分析试液。

(4) 选择鉴定方法：根据试样的实际情况，选择合适的鉴定方法。

(5) 分析结果的判断：根据各步骤的分析结果，作出总的结论。总的结论必须能解释每一步骤的实验现象。

3. 常见阳离子的鉴定反应

阳离子的数目很多，根据实际情况，本实验仅学习 NH_4^+、Ag^+、Pb^{2+}、Cu^{2+}、Hg^{2+}、Al^{3+}、Fe^{3+}、Fe^{2+}、Zn^{2+}、Ba^{2+}、Ca^{2+}、Mg^{2+}、Mn^{2+}、Na^+、K^+ 等 15 种阳离子的鉴定方法（见实验内容）。

三、仪器及试剂

1. 仪器：离心机，离心试管，点滴板，表面皿，酒精灯，烧杯。

2. 试剂：盐酸（$3mol \cdot L^{-1}$），硝酸（$2mol \cdot L^{-1}$），氨水（$2mol \cdot L^{-1}$），氢氧化钠（$2mol \cdot L^{-1}$，$6mol \cdot L^{-1}$），醋酸（$2mol \cdot L^{-1}$），铬酸钾（$1mol \cdot L^{-1}$），二苯硫腙的四氯化碳溶液（0.01%），酒石酸钾钠（$1mol \cdot L^{-1}$），亚铁氰化钾（$0.2mol \cdot L^{-1}$），铁氰化钾（$0.2mol \cdot L^{-1}$），二氯化锡（$0.5mol \cdot L^{-1}$），茜素红 S 溶液（0.1%），硫氰酸铵饱和溶液，邻二氮菲（0.2%），二氯化钴（0.02%），玫瑰红酸钠（0.2%），草酸铵（$0.2mol \cdot L^{-1}$），乙醇（95%），镁试剂Ⅰ（0.2%），四苯硼化钠（0.3%），亚硝酸钴钠（$0.1mol \cdot L^{-1}$），醋酸铀酰锌溶液（10%），$(NH_4)_2[Hg(SCN)_4]$ 溶液，萘斯勒试剂，铋酸钠（固体）。常见阳离子试液的浓度均为 $0.1mol \cdot L^{-1}$。

四、实验内容

1. NH_4^+ 的鉴定

(1) 气室法

将一块湿润的 pH 试纸贴在一表面皿的中央，再在另一表面皿中加入 2 滴 NH_4^+ 试液和 2 滴 $2mol \cdot L^{-1}$ NaOH 溶液，然后迅速将两块表面皿扣在一起做成气室，并放在水浴中加热，若 pH 试纸变为碱色（pH 值在 10 以上），表示有 NH_4^+ 存在。

(2) 萘斯勒法

在点滴板上滴一滴 NH_4^+ 试液，再加 2 滴萘斯勒试剂，若出现红棕色沉淀，表示有 NH_4^+ 存在。

2. Ag^+的鉴定

在离心试管中滴加5滴Ag^+试液和3滴3mol·L^{-1} HCl溶液，生成白色沉淀，将沉淀离心分离，在沉淀上滴加2mol·L^{-1}氨水，使沉淀溶解，在沉淀溶解后的溶液中滴加2mol·L^{-1}硝酸溶液，如有白色沉淀，表示有Ag^+存在。

3. Pb^{2+}鉴定

(1) K_2CrO_4法

在离心试管中滴加2滴Pb^{2+}试液和2滴1mol·L^{-1} K_2CrO_4，若生成黄色沉淀，表示有Pb^{2+}存在。

(2) 二苯硫腙法

在离心试管中依次加入1滴Pb^{2+}试液和2滴1mol·L^{-1}酒石酸钾钠，再滴加6mol·L^{-1}氨水至溶液的pH值为9～11，加入5滴0.01%二苯硫腙，用力振荡，若下层（四氯化碳层）呈红色，表示有Pb^{2+}存在。

4. Cu^{2+}的鉴定

在离心试管中滴加1滴Cu^{2+}试液和1滴0.2mol·L^{-1}亚铁氰化钾溶液，若生成红棕色沉淀，表示有Cu^{2+}存在。

5. Hg^{2+}的鉴定

在离心试管中滴加2滴Hg^{2+}试液和2滴0.5mol·L^{-1}氯化亚锡溶液，若生成白色沉淀，并逐渐转变为灰色或黑色沉淀，表示有Hg^{2+}存在。

6. Al^{3+}的鉴定

在滤纸的同一位置上依次滴加1滴Al^{3+}试液，1滴0.1%茜素红S试液，1滴6mol·L^{-1}氨水，若生成红色斑点，表示有Al^{3+}存在。

7. Fe^{3+}的鉴定

(1) 亚铁氰化钾法

在点滴板上滴加1滴Fe^{3+}试液和1滴0.2mol·L^{-1}亚铁氰化钾试液，生成深蓝色沉淀，表示有Fe^{3+}存在。

(2) 硫氰酸铵法

在点滴板上滴加1滴Fe^{3+}试液和2滴饱和硫氰酸铵试液，生成血红色沉淀，表示有Fe^{3+}存在。

8. Fe^{2+}的鉴定

(1) 铁氰化钾法

在点滴板上滴加1滴新配制的Fe^{2+}试液和3滴0.2mol·L^{-1}铁氰化钾试液，生成深蓝色沉淀，表示有Fe^{2+}存在。

(2) 邻二氮菲法

在点滴板上滴加1滴新配制的Fe^{2+}试液和3滴2%邻二氮菲试液（反应的pH值在2～9范围内），若溶液变为橘红色，表示有Fe^{2+}存在。

9. Zn^{2+}的鉴定

在点滴板上滴加2滴0.02% $CoCl_2$试液和2滴$(NH_4)_2[Hg(SCN)_4]$试液，用玻璃棒搅动此溶液，此时不生成蓝色沉淀。滴加1滴Zn^{2+}试液，若立即生成蓝色沉淀，表示有Zn^{2+}存在。

10. Ba^{2+}的鉴定

(1) K_2CrO_4 法

在离心试管中滴加 2 滴 Ba^{2+} 试液、2 滴 2mol·L^{-1} HAc 和 2 滴 1mol·L^{-1} K_2CrO_4 溶液，生成黄色沉淀，将沉淀离心分离，再在沉淀上滴加 3 滴 2mol·L^{-1} NaOH，沉淀不溶解，表示有 Ba^{2+}存在。

(2) 玫瑰红酸钠法

在离心试管中滴加 1 滴 Ba^{2+} 试液和 2 滴 0.2%玫瑰红酸钠，生成红棕色沉淀，再加入 3mol·L^{-1} HCl 至强酸性，沉淀变为桃红色，表示有 Ba^{2+} 存在。

11. Ca^{2+}的鉴定

在离心试管中滴加 1 滴 Ca^{2+} 试液和 5 滴 0.2mol·L^{-1} $(NH_4)_2C_2O_4$ 溶液，用 2mol·L^{-1}氨水调至碱性，在水浴上加热，生成白色沉淀，表示有 Ca^{2+}存在。

12. Mg^{2+}的鉴定

在点滴板上滴加 1 滴 Mg^{2+} 试液、1 滴 6mol·L^{-1} NaOH 和 2 滴 0.2%镁试剂Ⅰ溶液，搅匀后如有天蓝色沉淀生成，表示有 Mg^{2+}存在。

13. Mn^{2+}的鉴定

在离心试管中加入 1 滴 Mn^{2+} 试液，用 5～10 滴蒸馏水稀释，取稀释后的 Mn^{2+} 试液 2 滴于另一个离心试管中，加 3 滴 2mol·L^{-1} HNO_3 和少量固体铋酸钠，搅动后离心，若溶液呈紫红色，表示有 Mn^{2+} 存在。

14. Na^+的鉴定

在离心试管中加入 1 滴 Na^+ 试液、4 滴 95%乙醇和 8 滴醋酸铀酰锌溶液，用玻璃棒摩擦管壁，若生成淡黄色晶状沉淀，表示有 Na^+ 存在。

15. K^+的鉴定

(1) $Na_3[Co(NO_2)_6]$ 法

在离心试管中加入 1 滴 K^+ 试液和 2 滴 0.1mol·L^{-1} $Na_3[Co(NO_2)_6]$ 溶液，若有黄色沉淀生成，表示有 K^+ 存在。

(2) 四苯硼化钠法

在离心试管中加入 1 滴 K^+ 试液和 3 滴 3%四苯硼化钠溶液，若有白色沉淀生成，表示有 K^+ 存在。

写出上述鉴定反应的方程式和主要特征。

五、思考题

1. 影响鉴定反应的因素有哪些？
2. 用醋酸铀酰锌法鉴定 Na^+，加入乙醇的作用是什么？
3. 若某一试液清亮无色，哪些阳离子不可能存在？

实验二十五　常见阴离子的定性分析

一、实验目的

1. 掌握常见阴离子的鉴定原理和方法。

2. 熟悉阴离子混合液的分离和鉴定。

二、实验原理

1. 阴离子分析试液的制备

在酸性溶液中，由于部分阴离子能生成气体逸出或相互反应改变价态，且不少阳离子对阴离子的鉴定反应有干扰，因此，阴离子分析试液常制成碱性溶液。溶解时不能加入氧化剂或还原剂，并设法除去金属离子。通常将分析试样与饱和的碳酸钠溶液共煮，利用复分解反应，使阴离子进入溶液，过滤除去阳离子的碳酸盐沉淀，即得阴离子分析试液。

2. 阴离子的初步检验

在水溶液中，非金属元素常以简单或复杂离子的形式存在，其性质具有下列特点。

a. 大多数阴离子鉴定反应相互干扰较少。

b. 阴离子之间往往有相互作用，所以同一试样中共存的阴离子不会太多。

c. 部分阴离子在酸性溶液中不能稳定存在。

由于阴离子的上述性质，可利用稀硫酸、氯化钡和硝酸银等试剂判断哪些离子可能存在，哪些离子不可能存在。对于氧化性或还原性离子，可以用还原性或氧化性试剂检验其是否存在。

3. 常见阴离子的鉴定反应

阴离子通常由非金属元素组成。非金属元素的种类虽不是很多，但阴离子多数是由两种或两种以上元素构成的复杂离子，所以阴离子的数量也不少。本实验仅学习 CO_3^{2-}、Cl^-、Br^-、I^-、S^{2-}、SO_4^{2-}、NO_3^-、$NO_2{}^-$、CN^-、PO_4^{3-} 等 10 种阴离子的鉴定方法（见实验内容）。

三、仪器和试剂

1. 仪器：离心机，离心试管，点滴板，酒精灯，试管，蒸发皿，烧杯，石棉网，胶头滴管等。

2. 试剂：HCl（$6mol\cdot L^{-1}$），HNO_3（$2mol\cdot L^{-1}$，浓），HAc（$6mol\cdot L^{-1}$），H_2SO_4（$2mol\cdot L^{-1}$，浓），$CuSO_4$（$0.1mol\cdot L^{-1}$），Na_2S（$0.05mol\cdot L^{-1}$），$AgNO_3$（$0.1mol\cdot L^{-1}$），氨水（$2mol\cdot L^{-1}$，$6mol\cdot L^{-1}$），饱和 $Ba(OH)_2$ 溶液，$BaCl_2$（$0.2mol\cdot L^{-1}$），饱和 $(NH_4)_2C_2O_4$ 溶液，$Na_2[Fe(CN)_5NO]$（1%），$FeSO_4\cdot 7H_2O$（固体），锌粉，氯水，CCl_4，钼酸铵溶液，α-萘胺，对氨基苯磺酸，醋酸铅试纸。常见阴离子试液的浓度均为 $0.1mol\cdot L^{-1}$。

四、实验内容

1. 个别离子的鉴定

（1）CO_3^{2-} 的鉴定

取 CO_3^{2-} 试液 10 滴放入试管中，加入 3 滴 $6mol\cdot L^{-1}$ HCl，管内有气泡生成，表示 CO_3^{2-} 可能存在。将生成的气体导入另一盛有 10 滴饱和 $Ba(OH)_2$ 溶液的试管中，如生成白色沉淀，表示有 CO_3^{2-} 存在。

（2）Cl^- 的鉴定

在离心试管中加入 2 滴 Cl^- 试液和 1 滴 $2mol\cdot L^{-1}$ HNO_3 溶液，再滴加 2 滴 $0.1mol\cdot L^{-1}$ $AgNO_3$，生成白色沉淀。在沉淀中加入 $2mol\cdot L^{-1}$ 氨水使沉淀溶解，再加 $2mol\cdot L^{-1}$ HNO_3，白色沉淀又重新出现，表示有 Cl^- 存在。

(3) Br^-的鉴定

在离心试管中加入2滴Br^-试液和0.5mL CCl_4，再逐滴加入氯水，边加边振荡，若CCl_4层有棕黄色出现，表示有Br^-存在。

(4) I^-的鉴定

用2滴I^-试液代替Br^-试液进行上述实验，CCl_4层显紫色，表示有I^-存在。

(5) S^{2-}的鉴定

在点滴板上滴加1滴S^{2-}试液，再加入1%$Na_2[Fe(CN)_5NO]$溶液，溶液转变为紫色，表示有S^{2-}存在。在试管中加入5滴S^{2-}试液和8滴6mol·L^{-1} HCl溶液，微热，用湿润的醋酸铅试纸检验逸出的气体，若试纸变黑色，表示有S^{2-}存在。

(6) SO_4^{2-}的鉴定

在离心试管中加入5滴SO_4^{2-}试液，用6mol·L^{-1} HCl酸化（约5滴）后，加入1滴$BaCl_2$溶液，生成白色沉淀，表示有SO_4^{2-}存在。

(7) NO_3^-的鉴定

a. 在试管中加入2滴NO_3^-试液，用水稀释至约1mL，加数粒$FeSO_4 \cdot 7H_2O$晶体，振荡溶解后斜持试管，沿管壁滴加25滴浓H_2SO_4，静置片刻，浓H_2SO_4与液面交界处有棕色环生成，表示有NO_3^-存在。

b. 在试管中加入3滴NO_3^-试液，用6mol·L^{-1} HAc酸化，加少量锌粉，搅动，使溶液中的NO_3^-还原为NO_2^-，加对氨基苯磺酸和α-萘胺各一滴，若生成红色化合物，表示有NO_3^-存在。

(8) NO_2^-的鉴定

在点滴板上加1滴NO_2^-试液，再加入对氨基苯磺酸和α-萘胺各一滴，生成红色化合物，表示有NO_2^-存在。

(9) CN^-的鉴定

在离心试管中加入1滴0.1mol·L^{-1} $CuSO_4$、1滴蒸馏水、1滴6mol·L^{-1}氨水、1滴0.05mol·L^{-1} Na_2S，混匀，用滴管取此混合液2滴于滤纸上，可得一黑色斑点。然后在黑色斑点上滴加2滴CN^-试液，若黑色斑点褪色，表示有CN^-存在。

(10) PO_4^{3-}的鉴定

在试管中加入5滴PO_4^{3-}试液、10滴浓H_2SO_4、20滴钼酸铵试剂在水浴上微热至40～60℃，若有黄色沉淀生成，表示有PO_4^{3-}存在。

2. 混合离子鉴定

(1) Cl^-、Br^-、I^-的分离与鉴定

在离心试管中加入Cl^-试液、Br^-试液、I^-试液各2滴，混匀后加2滴2mol·L^{-1} HNO_3，用0.1mol·L^{-1} $AgNO_3$溶液加至沉淀完全，离心分离，弃去离心液，沉淀用蒸馏水洗涤2次。然后向沉淀中加入15滴饱和$(NH_4)_2C_2O_4$，搅动，水浴加热1min，离心分离，保留沉淀，将清液转入另一离心管中，并用2mol·L^{-1} HNO_3酸化，生成白色沉淀。表示有Cl^-存在。

将保留的沉淀，用蒸馏水洗涤两次，在沉淀中加入5滴水和少量锌粉，搅动2～3min，离心分离，弃去沉淀。溶液用2滴2mol·L^{-1} H_2SO_4酸化，再加入4滴CCl_4，然后逐滴加入氯水，并不断摇动，CCl_4层显紫色，表示有I^-存在。继续滴加氯水，摇动，CCl_4层紫红

色消失，并显棕黄色，表示有 Br^- 存在。

(2) SO_4^{2-}、PO_4^{3-}、Cl^-、NO_3^- 混合液的鉴定

由于 SO_4^{2-}、PO_4^{3-}、Cl^-、NO_3^- 四种阴离子互不干扰其鉴定反应，可采用分别分析的方法直接鉴定。具体方法同上述单独离子的鉴定方法一样。

五、思考题

1. 一试样不溶于水而溶于稀硝酸，如已证实含有 Ag^+ 和 Ba^{2+}，问何种阴离子需检验？

2. 一试样易溶于水，已证实含有 Ba^{2+}，在 NO_3^-、PO_4^{3-}、SO_4^{2-}、Cl^- 中，哪种离子不需要检验？

第七章

综合设计实验

实验二十六　硫酸铜的提纯

一、实验目的

1. 掌握用重结晶法提纯物质的原理以及无机盐中去除杂质铁的方法。

2. 掌握加热、蒸发、浓缩、重结晶、抽滤等基本操作。

二、实验原理

粗硫酸铜中可能含有可溶性杂质和不溶性杂质，不溶性杂质可用过滤法除去，可溶性杂质可用重结晶法提纯。根据物质溶解度不同，一般可先用溶解、过滤的方法，除去易溶于水的物质中所含难溶于水的杂质，然后用重结晶法使少量易溶于水的杂质分离，重结晶的原理是晶体物质的溶解度一般随温度的降低而减小，当加热的饱和溶液冷却时，待提纯的物质首先以结晶析出，而少量杂质由于尚未达到饱和，仍留在溶液中。

粗硫酸铜晶体中的杂质通常以硫酸亚铁、硫酸铁为最多，当蒸发浓缩硫酸铜溶液时，亚铁盐易被氧化为铁盐，而铁盐易水解，有可能生成 $Fe(OH)_3$ 沉淀，混杂于析出的硫酸铜结晶中，所以在蒸发过程中溶液应保持酸性。

若亚铁盐或铁盐含量较多，可先用过氧化氢（H_2O_2）将 Fe^{2+} 氧化为 Fe^{3+}，再调节溶液的 pH 值至约为 4，使 Fe^{3+} 水解为 $Fe(OH)_3$ 沉淀而除去。

$$2Fe^{2+} + H_2O_2 + 2H^+ \longrightarrow 2Fe^{3+} + 2H_2O$$

$$Fe^{3+} + 3H_2O \longrightarrow Fe(OH)_3 \downarrow + 3H^+$$

三、仪器及试剂

1. 仪器：托盘天平，烧杯，量筒，铁圈，石棉网，布氏漏斗，硫酸铜回收瓶，抽滤瓶，酒精灯，铁架台，蒸发皿，点滴板。

2. 试剂：H_2SO_4（$0.1mol \cdot L^{-1}$），固体硫酸铜，氢氧化钠（$0.5mol \cdot L^{-1}$），过氧化氢溶液（3%），pH 试纸。

四、实验内容

1. 称量和溶解

用托盘天平称量粗硫酸铜晶体 8.0g，放入已洗涤干净的 100mL 烧杯中，用量筒量取 35～40mL 水加入烧杯中。然后将烧杯放在石棉网上加热，并用玻璃棒搅拌，当硫酸铜完全溶解时，立即停止加热。大块的硫酸铜晶体应先在研钵中研细，每次研磨的量不宜过多。研磨时，不得用研棒敲击，应慢慢转动研棒，轻压晶体成细粉末。

2. Fe^{3+}的氧化与水解

往溶液中加入1.5mL 3% H_2O_2溶液，加热，逐滴加入0.5mol·L^{-1} NaOH溶液直至pH≈4（用pH试纸检验），再加热片刻，使红棕色$Fe(OH)_3$沉降。用pH试纸（或石蕊试纸）检验溶液的酸碱性时，应将小块试纸放入干燥清洁的表面皿上，然后用玻璃棒蘸取待检验溶液点在试纸上，切忌将试纸投入溶液中检验。

3. 过滤

将折好的滤纸放入漏斗中，从洗瓶中挤出少量水湿润滤纸，使之紧贴在漏斗内壁上。将漏斗放在漏斗架上，趁热过滤硫酸铜溶液，滤液接收在清洁的蒸发皿中。从洗瓶中挤出少量水淋洗烧杯及玻璃棒，洗涤水也必须全部滤入蒸发皿中。按同样操作再洗涤一次。

4. 蒸发和结晶

在滤液中加入3～4滴1mol·L^{-1} H_2SO_4使溶液酸化，然后在石棉网上加热、蒸发、浓缩（勿加热过猛，以防液体溅失）至溶液表面刚出现蓝色固状物薄层时，立即停止加热（注意不可蒸干）。让蒸发皿冷却至室温或稍冷片刻，再将蒸发皿放在盛有冷水的烧杯上冷却，使$CuSO_4\cdot5H_2O$晶体析出。

5. 减压过滤

将蒸发皿内$CuSO_4\cdot5H_2O$晶体全部转移到预先铺上滤纸的布氏漏斗中，减压过滤，尽量抽干，并用干净的玻璃棒轻轻挤压布氏漏斗上的晶体，尽可能除去晶体间夹带的母液。停止减压过滤，取出晶体，把它摊在两张滤纸之间，用手指在纸上轻压以吸干其中的母液。用托盘天平称量硫酸铜，计算产率。最后将硫酸铜晶体放入塑料袋中（不要密封）。

五、数据记录与处理

粗硫酸铜的质量m_1=____g；

精制硫酸铜的质量m_2=____g；

产率=____。

六、思考题

1. 溶解固体时加热和搅拌起什么作用？
2. 用重结晶法提纯硫酸铜，在蒸发滤液时，为什么不可加热过猛？为什么不可将滤液蒸干？
3. 过滤操作中应注意哪些事项？
4. 除杂质铁时，为何要将Fe^{2+}氧化为Fe^{3+}？最后为何将pH值调至4？偏高或偏低将产生什么影响？

实验二十七　硫酸二氨合锌的制备和红外光谱测定

一、实验目的

1. 理解在有机溶剂中制备硫酸二氨合锌的原理。
2. 测定$Zn(NH_3)_2SO_4\cdot H_2O$的红外光谱，学习通过红外光谱来确定物质结构的方法。

二、实验原理

超微粒子是介于微观世界和宏观物质之间的中间体系。粒子的粒径为1～100nm，超微粒子已在精细陶瓷、涂料、催化剂材料、发光材料等方面得到广泛应用。本实验以硫酸锌和尿素为原料，在乙二醇溶液中制备 $Zn(NH_3)_2SO_4 \cdot H_2O$。

在 120℃时，尿素在乙二醇溶液中缓慢分解，产生氨，发生下面反应：

$$ZnSO_4 + 2NH_3 + H_2O \longrightarrow Zn(NH_3)_2SO_4 \cdot H_2O$$

$Zn(NH_3)_2SO_4 \cdot H_2O$ 经水解得到 ZnO 超微粒子，粒径在 50nm 左右。测定 $Zn(NH_3)_2SO_4 \cdot H_2O$ 的红外光谱，在 1400～600cm^{-1}出峰，位置是 1396cm^{-1}、1245cm^{-1}、1118cm^{-1}、617cm^{-1}，如图 7-1 所示。

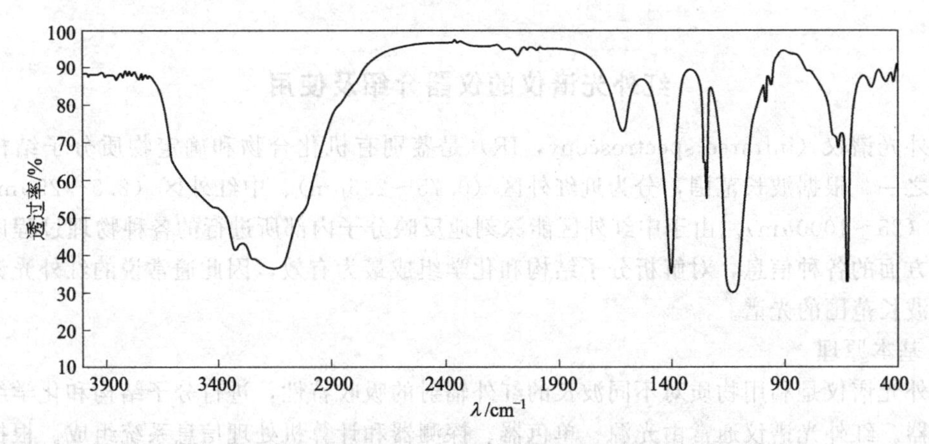

图 7-1　$Zn(NH_3)_2SO_4 \cdot H_2O$ 的红外光谱图

游离的 SO_4^{2-} 结构上属于四面体对称，在红外振动中只有两个基频 ν_3 和 ν_4 是活性的，而 ν_1 是红外禁阻的。作为单齿配体，SO_4^{2-} 的对称性降低，属于 C_{3v}对称。此时 ν_3 和 ν_4 都分裂成两个谱带。在二齿配位时，SO_4^{2-} 属于 C_{2v}对称，ν_3 和 ν_4 各分裂成三条谱带，ν_3 的谱带分裂出现在 1300～1000cm^{-1}范围内。图 7-1 中的 1396cm^{-1}是配体氨基的振动光谱，是由配体氨基对称形变产生的。而 671cm^{-1}是属于 ν_1 的基频谱带，留下的 1245cm^{-1}和 1118cm^{-1}属于 ν_3 基频谱带。因此在 $Zn(NH_3)_2SO_4 \cdot H_2O$ 中 SO_4^{2-} 为单齿配位，另外在 3400～3000cm^{-1}之间和 1640cm^{-1}有峰出现，说明存在水峰。故 $Zn(NH_3)_2SO_4 \cdot H_2O$ 有以下结构：

$$\begin{matrix} H_3N & & OH_2 \\ & Zn & \\ H_3N & & OSO_3 \end{matrix}$$

三、仪器及试剂

1. 仪器：电子天平，圆底烧瓶（250mL），温度计，布氏漏斗，抽滤瓶，冷凝管，油浴锅，温度控制器。

2. 试剂：固体硫酸锌，尿素，乙二醇，无水乙醇。

四、实验内容

1. $Zn(NH_3)_2SO_4 \cdot H_2O$ 的制备

如图 7-2 所示，在圆底烧瓶内加入 1.5g $ZnSO_4$、1.5g 尿素和 5.0mL 乙二醇，油浴加热，控制温度在 120℃以下回流。加热时溶液澄清，继续反应半小时有固体析出，再反应半小时，冷却。过滤，用无水乙醇洗涤沉淀数次，在 100℃下烘干得到 $Zn(NH_3)_2SO_4 \cdot H_2O$ 产品。称重，计算产率。

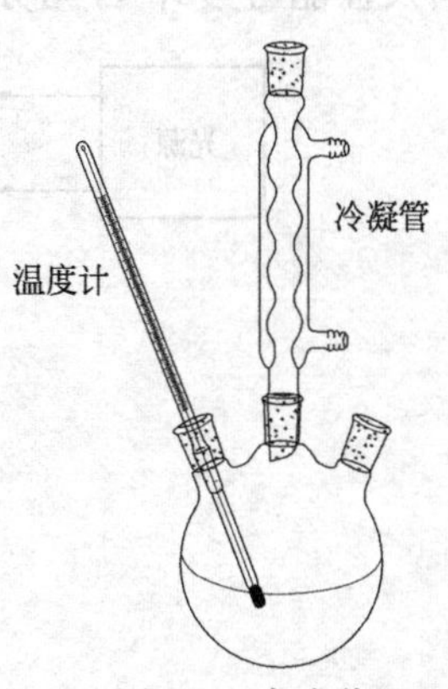

图 7-2　合成装置

2. 测定 $Zn(NH_3)_2SO_4 \cdot H_2O$ 的红外光谱

用 KBr 压片法测定产品的红外光谱，确认在 1400～600cm^{-1}范围内的几个主要峰的位置，并和图 7-1 对照。

五、思考题

1. $Zn(NH_3)_2SO_4 \cdot H_2O$ 水解可得 ZnO，这是制备超微粒子的一种方法。查找有关资料，归纳出制备超微粒子的其他方法。
2. $Zn(NH_3)_2SO_4 \cdot H_2O$ 的组成能用化学方法测定，分别简单叙述 Zn^{2+}、SO_4^{2-} 及 NH_3 的测定过程。
3. 本实验的温度需控制在 120℃以下，为什么温度不能过高？

附：

红外光谱仪的仪器介绍及使用

红外光谱仪（infrared spectroscopy，IR）是鉴别有机化合物和确定物质分子结构的常用手段之一。根据波长范围，分为近红外区（0.75～2.5μm）、中红外区（2.5～25μm）、远红外区（25～1000μm）。由于中红外区能深刻地反映分子内部所进行的各种物理过程以及分子结构方面的各种信息，对解析分子结构和化学组成最为有效，因此通常说的红外光谱正是指这一波长范围的光谱。

1. 基本原理

红外光谱仪是利用物质对不同波长的红外辐射的吸收特性，进行分子结构和化学组成分析的仪器。红外光谱仪通常由光源、单色器、探测器和计算机处理信息系统组成。根据分光装置的不同，分为色散型和干涉型。对色散型双光路光学零位平衡红外分光光度计而言，当样品吸收了一定频率的红外辐射后，分子的振动能级发生跃迁，透过的光束中相应频率的光被减弱，造成参比光路与样品光路相应辐射的强度差，从而得到所测样品的红外光谱。

红外光谱也可归因为化学键的振动。不同的化学键或官能团，其振动能级从基态跃迁到激发态所需的能量不同，因此要吸收不同波长的红外光（决定吸收峰的位置和形状）；而吸收峰的强度与分子振动时偶极矩变化的大小有关。依据吸收峰的位置和形状可进行定性分析，依据吸收峰的强度可进行定量分析。

2. 红外光谱仪

目前主要有两类红外光谱仪：色散型红外光谱仪和 Fourier（傅里叶）变换红外光谱仪。

（1）色散型红外光谱仪

色散型红外光谱仪的组成与紫外-可见分光光度计相似，但对每一个部件的结构、所用的材料及性能与紫外-可见分光光度计不同。它们的排列顺序也略有不同，如图 7-3 所示，

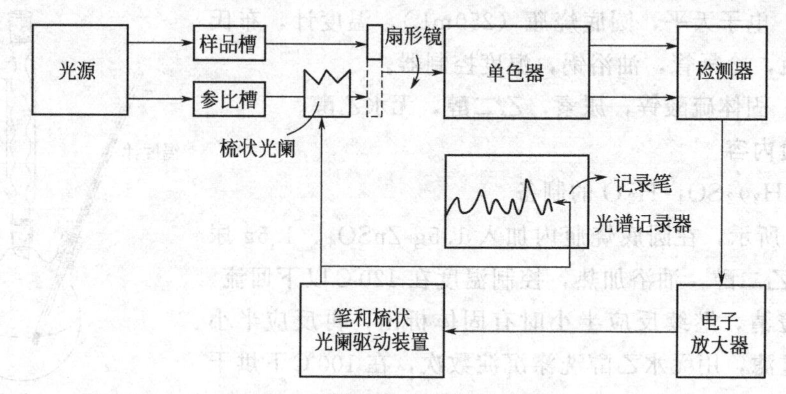

图 7-3 色散型红外光谱仪原理图

红外光谱仪的样品放在光源和单色器之间；而紫外-可见分光光度计是放在单色器之后。

(2) 傅里叶（Fourier）变换红外光谱仪（FTIR）

Fourier 变换红外光谱仪没有色散元件，主要由光源（硅碳棒、高压汞灯）、Michelson 干涉仪、检测器、计算机和记录仪组成，如图 7-4 所示。核心部分为 Michelson 干涉仪，它将光源的信号以干涉图的形式送往计算机进行 Fourier 变换的数学处理，最后将干涉图还原成光谱图。它与色散型红外光谱仪的主要区别是干涉仪和电子计算机两部分。

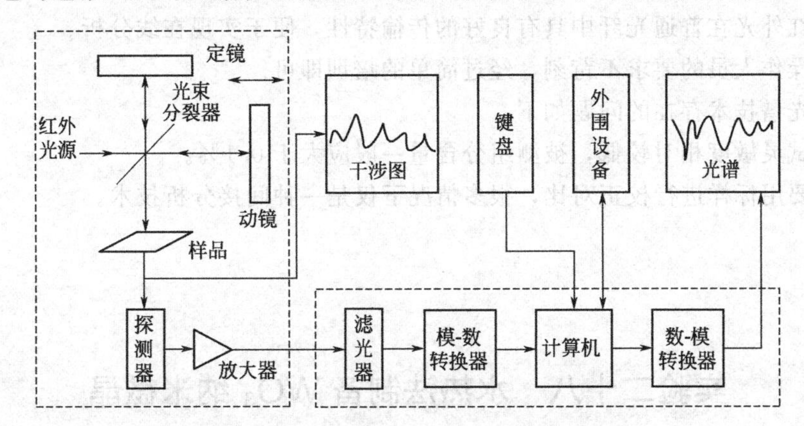

图 7-4　傅里叶变换红外光谱仪工作原理图

Fourier 变换红外光谱仪的特点：扫描速度极快、具有很高的分辨率以及灵敏度。除此之外，光谱范围宽（1000～10cm^{-1}）；测量精度高，重复性可达 0.1%；杂散光干扰小；样品不受因红外聚焦而产生的热效应的影响；特别适用于与气相色谱联机或研究化学反应机理等。

3. 试样的处理和制备

要获得一张高质量红外光谱图，除了仪器本身的因素外，还必须有合适的样品制备方法。

红外光谱法对试样的要求如下。

(1) 试样应该是单一组分的纯物质，纯度应＞98%或符合商业规格，才便于与纯物质的标准光谱进行对照。多组分试样应在测定前尽量预先用分馏、萃取、重结晶或色谱法进行分离提纯，否则各组分光谱相互重叠，难于判断。

(2) 试样中不应含有游离水。水本身有红外吸收，会严重干扰样品谱图，而且会侵蚀吸收池的盐窗。

(3) 试样的浓度和测试厚度应选择适当，以使光谱图中的大多数吸收峰的透射比处于 10%～80%范围内。

4. 红外光谱的特点

红外光谱仪成为一种快速、高效、适合过程在线分析的有利工具，是由其技术特点决定的。

红外光谱分析的主要技术特点如下。

(1) 分析速度快，测量过程大多可在 1min 内完成。

(2) 分析效率高，通过一次光谱测量和已建立的相应校正模型，可同时对样品的多个组分或性质进行测定，提供定性、定量结果。

(3) 适用的样品范围广，通过相应的测样器中可以直接测量液体、固体、半固体和胶体等样品，光谱测量方便。

(4) 样品一般不需要预处理，不需要使用化学试剂或高温、高压、大电流等测试条件，分析后不会产生化学、生物或电磁污染。

(5) 分析成本较低（无须繁杂预处理，可多组分同时检测）。

(6) 测试重现性好。

(7) 对样品无损伤，可以在活体分析和医药临床领域广泛应用。

(8) 近红外光在普通光纤中具有良好的传输特性，便于实现在线分析。

(9) 对操作人员的要求不苛刻，经过简单的培训即可。

近红外光谱技术存在的问题如下。

(1) 测试灵敏度相对较低，被测组分含量一般应大于0.1%。

(2) 需要用标样进行校正对比，很多情况下仅是一种间接分析技术。

实验二十八　水热法制备 WO_3 纳米微晶

一、实验目的

1. 掌握水热法合成无机纳米材料的原理与方法。
2. 了解X射线衍射分析（XRD）在无机纳米材料中的应用。
3. 了解 WO_3 的性质及应用。

二、实验原理

纳米三氧化钨（WO_3）是一种优异的无机金属氧化物，在磁性材料、催化材料及功能材料方面具有广阔的应用前景。随着人们环保意识的增强，纳米 WO_3 材料作为可开发的吸收材料、催化材料、功能材料，已引起国内外学者的广泛关注。

水热法是在特制的密闭反应容器（高压釜）里，采用水溶液作为反应介质，通过对反应容器加热，创造一个高温、高压的反应环境，使得通常难溶或不溶的物质溶解并且重结晶。水热合成法的优点是能够直接生成氧化物，避免其他液相合成法中的“焙烧”步骤，从而在一定程度上减少颗粒团聚的发生，提高 WO_3 的分散性能。

根据经典的晶体生长理论，水热条件下晶体生长包括溶解阶段（原料在水热介质里溶解，以离子、分子或离子团的形式进入溶液）、输运阶段（体系中的热对流以及溶解区与生长区之间的浓度差，使这些离子、分子或离子团被输运到生长区）和结晶阶段（离子、分子或离子团在生长界面上的吸附、分解与脱附；吸附物质在界面上的运动与结晶）。

本实验以钨酸钠在酸性条件下水解制备 WO_3 粉体，反应方程如下：

$$Na_2WO_4 \cdot 2H_2O + 2HCl \longrightarrow H_2WO_4 + 2NaCl + 2H_2O$$

$$H_2WO_4 \longrightarrow WO_3 + H_2O$$

三、仪器及试剂

1. 仪器：磁力搅拌器，水热反应釜（50mL），电热恒温鼓风干燥箱，布氏漏斗，抽滤瓶等。
2. 试剂：钨酸钠，氯化钠，盐酸（$3mol \cdot L^{-1}$），pH试纸等。

四、实验内容

1. WO_3 粉体的制备

用电子天平称取 0.825g 钨酸钠、0.290g 氯化钠加入已洗干净的 100mL 烧杯中，加入 19mL 去离子水，磁力搅拌溶解；向上述溶液中逐滴加入 $3mol \cdot L^{-1}$ HCl 溶液，调节溶液的 pH＝2.0。然后将溶液转移到 50mL 水热反应釜中，放入电热恒温鼓风干燥箱中 180℃下静置晶化 24h。反应结束后，待反应釜冷却后将聚四氟乙烯内衬里面的样品抽滤，用去离子水清洗数次，烘干备用。

2. WO_3 粉体的 XRD 表征

利用广角 X-射线粉末衍射方法，通过对 WO_3 粉体样品的衍射峰位置和强度进行归一化后与标准粉末衍射 PDF 卡片 JCPDS（joint committee on powder diffraction standards）比较，可获得样品的晶相，从而实现样品的定性相分析。

测试条件为：工作电压 40kV，工作电流 300mA，Cu 靶 Kα 辐射（λ＝0.154nm），石墨单色器，扫描范围 10°～70°。

五、思考题

1. WO_3 粉体的制备有很多种方法，归纳总结 WO_3 的其他制备方法。
2. 本实验取的反应时间为 24h，查阅资料总结时间对 WO_3 粉体的制备有什么影响。
3. 实验中要求的温度是 180℃，温度过高或者过低对实验有什么影响？

附：

X 射线粉末衍射（XRD）分析

1. X 射线衍射仪的结构及原理

X 射线衍射仪是进行 X 射线分析的重要设备，主要由 X 射线发生器、测角仪、记录仪和水冷却系统组成。新型的衍射仪还带有条件输入和数据处理系统。图 7-5 给出了 X 射线衍射仪框图。

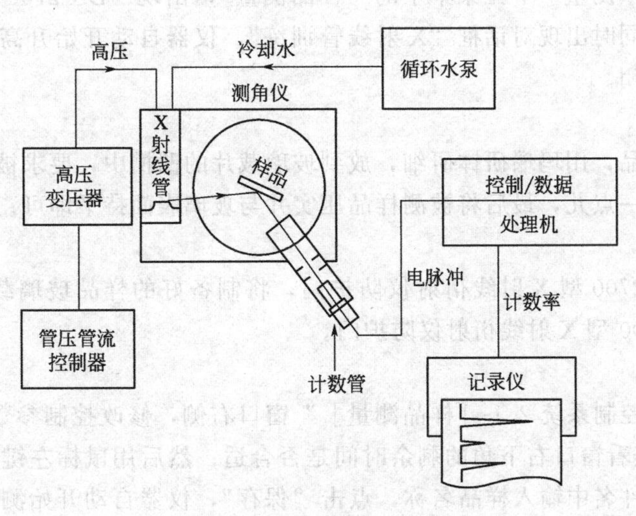

图 7-5　X 射线衍射仪框图

X 射线发生器主要由高压控制系统和 X 光管组成，它是产生 X 射线的装置，由 X 光管发射出的 X 射线包括连续 X 射线光谱和特征 X 射线光谱，连续 X 射线光谱主要用于判断晶体的对称性和进行晶体定向的劳埃法，特征 X 射线用于进行晶体结构研究的旋转单体法和

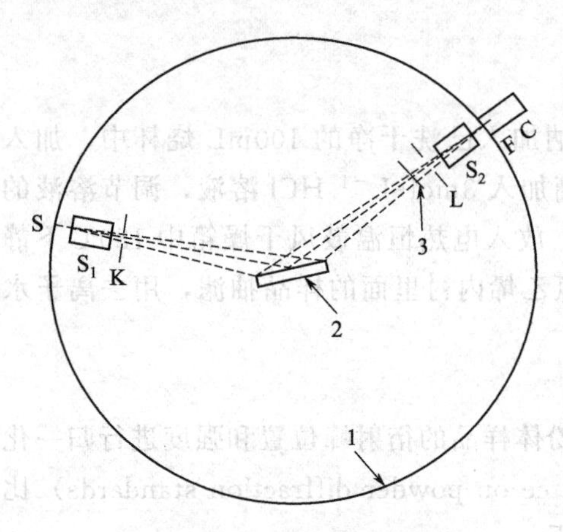

图 7-6 测角仪光路示意图
1—测角仪圆；2—试样；3—滤波片；
S—光源；S_1、S_2—梭拉狭缝；
K—发散狭缝；L—防散射狭缝；
F—接收狭缝；C—计数管

进行物相鉴定的粉末法。测角仪是衍射仪的重要部分，其光路图如图 7-6 所示。X 射线源焦点与计数管窗口分别位于测角仪圆周上，样品位于测角仪圆的正中心。在入射光路上有固定式梭拉狭缝和可调式发射狭缝，在反射光路上也有固定式梭拉狭缝和可调式防散射狭缝与接收狭缝。有的衍射仪还在计数管前装有单色器。当给 X 光管加以高压，产生的 X 射线经由发射狭缝射到样品上时，晶体中与样品表面平行的面网，在符合布拉格条件时即可产生衍射而被计数管接收。当计数管在测角仪圆所在平面内扫射时，样品与计数管以 1∶2 速度运动。因此，在某些角位置能满足布拉格条件的面网所产生的衍射线将被计数管依次记录并转换成电脉冲信号，经放大处理后通过记录仪描绘成衍射图。

2. DX-2700 型 X 射线衍射仪使用操作规程

a. 开机

打开仪器电源总开关；

将循环水制冷装置的开关转到“运行”位置；

按下 DX-2700 型 X 射线衍射仪启动开关“ON”。

b. 开启电脑

c. X 射线管开启高压

用鼠标左键点击电脑桌面上的“X 射线衍射仪 2.1”，出现“DX-2700 控制系统 2.1”窗口；再点击左上角“测量”下拉菜单中的“样品测量”，出现“DX-2700 控制系统 2.1-［样品测量］”窗口，同时出现对话框“X 射线管训练”，仪器自动开始升高压自检；待自检结束，对话框自动关闭。

d. 制备样品

取适量被测样品，用玛瑙研钵研细，放到玻璃载片的凹槽中，要求被测样品平面比凹槽周围玻璃平面稍高一点儿，最后将被测样品压实并与玻璃表面持平即可。

e. 放置样品

向右拉开 DX-2700 型 X 射线衍射仪防护门，将制备好的样品玻璃载片插入样品槽中，向左拉关严 DX-2700 型 X 射线衍射仪防护门。

f. 测量样品

在“DX-2700 控制系统 2.1-［样品测量］”窗口右侧，修改控制参数中的“步进角度”和“步进时间”，查看窗口右下角的剩余时间是否合适；然后用鼠标左键点击“开始测量”，出现对话框，在文件名中输入样品名称，点击“保存”，仪器自动开始测量；测量结束，数据自动保存。

g. 拷贝数据

只准用 CD 和 DVD 光盘刻录拷贝数据，不准插 U 盘，以免电脑中毒。

h. 关机

当天测量全部结束后，先用鼠标左键点击“DX-2700 控制系统 2.1-[样品测量]”窗口下方的“关闭高压”；再关闭“DX-2700 控制系统 2.1-[样品测量]”窗口；按下 DX-2700 型 X 射线衍射仪启动开关“OFF”；20min 后，将循环水制冷装置的开关转到“停止”位置；最后关闭仪器电源总开关。

实验二十九　纳米 ZnO 的制备和紫外-可见吸收特性分析

一、实验目的

1. 掌握纳米氧化锌的制备方法。

2. 了解纳米氧化锌产品的分析方法。

二、实验原理

氧化锌，又称锌白、锌氧粉。纳米氧化锌是一种新型高功能精细无机材料，其粒径介于 1～100nm 之间。由于颗粒尺寸微细化，纳米氧化锌在磁、光、电、敏感材料等方面具有一些特殊的性能。它在制造气体传感器、荧光体、紫外线遮蔽材料（在整个 200～400nm 紫外光区有很强的吸光能力）、变阻器、图像记录材料、压电材料、高效催化剂、磁性材料和塑料薄膜等方面都有重要的应用。此外，也广泛用于涂料、医药、油墨、造纸、搪瓷、玻璃、火柴、化妆品等工业行业。

本实验以 $ZnCl_2$ 和 $H_2C_2O_4$ 为原料。$ZnCl_2$ 和 $H_2C_2O_4$ 反应生成 $ZnC_2O_4 \cdot 2H_2O$ 沉淀，在氧气氛围中经焙烧后得纳米氧化锌粉。反应式如下：

$$ZnCl_2 + 2H_2O + H_2C_2O_4 \longrightarrow ZnC_2O_4 \cdot 2H_2O \downarrow + 2HCl$$

$$ZnC_2O_4 \cdot 2H_2O \longrightarrow ZnO + 2CO_2(g) \uparrow + 2H_2O(g) \uparrow$$

其工艺流程如下：

原料→反应→过滤→洗涤→干燥→焙烧→产品

三、仪器及试剂

1. 仪器：电子天平，台秤，电磁搅拌器，真空干燥箱，减压过滤装置，紫外-可见分光光度计，箱式电阻炉等。

2. 试剂：氯化锌，草酸，HCl（1∶1），$NH_3 \cdot H_2O$（1∶1），NH_3-NH_4Cl（pH=10）缓冲溶液，铬黑 T 指示剂（0.5%溶液），EDTA 标准溶液（0.05000mol·L^{-1}）。

四、实验内容

1. 纳米氧化锌的制备

（1）用台秤称取 10g $ZnCl_2$ 于 100mL 小烧杯中，加 50mL H_2O 溶解，配制成 1.5mol·L^{-1}的 $ZnCl_2$ 溶液。用台秤称取 9g $H_2C_2O_4$ 于 50mL 小烧杯中，加 40mL H_2O 溶解，配制成 2.5mol·L^{-1}的 $H_2C_2O_4$ 溶液。

（2）将上述两种溶液加入 250mL 烧杯中，在电磁搅拌器上搅拌，常温下反应 2h，生成白色 $ZnC_2O_4 \cdot 2H_2O$ 沉淀。

（3）过滤反应混合物，沉淀用蒸馏水洗涤干净后，在真空干燥箱中于 110℃下干燥。

（4）干燥后的沉淀样品置于箱式电阻炉中，在氧气气氛中于 350～450℃下焙烧 0.5～

2h，得到白色（或淡黄色）纳米氧化锌粉。

2. 紫外-可见吸收特性测定

将上述制备好的样品，加入聚丙烯酸和去离子水，配制成浓度为 $10mg \cdot L^{-1}$ 的悬浮液，超声分散 1h，用紫外-可见分光光度计对其紫外-可见光吸收性能进行表征。

五、数据记录与处理

理论产量＝____g；

实际产量＝____g；

产率＝____。

六、思考题

1. $ZnCO_3$ 分解也能得到 ZnO，试讨论本实验为何用 ZnC_2O_4 而不用 $ZnCO_3$。

2. ZnC_2O_4 焙烧时为何需 O_2，试设计一个专门焙烧 ZnC_2O_4 的炉子，画出草图。

实验三十 溶胶-凝胶法制备 TiO_2

一、实验目的

1. 了解二氧化钛的性质及应用。

2. 掌握溶胶-凝胶法制备二氧化钛的方法。

3. 了解评价纳米二氧化钛光催化活性的方法。

二、实验原理

纳米 TiO_2 是一种高功能精细无机材料，具有表面效应、体积效应和量子尺寸效应，是重要的陶瓷、半导体及光催化材料。利用纳米 TiO_2 对有机污染物进行光催化降解，可使有害物质矿化为 CO_2、H_2O 及其他无机小分子物质，因此可用于废水处理、空气净化以及杀菌除臭。对于解决目前日益严重的环境污染问题，TiO_2 光催化氧化技术极具研究和实用价值。

溶胶-凝胶法是用含高化学活性组分的化合物作为前驱体，在液相下将这些原料均匀混合，并进行水解、缩合反应，在溶液中形成稳定的透明溶胶体系，溶胶经陈化胶粒间缓慢聚合，形成三维空间网络结构的凝胶，凝胶网络间充满了失去流动性的溶剂。凝胶经过干燥、烧结固化可制备出纳米结构的材料。

溶胶-凝胶法是制备纳米 TiO_2 方法中很重要的一种方法。它以钛醇盐为原料，通过水解和缩聚反应制得溶胶。再进一步缩聚得到凝胶，凝胶经干燥、煅烧得到纳米 TiO_2。其反应方程式为：

$$Ti(OR)_4 + 4H_2O \longrightarrow Ti(OH)_4 + 4ROH$$

$$Ti(OH)_4 \longrightarrow TiO_2 + 2H_2O$$

该工艺原料的纯度较高，整个过程不引入杂质离子，可以通过严格控制工艺条件，制得纯度高、粒径小、粒度分布窄的纳米粉体，且产品质量稳定。缺点是原料成本高，干燥、煅烧时凝胶体积收缩大，易造成纳米 TiO_2 颗粒间的团聚。

本实验以钛酸四丁酯为前驱体，无水乙醇为分散剂，冰乙酸为抑制剂，通过溶胶-凝胶工艺制备纳米二氧化钛，并且以甲基橙为模型污染物，进行纳米二氧化钛光催化活性研究。

三、仪器及试剂

1. 仪器：磁力搅拌器，烧杯，量筒，恒压滴液漏斗，马弗炉，超声波清洗器，离心机，紫外-可见分光光度计，自制光催化反应装置。

2. 试剂：钛酸四丁酯（TNB），无水乙醇，冰乙酸，甲基橙。

四、实验内容

1. 溶胶-凝胶法制备纳米二氧化钛

(1) 分别量取钛酸四丁酯 10mL、无水乙醇 15mL、冰乙酸 6mL，放入烧杯中磁力搅拌均匀，此液体为 A 液。

(2) 另量取无水乙醇 4mL、冰乙酸 2mL、二次蒸馏水 4mL 混合均匀，此混合液为 B 液。在剧烈搅拌下，将 B 液缓慢滴入 A 液中。滴加完毕，继续搅拌 3h，静置陈化，待液体失去流动性，在 100℃下烘 12h 得到黄色凝胶块，研磨得到无定形纳米 TiO_2。

(3) 然后将其放入马弗炉中 500℃下煅烧 2h，研磨得到纳米 TiO_2 晶体。

2. 光催化活性研究

在 $10mg \cdot L^{-1}$ 甲基橙溶液中加入纳米 TiO_2 粉体，超声分散 30min 后将此溶液放入光催化反应装置中，通入 O_2 30min 后在 20W 紫外灯照射下进行降解反应。每隔 30min 取一次样，离心分离，取上层清液用 722 型分光光度计在 464nm 处测其吸光度 A。

降解率公式如下：

$$\eta = \frac{A_0 - A_t}{A_0} \times 100\%$$

式中，A_0 为溶液初始的吸光度值；A_t 为某一时间的吸光度值。

五、数据记录与处理

(1) 理论产量＝____ g；

实际产量＝____ g；

产率＝____。

(2) 将光催化性能结果记录于下表。

表 7-1　TiO_2 对甲基橙的光催化降解性能

降解时间/min	30	60	90	120
吸光度 A				
降解率/%				

六、思考题

1. 冰乙酸在溶胶-凝胶法中的作用是什么？
2. 水的用量会对纳米 TiO_2 光催化活性产生怎样的影响？

实验三十一　废定影液中金属银的回收

一、实验目的

1. 了解从废定影液中回收金属银的原理和方法。

2. 掌握加热以及液体和固体的分离等基本操作。

二、实验原理

处理各种黑白或彩色胶卷所用的定影液的组成虽然不尽相同，但都含有大量的硫代硫酸钠，通常还含有少量亚硫酸钠、硫酸铝钾和乙酸等。$Na_2S_2O_3$ 能使未感光的 AgBr 溶解而生成可溶性配合物 $Na[Ag(S_2O_3)_2]$。

从废定影液中回收金属银不仅可获得金属银，降低生产费用，而且可消除排放废液中 Ag^+ 对环境的污染。从废定影液中回收金属银的一般方法有硫化物沉淀法、金属置换法和电解法等。本实验采用传统的硫化物沉淀法从废定影液中回收银，该方法具有操作方便、回收较完全的特点。往废定影液中加入适量的 Na_2S 溶液，可使银以硫化物的形式沉淀析出，反应方程式为：

$$2Ag(S_2O_3)_2^{3-} + S^{2-} \Longrightarrow 4S_2O_3^{2-} + Ag_2S\downarrow$$

沉淀中夹杂的可溶性杂质（如亚硫酸钠等）可用去离子水洗涤除去，而由 Na_2S 可能带入的单质硫以及废定影液中的其他难溶性杂质，则可通过与硝酸钠共热，使之转化为可溶性硫酸盐等，并经进一步洗涤除去。最后所得的 Ag_2S 等沉淀在碳酸钠和硼砂等助熔剂存在下，经高温灼烧即可得金属银。

其主要反应式为

$$Ag_2S + O_2 \longrightarrow 2Ag + SO_2;$$
$$Ag_2SO_4 \longrightarrow 2Ag + SO_2 + O_2$$

三、仪器及试剂

1. 仪器：台秤，坩埚钳，喷灯（或煤气灯或电炉），烧杯，玻璃棒，带柄蒸发皿（250mL），坩埚，泥三角，石棉铁丝网，减压抽滤装置，离心机，离心试管，洗瓶，量筒，漏斗，马弗炉。

2. 试剂：废定影液，广泛 pH 试纸，滤纸（定性和定量），硼砂 $Na_2B_4O_7 \cdot 10H_2O(s)$，$Na_2CO_3(s)$，$NaNO_3(s)$，$Na_2S$ 溶液（$1mol \cdot L^{-1}$），$BaCl_2$ 溶液（$0.1mol \cdot L^{-1}$）。

四、实验内容

1. 硫化银沉淀的生成和分离

量取约 400mL 废定影液，置于烧杯中，边搅拌边滴加 $1mol \cdot L^{-1}$ 的 Na_2S 溶液，直至不再出现沉淀。检验溶液中 $[Ag(S_2O_3)_2]^{3-}$ 是否已全部转化为 Ag_2S 沉淀，可取少量混有沉淀的溶液经离心分离后，往清液中再滴加几滴 Na_2S 溶液检验。

沉淀完全后经减压过滤，用去离子水洗涤沉淀至滤液呈中性（如何检验?）。将沉淀连同滤纸放入带柄蒸发皿中，用小火将沉淀烘干。

2. 硫化银沉淀的处理

用玻璃棒将冷却后的沉淀从滤纸上转移到已预先称量的坩埚中，称量。按沉淀与 $NaNO_3$ 的质量比 1∶0.7 计算，称取所需 $NaNO_3$ 的质量，然后往沉淀中加入 $NaNO_3$ 固体。拌匀后在酒精喷灯火焰上小心灼烧至不再生成棕色 NO_2 气体。冷却后，往坩埚中加入少量去离子水，搅拌，尽量使固体混合物溶解。然后使用定量滤纸过滤，用去离子水充分洗涤固体残渣以除去可溶性硫酸盐。

3. 将固体残渣连同滤纸用小火烘干，加入少量 Na_2CO_3 和 $Na_2B_4O_7 \cdot 10H_2O$ 固体混合物（两物质按质量比 1∶1 混合），搅拌后放回坩埚中，再放入 950～1000℃马弗炉内加热 20min 左右。趁热细心倾出坩埚内上层熔渣，下层即为金属银，冷却后称量。

五、思考题

1. 沉淀与 $NaNO_3$ 固体在共热前后两次的洗涤目的有什么不同？
2. 如果欲回收废定影液中的金属银，在操作中应注意什么？
3. 本实验中使用哪些加热仪器？操作中分别有哪些需要注意之处？
4. 查阅文献，说明从废定影液中回收金属银的其他方法的原理。

实验三十二 由废铁屑制备三氯化铁试剂

一、实验目的

1. 学习利用单质铁的还原性用氯化法来制取三氯化铁试剂的原理。
2. 掌握有关无机盐制备的一般原理和方法。

二、仪器及试剂

学生自行列出清单。

三、实验要求

1. 设计合理的制备路线和提纯方法（Fe——$FeCl_2$——$FeCl_3 \cdot 6H_2O$）
2. 确定合适的实验条件。
3. 制取 2g 左右的三氯化铁。

四、注意事项

1. 三氯化铁是无机化学实验中的重要化学试剂，也是印刷电路的良好腐蚀剂。
2. 三氯化铁可以利用廉价的原料废边角铁片或铁屑，工业级盐酸，氯气来制取。
3. 铁片或铁屑应尽可能纯些，但有可能含有少许铜，铅等杂质。

实验三十三 印刷电路板酸性蚀刻废液的回收利用

一、实验目的

1. 了解印刷电路板酸性蚀刻废液的来源和化学组成。
2. 了解印刷电路板酸性蚀刻废液的回收利用的意义。
3. 掌握印刷电路板酸性蚀刻废液的回收方法。

二、实验背景

在电子工业中，印刷电路板的制造不仅消耗大量的水和能量，而且产生大量对环境和人类健康有害的废物，酸性蚀刻废液是蚀刻铜箔过程中产生的一种铜含量较高、酸度较大的工业废水。酸性蚀刻废液严重污染环境，影响水中微生物的生存，破坏土壤团粒结构，影响农作物的生长。为此，国内外有关印刷电路板酸性蚀刻废液回收利用技术的开发和推广工作方兴未艾，各国有关印刷电路板制造业的清洁生产法规、标准也陆续出台，例如，美国在

1995年已对印制电路板生产企业提出环境设计要求，并大力推广印制电路板酸性蚀刻废液再生系统。我国也于2008年发布了HJ-2008《清洁生产标准 印制电路板制造业》，要求印制电路板生产企业建立酸性蚀刻废液再生循环系统，以实现清洁生产。

印制电路板酸性蚀刻废液中的主要成分为氯化铜、盐酸、氯化钠及少量的氧化剂。根据有关研究成果，通过采用合理的化学和电化学方法，可以将印制电路板酸性蚀刻废液中的铜离子转化为金属铜、氧化铜、氧化亚铜、硫酸铜、氯化亚铜以及碱式氯化铜等有用的含铜化学品，既减轻污染又变废为宝。

三、实验要求

查阅有关文献，设计实验方案完成下实验内容。

1. 由印制电路板酸性蚀刻废液制备1～2g下列物质之一：金属铜、氧化铜、氧化亚铜、硫酸铜、氯化亚铜或碱式氯化铜。

2. 鉴定所得产物。

3. 检测所得产物中Fe^{3+}的含量。

四、思考题

1. 检测产物中Fe^{3+}的含量，用什么方法比较简便？
2. 分别用Na_2CO_3、$NaOH$、$NH_3 \cdot H_2O$作为铜离子沉淀剂，沉淀产物的质量是否相同？为什么？
3. 要制备较为纯净的金属铜，用什么方法合适？为什么？

实验三十四 由废干电池制取氯化铵、二氧化锰和硫酸锌

一、实验目的

1. 了解干电池的主要种类及其化学组成特点。
2. 认识废干电池对环境及人类健康的危害性和回收利用的意义。
3. 了解回收利用废干电池的方法。
4. 了解并掌握由废锌锰干电池制取氯化铵、二氧化锰和硫酸锌的方法和步骤。

二、实验原理

日常生活中用的干电池主要是锌锰干电池，其负极是作为电池壳体的锌电极，正极是被MnO_2（为增强导电能力，填充有炭粉）包围着的石墨电极，电解质是氯化锌及氯化铵的糊状物。

干电池的结构如图7-7所示，其电池反应为：

$$Zn + 2NH_4Cl + 2MnO_2 \longrightarrow Zn(NH_3)_2Cl_2 + 2MnOOH$$

在使用过程中，锌皮消耗最多，二氧化锰只起氧化作用，氯化铵作为电解质没有消耗，炭粉是填料。因而回收处理废干电池可以获得多种物质，如铜、锌、二氧化锰、氯化铵和炭棒等。

回收时，剥去废干电池外层包装纸，用螺丝刀撬去顶盖，用小刀除去盖下面的沥青层。即可用钳子慢慢剥去炭棒（连同铜帽），取下铜帽集存，可作为实验或生产硫酸铜的原料，炭棒留作电极使用。

用剪刀把废电池外壳剥开。取出里面的黑色物质，它是二氧化锰、炭粒、氯化铵、氯化锌等的混合物，把这些黑色物质倒入烧杯中，加入蒸馏水（按每节1＃电池加入50mL水计算），搅拌溶解，澄清后过滤。滤液用以提取氯化铵，滤渣用以制备MnO_2及锰的化合物，电池的锌壳可用来制锌粒及锌盐。

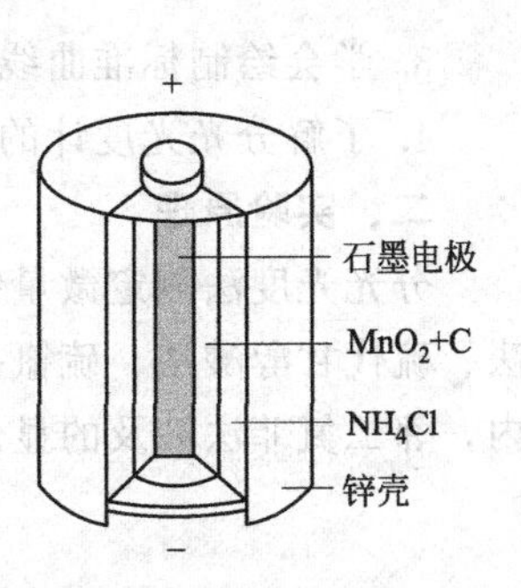

图7-7 锌锰干电池示意图

三、实验要求

查阅有关文献，设计实验方案完成下列三项实验内容之一。

1. 从黑色混合物的滤液中提取氯化铵。

（1）要求

① 设计实验方案，提取并提纯氯化铵。

② 产品定性检验：a. 证实其为铵盐；b. 证实其为氯化物；c. 判断是否有杂质存在。

（2）提示

滤液的主要成分为NH_4Cl和$ZnCl_2$，根据溶解度差异设计提取、提纯实验方案。

2. 从黑色混合物的滤渣中提取MnO_2

（1）要求

① 设计实验方案，精制二氧化锰。

② 试验MnO_2与盐酸、MnO_2与$KMnO_4$的作用。

（2）提示

黑色混合物的滤渣中含有二氧化锰、炭粉和其他少量有机物。用少量水冲洗，滤去固体，灼烧以除去炭粉和有机物。

粗二氧化锰中尚含有一些低价锰和少量其他金属氧化物，应设法除去，以获得精制二氧化锰。

3. 由锌壳制取七水硫酸锌

（1）要求

① 设计实验方案，以含锌单质的锌壳制备七水硫酸锌。

② 产品定性检验：a. 证实其为硫酸盐；b. 证实其为锌盐；c. 证实不含Fe^{3+}、Cu^{2+}。

（2）提示

将洁净的碎锌壳以适量的酸溶解。溶液中有Fe^{3+}、Cu^{2+}杂质时，设法除去。

四、思考题

1. 干电池主要有哪些种类？各自由怎样的电极构成？

2. 废干电池对环境和人类健康有什么危害？

实验三十五 邻二氮菲分光光度法测定微量铁

一、实验目的

1. 掌握用邻二氮菲分光光度法测定微量铁的原理和方法。

2. 学习如何确定分光光度法测定微量铁的实验条件。

3. 学会绘制标准曲线的方法。

4. 了解分光光度计的构造，并掌握其使用方法。

二、实验原理

分光光度法测定微量铁的常用方法有磺基水杨酸法、邻二氮菲（Phen，又称邻菲罗啉）法、硫代甘醇酸法、硫氰盐法等，其中较常用的是邻二氮菲法。在 pH＝2～9 的酸度范围内，邻二氮菲法涉及的显色反应为：

$$Fe^{2+} + 3\,(\text{Phen}) \rightleftharpoons [Fe(\text{Phen})_3]^{2+}$$ （橘红色）

生成的络合物 $[Fe(Phen)_3]^{2+}$ 的 $\lg K_f^{\ominus}=21.3$，在 510nm 处的吸光度最大，摩尔吸光系数 $\varepsilon_{510nm}=1.1\times10^4 L\cdot mol^{-1}\cdot cm^{-1}$。

此方法的选择性很高，对铁含量的测定不受以下几种情况的干扰：

① Sn^{2+}、Al^{3+}、Ca^{2+}、Mg^{2+}、Zn^{2+}、SiO_3^{2-} 的含量是铁含量的 40 倍；

② Cr^{2+}、Mn^{2+}、PO_4^{3-} 的含量是铁含量的 20 倍；

③ Co^{2+}、Cu^{2+} 的含量是铁含量的 5 倍。

但是，铁通常为＋3 价的稳定形式，并且 Fe^{3+} 可以与 phen 反应生成稳定性较差的淡蓝色络合物。所以，在实际应用中常加入还原剂盐酸羟胺（$NH_2OH\cdot HCl$），将 Fe^{3+} 还原成 Fe^{2+}：

$$2Fe^{3+}+2NH_2OH\cdot HCl = 2Fe^{2+}+N_2\uparrow+2H_2O+4H^++2Cl^-$$

此外，在用分光光度法测定金属离子含量时，显色反应对实验条件有一定的要求，如显色反应产物溶液的稳定性、显色剂的用量、溶液的酸度、显色的温度等，这些条件都要通过实验来确定。本实验通过几个条件实验来确定络合物的最大吸收波长（λ_{max}）、适当的溶液酸度、显色剂用量和显色时间。

条件实验的操作方法：改变某一实验条件，同时固定其他所有条件，测得一系列的吸光度数据，绘制吸光度与该实验条件的吸收曲线，根据所得曲线确定该实验条件的最佳范围。

由于酸度高时，反应进行比较慢；而酸度太低时，Fe^{2+} 容易发生水解反应，影响显色。所以，在测定时，本实验用 HAc-NaAc 缓冲溶液将 pH 值（酸度）控制在 5.0～6.0 之间。

三、仪器及试剂

1. 仪器：分光光度计，pH 计，容量瓶（50mL，8 只，100mL 1 只，1000mL 1 只），移液管（1mL、2mL、5mL、10mL 各 1 只），比色皿（1cm，1 对）

2. 试剂

① 铁标准溶液（$0.1g\cdot L^{-1}$，$1.8\times10^{-3}mol\cdot L^{-1}$）：用差减法准确称取 0.8634g 十二水硫酸铁铵［$NH_4Fe(SO_4)_2\cdot12H_2O$，分析纯］，置于烧杯中，加入 20mL $6mol\cdot L^{-1}$ 的 HCl 溶液，随后加少量蒸馏水并搅拌，使其完全溶解。然后，转移到 1000mL 容量瓶内，加蒸馏水至刻度，摇匀待用。

② 铁标准溶液（$0.01g\cdot L^{-1}$，$1.8\times10^{-4}mol\cdot L^{-1}$）：取一只 100mL 的容量瓶，加入 10mL①中所配铁标准溶液，随后加入 HCl 溶液（$6mol\cdot L^{-1}$）2mL，用蒸馏水稀释至刻度，摇匀待用。

③ 邻二氮菲水溶液：$1.5g\cdot L^{-1}$，$8.7\times10^{-3}mol\cdot L^{-1}$。

④ 盐酸羟胺水溶液（新配置）：$100g \cdot L^{-1}$，$1.4mol \cdot L^{-1}$。

⑤ NaAc 水溶液：$1.0mol \cdot L^{-1}$。

⑥ NaOH 水溶液：$0.1mol \cdot L^{-1}$。

⑦ 待测铁溶液。

四、实验内容

1. 条件实验

(1) 绘制邻二氮菲-Fe^{2+}吸收曲线及确定测定波长

向两个 50mL 的容量瓶内分别加入 0mL 和 1mL $0.1g \cdot L^{-1}$的铁标准溶液，然后均加入 1.0mL $100g \cdot L^{-1}$ $NH_2OH \cdot HCl$、2mL $1.5g \cdot L^{-1}$ Phen 和 5mL $1.0mol \cdot L^{-1}$ NaAc 水溶液，用水稀释至刻度线，摇匀，静置 10min。用 pH 计测其酸度。选用一对 1cm 的比色皿，分别加入上述两种溶液。以含 0mL 铁标准溶液的溶液（即试剂空白）为参比溶液，以加入铁标准溶液的样品为研究对象，测定随入射光波长改变其吸光度的变化情况，确定显色产物的 λ_{max}。具体操作：在 450～570nm 之间，每隔 10nm 测一次吸光度，在最大吸收峰附近，每隔 5nm 测一次吸光度（注意：每改变一次波长，都要用参比溶液校正仪器的吸光度）；以波长为横坐标，相应的吸光度 A 为纵坐标，作 A-λ 关系曲线；求出最大吸收峰的顶点对应的波长，即为最大吸收波长 λ_{max}。通常，选用 λ_{max} 为测量铁含量的适宜波长。

(2) 确定适宜的溶液酸度

取 8 只 50mL 的容量瓶，用移液管均加入 1.0mL $0.1g \cdot L^{-1}$的铁标准溶液、1.0mL $100g \cdot L^{-1}$ $NH_2OH \cdot HCl$ 和 2mL $1.5g \cdot L^{-1}$ Phen 溶液，然后分别加入 0mL、0.2mL、0.5mL、1.0mL、1.5mL、2.0mL、2.5mL 和 3.0mL $0.1mo \cdot L^{-1}$ NaOH 溶液（依次标记为 1 号、2 号、3 号……8 号）。用蒸馏水稀释至 50mL，摇匀，静置 10min。用 pH 计测定 8 个样品的 pH 值。用 1cm 的比色皿，以蒸馏水为参比溶液，在波长 λ_{max} 下测定 8 个样品的吸光度。然后，以 pH 值为横坐标，相应的吸光度 A 为纵坐标，作 A-pH 关系曲线，求出测定铁含量的适当 pH 值范围。

(3) 确定显色剂的用量

取 7 只 50mL 的容量瓶，用移液管均加入 1.0mL $0.1g \cdot L^{-1}$的铁标准溶液和 1.0mL $100g \cdot L^{-1}$ $NH_2OH \cdot HCl$ 溶液。然后分别加入 0.1mL、0.3mL、0.5mL、0.8mL、1.0mL、2mL、4mL $1.5g \cdot L^{-1}$ Phen 溶液，再加入 5.0mL $1.0mol \cdot L^{-1}$ NaAc 溶液（依次标记为 1 号、2 号、3 号……7 号）。用蒸馏水稀释至 50mL，摇匀，静置 10min。以蒸馏水为参比，用 1cm 比色皿，在 λ_{max} 下测定 7 个样品的吸光度。以 Phen 的体积 V_{Phen} 为横坐标，相应的吸光度 A 为纵坐标，作 A-V_{Phen} 关系曲线，求出测定铁含量的适当的显色剂用量范围。

(4) 确定合适的显色时间

取 2 只 50mL 的容量瓶，用移液管分别加入 0mL 和 1.0mL $0.1g \cdot L^{-1}$的铁标准溶液（分别标记为 1 号和 2 号）。然后向两个容量瓶内均依次加入 1.0mL $100g \cdot L^{-1}$ $NH_2OH \cdot HCl$、2.0mL $1.5g \cdot L^{-1}$ Phen 和 5.0mL $1.0mol \cdot L^{-1}$ NaAc 溶液。用蒸馏水稀释至 50mL，摇匀。马上用 1cm 比色皿，以 1 号溶液为参比，在 λ_{max} 下测 2 号溶液的吸光度。然后依次测量 2 号样品被静置 10min、30min、1h、1.5h、2h 后的吸光度。以时间 t 为横坐标，相应的吸光度 A 为纵坐标，作 A-t 关系曲线，求出显色反应完全所需的最佳时间范围。

2. 样品含铁量的测定

(1) 标准曲线的绘制

用移液管向6只已编号的50mL容量瓶内分别加入0mL、2mL、4mL、6mL、8mL和10mL 0.01g·L^{-1}铁标准溶液，然后均加入1.5mL 100g·L^{-1} $NH_2OH·HCl$溶液，摇匀，静置5min。然后均依次加入2mL 1.5g·L^{-1} Phen和5mL 1.0mol·L^{-1} NaAc溶液，摇匀。用蒸馏水稀释至50mL，摇匀后静置10min。以1号试剂为参比，用1cm比色皿，在λ_{max}下测各溶液的吸光度。以铁的含量c为横坐标，相应的吸光度A为纵坐标，绘制A-c标准曲线，并求出曲线方程。

(2) 样品中含铁量的测定

取1只编号为7的50mL容量瓶，用移液管加入3mL待测样品，然后加入1.5mL 100g·L^{-1} $NH_2OH·HCl$溶液，摇匀，静置5min。随后，依次加入2mL 1.5g·L^{-1} Phen和5mL 1.0mol·L^{-1} NaAc溶液，摇匀。以1号试剂为参比，在λ_{max}下，用1cm比色皿测7号样品的吸光度A（平行测三次）。根据A-c标准曲线或曲线方程，求出样品中的含铁量（单位：g·L^{-1}）。

五、数据记录与处理

1. 条件试验

(1) 绘制邻二氮菲-Fe^{2+}吸收曲线及确定测定波长（表7-2）

表7-2 铁标准溶液（0.1g·L^{-1}）在不同波长的吸光度A

波长/nm	450	460	470	480	490	495	500
吸光度A							
波长/nm	505	510	515	520	525	530	540
吸光度A							
波长/nm	550	560	570				
吸光度A							

含0mL铁标准溶液的试剂为参比溶液，pH=________。

绘制吸收曲线图，确定最大吸收波长λ_{max}=__________ nm。

(2) 确定适宜的溶液酸度

表7-3 酸度对吸光度的影响（参比溶液：蒸馏水，吸收波长：λ_{max}）

数值/序号	1	2	3	4	5	6	7	8
0.1mol·L^{-1} NaOH的体积/mL	0.0	0.2	0.5	1.0	1.5	2.0	2.5	3.0
pH值								
吸光度A								

绘制A-pH曲线，确定适宜酸度范围：pH=________。

(3) 确定显色剂的用量

表7-4 显色剂用量对吸光度的影响（参比溶液：蒸馏水，吸收波长：λ_{max}）

序号	1	2	3	4	5	6	7
1.5g·L^{-1} Phen的体积/mL	0.1	0.3	0.5	0.8	1.0	2.0	4.0
pH值							
吸光度A							

绘制 A-V 曲线，确定适宜的显色剂用量：V=________mL。

(4) 确定合适的显色时间

表 7-5　显色时间对吸光度的影响

序号	1	2	3	4	5	6	7
t/min	0	5	10	30	60	90	120
吸光度 A							

(5) 绘制 A-t 曲线，确定适宜的显色时间：t=________min。

2. 样品含铁量的测定

表 7-6　不同浓度 Fe 标准溶液的吸光度（1 号为参比溶液，吸收波长：λ_{max}）

序号	2	3	4	5	6	7(未知)
0.01g/L Fe^{2+}/mL	2	4	6	8	10	3
吸光度 A_1						
吸光度 A_2						
吸光度 A_3						
平均吸光度 A						

(1) 绘制标准曲线图，标准曲线方程为：________________。

(2) 计算样品中铁的含量 $c(Fe^{2+})$=________g/L。

六、思考题

1. 进行条件实验的目的是什么？
2. 为什么要加入盐酸羟胺？能否用配置已久的盐酸羟胺溶液，为什么？
3. 选用参比溶液的目的和原则是什么？
4. 绘制标准曲线和测定试样中铁含量时，能否任意改变试剂的加入顺序？为什么？

实验三十六　无溶剂微波法合成 meso-四苯基四苯并卟啉锌

一、实验目的

1. 了解微波仪合成卟啉锌的基本原理，学习无溶剂微波固相合成卟啉化合物的方法。
2. 学习紫外-可见分光光度法在定量分析中的应用。

二、实验原理

微波能够明显地加快有机合成反应的速率，被广泛用于合成、材料分析和高分子等领域。在 20 世纪 80 年代，微波法已被成功用于合成卟啉类化合物。苯基苯并卟啉及其衍生物是卟啉领域的重要化合物之一，在光功能材料方面显示出良好的应用前景。采用无溶剂微波固相反应法，直接将邻苯二甲酰亚胺、苯乙酸和乙酸锌研磨后进行微波反应，可以获得 meso-不同苯基取代度的四苯并卟啉锌，且产率较高。在邻苯二甲酰亚胺：苯乙酸：乙酸锌=

1∶1.4∶0.8（物质的量之比）时，主要产物为meso-四苯基四苯并卟啉锌（Zn-P_4TBP），反应方程式为：

$$\xrightarrow[\text{MW, 13min}]{Zn(CH_3COO)_2}$$

Zn-P_4TBP的B带最大吸收波长为464nm，其紫外可见吸收光谱图如图7-8所示。

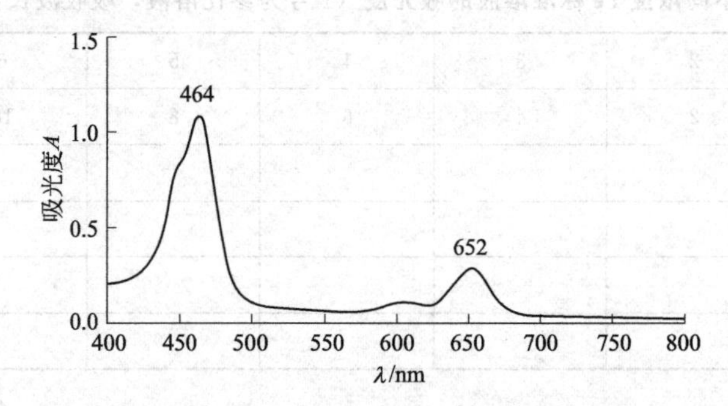

图7-8 Zn-P_4TBP的紫外可见吸收光谱

三、仪器及试剂

1. 仪器：分析天平，研钵，试管，烧杯，微波炉，色谱柱，容量瓶，移液管，紫外-可见分光光度计，1cm比色皿。

2. 试剂：邻苯二甲酰亚胺（分析纯），苯乙酸（工业用品），乙酸锌（化学纯），氯仿（分析纯），meso-四苯基四苯并卟啉锌（纯品），中性氧化铝（100～200目）。

四、实验内容

1. meso-四苯基四苯并卟啉锌的合成

用分析天平准确称取0.1471g（1mmol）的邻苯二甲酰亚胺、0.1362g（1.4mmol）的苯乙酸和0.1830g（0.8mmol）的乙酸锌，在研钵中将三种药品研磨均匀（约5min）。随后，将该混合粉末转移到10mL的试管中，放入微波炉内。将微波炉的功率调成500W的中等强度，加热13min，至反应物为墨绿色的熔融状态。取出样品，避光冷却。

2. 计算合成产率

（1）绘制Zn-P_4TBP吸光度的标准曲线

用分析天平称取0.01g meso-四苯基四苯并卟啉锌纯品，并用10mL氯仿溶解，然后转移到100mL的容量瓶内，加氯仿稀释到刻度，摇匀。取5只50mL容量瓶并编号，依次加入上述标准溶液5mL、10mL、15mL、20mL、25mL，并用氯仿稀释至刻度，摇匀。以氯仿为参比溶液，用1cm比色皿测1～5号标准溶液的特征峰在最大吸收波长464nm处的吸光度A。以浓度c为横坐标，吸光度A为纵坐标，作A-c标准曲线。

（2）计算产率

称取0.01g meso-四苯基四苯并卟啉锌合成产物，用10mL氯仿溶解，移至100mL容量瓶内并稀释至刻度，摇匀。以氯仿为参比溶液，用 1cm 比色皿测其特征峰在最大吸收波长 464nm 处的吸光度 A。对比标准曲线，可确定 meso-四苯基四苯并卟啉锌的浓度，从而计算出本方法的合成产率。

3. 色谱提纯

取一只适当的色谱柱，用干法装柱，加入氧化铝至 2/3 处，用洗耳球轻轻拍打至柱子压实，然后用氯仿淋洗（保持柱子的上表面为水平面）。向冷却后的产物中加入一定量的氧化铝，搅拌均匀后移入色谱柱内（色谱柱上表面须为水平面）。加入少量氯仿，静置 3～5min 后，打开色谱柱下面的玻璃旋塞，让淋洗液慢慢滴下至色谱柱上面基本无液体，再加入少许氯仿，淋洗。一直到样品完全处于氧化铝柱上表面以下（1～5mm 处）。加入大量氯仿淋洗液进行层析（注意：流速不能过快）。将流出的绿色溶液用干净试管收集，此为所合成的 $Zn\text{-}P_4TBP$ 纯品。

五、数据记录与处理

1. 数据记录

表 7-7 meso-四苯基四苯并卟啉锌的吸光度（$\lambda_{max}=464nm$）

数值/序号	1	2	3	4	5	6(未知)
$c/mg\cdot L^{-1}$	10	20	30	40	50	
吸光度 A						

2. 绘制标准曲线，计算样品浓度，得出反应产率。

样品中卟啉锌的浓度 c=____________ $mg\cdot L^{-1}$。

产率=__________。

六、思考题

1. 根据本实验方案，meso-四苯基四苯并卟啉锌的理论产量是多少？
2. 层析时，淋洗液流速过快会有什么影响？

附：

微波仪的使用

一、微波加热简介

微波是一种波长极短的电磁波，它和无线电波、红外线、可见光一样，都属于电磁波，微波的频率范围为从 300MHz 到 300kMHz，即波长从 1mm 到 1m。

微波加热的原理：微波与物质分子相互作用，会导致分子极化、取向、摩擦、碰撞、吸收微波能而产生热效应，这种加热方式称为微波加热。微波加热是物体吸收微波后自身发热，加热从物体内部、外部同时开始，能做到里外同时加热。它不依靠表面热传导方式，可以避免常规加热方式存在的一些问题，诸如需要预热、加热时间长和加热干燥速率慢等。

1. 微波对物料的非热效应

微波对物料加热时，将同时出现热效应和非热效应（或称生物效应）。其中热效应主要表现为：物料在吸收微波能量后，其升温、所含水分的蒸发、干燥和脱水；若适当控制脱水速率还可造成物料的膨化、结构疏松。非热效应现象发生在生物体上，是指生物体因处在微波电磁场环境中而出现的所谓应答性反应，即以最小的微波量造成生物体生存环境条件以及自身生理活动的改变。例如：破坏生物体细胞膜内外的电位平衡，阻断细胞膜与外界交换物质的离子通道的通畅性等。这些改变对生物体作用是致命的，它能在极短的时间内让生物体（如细菌）死亡。其致死成因为微波电磁场的热力与电磁力的共同作用，其中以电磁力作用为主。

2. 微波对化学过程的激励效应

微波电磁场可以直接作用于化学体系，可以催化加速或改变各类化学反应过程。例如，可以通过微波功率的诱导，将气体转变为等离子体（作为光源）来检测某些用常规方法很难测定的非金属元素。或者，在一些基本材料上，可以用微波加热的方法增强化学相沉积。

微波对化学反应的催化，使一些在通常条件下不易进行的反应迅速完成。通过对它的作用机理的研究，发现微波对化学反应的影响，除了对反应物加热的热效应外，还存在着微波电磁场对参与反应分子间行为的非热效应的直接作用。可以认为是微波电磁场对物质的又一方面的直接作用，即微波电磁场可以对生物体，也可以对组成物质的分子结构产生组合的影响。

3. 微波加热的优点

(1) 加热快速。微波能以光速（3×10^{10} cm·s^{-1}）在物体中传播，瞬间（约 10^{-9} s 以内）就能把微波能转化为物质的热能，并将热能渗透到被加热的物质中，无须热传导过程。

(2) 快速响应能力。能快速启动、停止及调整输出功率，操作简单。

(3) 加热均匀。里外同时加热。

(4) 选择性加热。介质损耗大的，加热后温度也高；反之亦然。

(5) 加热效率高。由于被加热物自身发热，加热没有热传导过程，因此周围的空气及加热箱没有热损耗。

(6) 加热渗透力强。

二、MG08S-2 型微波实验仪的使用步骤

1. 安装好微波抑制器。

2. 连接好实验仪炉体与微波电源之间的相关线缆。

3. 插上电源插头，将搅拌控制与功率调节旋钮逆时针转动回“零”位。

4. 在需要对所实验物料进行测温时连接铂金温度传感器。

在连接测温传感器时的注意事项如下。

a. 由于该插头有定位口，无方向性。在连接时要求用手拧紧螺纹即可。

b. 连接温度传感器时插座的螺纹不紧固有可能导致在微波场中因打火而发热现象，最终可能导致测温传感器损坏。

c. 不需测温时需将传感器测温头取下，传感器测温头使用时不能接触炉腔壁，否则可能导致温度传感器损坏。

5. 按下 MG08S-2 微波电源上的“电源开关”按钮，此时“电源指示”灯亮，炉腔内的照明灯亮，同时冷却风机工作。

6. 打开微波腔体的炉门将被加热物料摆放均匀后，将其放入微波炉腔内。

7. 将测温传感器插入实验物料。

8. 打开磁力搅拌按钮开关（此时按钮灯亮），然后调节磁力搅拌“搅拌速度”旋钮至合适的搅拌速度。

9. 关好微波炉门（若门没有关好，则高压无法打开），设置定时器的时间，定时器的设定方法：按照物料在实际使用中的具体要求，来设定“微波定时”的加热时间。取下定时器罩壳，按“+”/“−”来分别设定 H−M−S 的挡位及具体定时时间参数。其中“H”代表小时，“M”代表分钟，“S”代表秒。

10. 将“功率调节”旋钮调至“0”位，按下“微波开”按钮，此时定时器开始计时；

11. 顺时针转动“功率调节”旋钮，观察面板上的“阳极电流”表的读数，该电流值的变化与功率变化呈同比关系。具体参数的对照值可参见图 7-9。

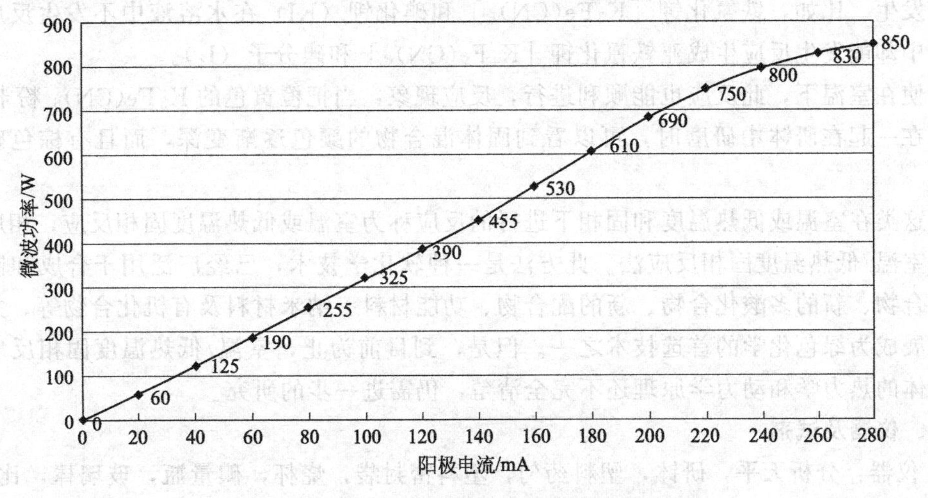

图 7-9 微波阳极电流与微波功率间的关系曲线

12. 在进行在线温度监控时，首先在腔体内安装测温传感器，同时在温度表上设定控制温度的大小。具体的设定方法如下。

a. 设定控制温度大小：按温度表上的“SET”键后，LED 上出现“S0”时，再按“▲”或“▼”键调整绿色显示区的数值大小，该数值即为温度控制的中心温度。

b. 设定控制温度的区间：在温度控制过程中，为减少温控仪与内部系统的频繁工作次数，一般情况下均根据不同的实验物料设置不同的温控区间，也就是说设置一个控制的±区间，设置的方法是按“SET”键 5s 后出现显示“P”按“▲”或“▼”键调整绿色显示区的数值大小，该数值即为温度控制的总区间。如需设定±2℃的控制区间，则设定“P”为 4；需设定±3℃的控制区间，则设定“P”为 6。

13. 在无须使用温度测量的实验环境，请将测温传感器卸下后再开机。

14. 停机时可由“时间到”而自动关断微波输出，如在实验过程中需中途停止，可逆时针转动“功率调节”旋钮降低微波阳极电流至 0 位后，按“微波关”按钮关断微波，此时可以打开炉门观察或调整实验状态。

15. 最终关机时，关闭“电源开关”，拔出电源插头。

实验三十七 $K_3Fe(CN)_6$ 与 KI 的室温固相反应

一、实验目的

1. 理解 $K_3Fe(CN)_6$ 与 KI 的室温固相反应。

2. 了解用有机溶剂进行萃取的技术。

3. 掌握用红外光谱鉴定化学物质的方法。

二、实验原理

20世纪80年代以来的研究发现，许多固体化合物在室温或低热温度（<100℃）的条件下可以发生反应。有些在溶液状态不能进行的反应，在固体状态即使在室温或低热温度下却能够发生。比如，铁氰化钾［$K_3Fe(CN)_6$］和碘化钾（KI）在水溶液中不发生反应，但在固相中却能发生反应生成亚铁氰化钾［$K_4Fe(CN)_6$］和碘分子（I_2）。

即使在室温下，此反应也能顺利进行，反应现象：当把橙黄色的 $K_3Fe(CN)_6$ 粉末和KI细粉混在一起在研钵中研磨时，可以看到固体混合物的颜色逐渐变深，而且有棕色碘蒸气产生。

像这类在室温或低热温度和固相下进行的反应称为室温或低热温度固相反应，相应的方法称为室温/低热温度固相反应法。此方法是一种软化学技术，已经广泛用于合成和制备原子簇化合物、新的多酸化合物、新的配合物、功能材料、纳米材料及有机化合物等，并且有可能发展成为绿色化学的首选技术之一。但是，到目前为止，室温/低热温度固相反应所涉及的具体的热力学和动力学原理还不完全清楚，仍需进一步的研究。

三、仪器及试剂

1. 仪器：分析天平，研钵，塑料药勺，塑料密封袋，烧杯，碘量瓶，玻璃棒，比色管，移液管，傅里叶红外分光光度计，烘箱，布氏漏斗，抽滤瓶。

2. 试剂：铁氰化钾，碘化钾，氯仿（或四氯甲烷），碘，氯化铁，均为分析纯。

四、实验内容

1. $K_3Fe(CN)_6$ 与KI的室温固相反应

分别称取0.500g干燥 $K_3[Fe(CN)_6]$（80～100目）和0.504g KI，置于研钵内并用塑料密实袋套上。然后，在室温下研磨反应混合物60min（注意：研磨过程之中，①应不时地用塑料药勺翻动；②观察研磨过程中混合物颜色的变化和气体的逸出）。

2. 萃取碘单质

将研磨后的反应混合物全部转移至50mL的烧杯内，并用10mL氯仿（或四氯甲烷）完全溶解（玻璃棒搅动至颜色不再加深）。静置10min后，用倾析法将该溶液转移至碘量瓶内。按上述操作，对反应混合物重复萃取4次，萃取液置于同一碘量瓶内。

3. 萃取液碘浓度的测定

（1）配置碘标准溶液

在25mL比色管内，以氯仿为溶剂，用纯碘单质配制5份浓度分别为 $0.1g \cdot L^{-1}$、$1.0g \cdot L^{-1}$、$1.5g \cdot L^{-1}$、$2.0g \cdot L^{-1}$ 和 $3.0g \cdot L^{-1}$ 的碘标准溶液10mL。

（2）确定萃取液的含碘浓度

首先量取萃取液的总体积。然后从总的萃取液内取10mL置于25mL比色管内，并与碘标准溶液进行比色，从而确定萃取液的含碘浓度。

4. 检验 $K_4Fe(CN)_6$

取少量萃取后的反应混合物，置于50mL小烧杯内，用10mL蒸馏水完全溶解。然后，向此溶液内加入5滴 $0.1mol \cdot L^{-1}$ $FeCl_3$ 水溶液（新配置），摇荡，观察现象。

5. 测定萃取后反应混合物的红外光谱

用抽滤法将萃取后的反应混合物中的溶液抽干，然后在烘箱内将抽滤后的混合物烘干

(注意：不能将含有大量有机溶剂的试样放在烘箱内烘干)。测定烘干后的混合物的红外光谱。然后，将其红外光谱与铁氰化钾和亚铁氰化钾的红外光谱进行对照，判断反应进行的程度和萃取的程度。

五、数据记录与处理

1. 由比色测定结果，计算所得碘的质量，并用此质量计算反应的最低转化率。

2. 根据亚铁氰化钾的检验结果和反应混合物的红外光谱特征，如何判断该反应在固相条件下能够正向进行？

六、思考题

1. 为什么反应 $K_3Fe(CN)_6$ 与 KI 在固相条件下能反应，而在溶液中不能进行（用化学反应速率的碰撞理论解释）？

2. 用氯化铁检验亚铁氰化钾的原理是什么？

实验三十八 金属有机骨架化合物 ZIF-8 的合成及表征

一、实验目的

1. 了解金属有机骨架材料合成的基本原理，学习金属有机骨架材料的合成方法。

2. 学习 X 射线衍射仪定量分析的原理和方法。

二、实验原理

金属-有机骨架材料通常是由有机配体与金属离子通过自组装过程形成的具有周期性网络的结构。

一般采用水热或溶剂热法来合成：即在高温高压的反应条件下，将在常温常压下难溶甚至不溶的反应物与溶剂一起放在密封的内衬有聚四氟乙烯的不锈钢反应釜中，通过溶解或化学反应生成产物，再降低温度使之达到一定的饱和度之后进而结晶析出产物。反应温度一般可以控制在 60～300℃之间，反应溶剂除了用水之外还可以根据反应物自身的特点选用不同的有机溶剂。在反应过程中有机溶剂不仅充当了反应介质，而且起到模板的作用。

对于得到的晶体材料可以利用单晶对 X 射线的衍射效应来测定其晶体结构，再利用粉末 X-射线衍射对材料的相纯度进行分析。

每一种结晶物质都有各自独特的化学组成和晶体结构。没有任何两种物质，它们的晶胞大小、质点种类及其在晶胞中的排列方式是完全一致的。因此，当 X 射线被晶体衍射时，每一种结晶物质都有自己独特的衍射花样，它们的特征可以用各个衍射晶面间距 d 和衍射线的相对强度来表征。其中晶面间距 d 与晶胞的形状和大小有关，相对强度则与质点的种类及其在晶胞中的位置有关。所以任何一种结晶物质的衍射晶面间距 d 和衍射线的相对强度是其晶体结构的必然反映，因而可以根据它们来鉴别结晶物质的物相。

三、仪器及试剂

1. 仪器：分析天平，反应釜，烘箱，移液管，量筒，药勺，称量纸，DX-2700 衍射仪。

2. 试剂：2-甲基咪唑（分析纯），醋酸钠（分析纯），氯化锌（化学纯），甲醇（分析纯）。

四、实验内容

1. ZIF-8 的合成

用分析天平准确称取 0.5380g（1mmol）氯化锌、0.6480g（1.4mmol）2-甲基咪唑和 0.2680g（0.8mmol）醋酸钠于不锈钢反应釜中，加入 50mL 甲醇使其溶解。然后将容器密封并在 85℃加热 24h。将混合物以每小时 5℃的速率冷却至室温后，得到晶体 ZIF-8。

2. ZIF-8 的表征

单晶 X-射线衍射：表征晶体结构；

粉末 X-射线衍射：表征结晶度和相纯度；

五、数据记录与处理

用 DX-2700 衍射仪测试合成的 ZIF-8（80mg）样品。

把所得到的 XRD 图与图 7-10 中 ZIF-8 的标准 XRD 图进行对照。如果 XRD 谱图峰位置与标准谱图完全吻合，就说明合成的材料 ZIF-8 具有较高的纯度。

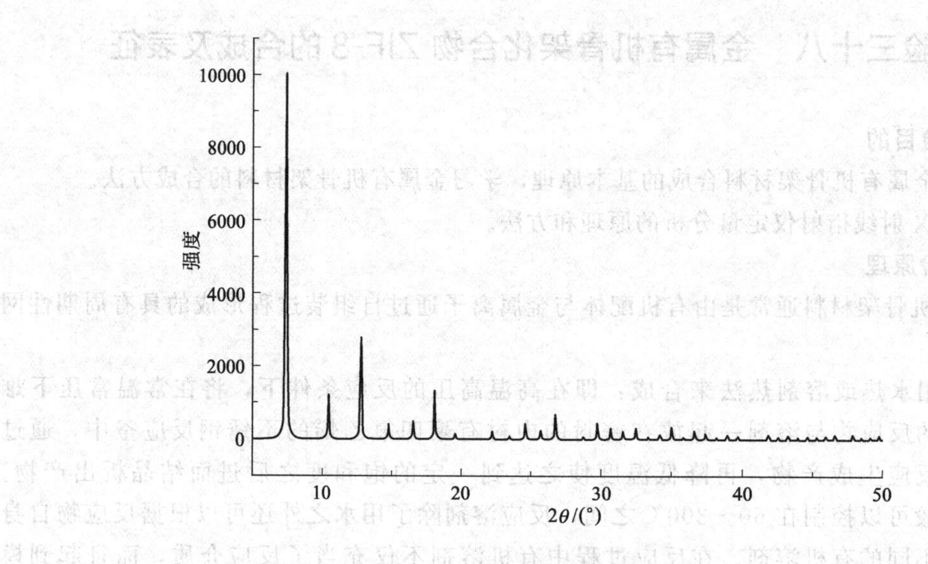

图 7-10 ZIF-8 的标准 XRD 图

实验三十九 共价有机框架化合物的合成及表征

一、实验目的

1. 了解共价有机框架化合物合成的基本原理，学习共价有机框架化合物的合成方法。

2. 学习红外光谱仪及 X 射线衍射仪分析的原理和方法。

二、实验原理

共价有机框架化合物（COFs）通常是由有机构筑单元通过可逆共价键（如 C—N、Si—O、B—O）形成的具有周期性网络结构的晶态材料。到目前为止，只有可逆反应被用来合成晶型COFs材料，图7-11给出了成功用于合成COFs材料的可逆反应。A为硼酸基团自缩聚形成硼氧烃六元环的可逆反应，Yaghi课题组在2005年首次利用该反应设计合成了第一例COF材料COF-1。B为苯硼酸与邻苯二酚共缩聚形成硼酸酯五元环的可逆反应，利用该可逆反应，一系列COFs材料被合成出来。C与B反应类似，为苯硼酸与硅烷醇缩聚形成硼硅酸盐的反应。D代表了一类独特的反应类型，在离子热反应条件下氰基环三聚形成一类共价三嗪框架化合物（CTFs）。E和F为通过醛基和氨基缩聚形成可逆的亚胺键或腙键连接的COFs材料。

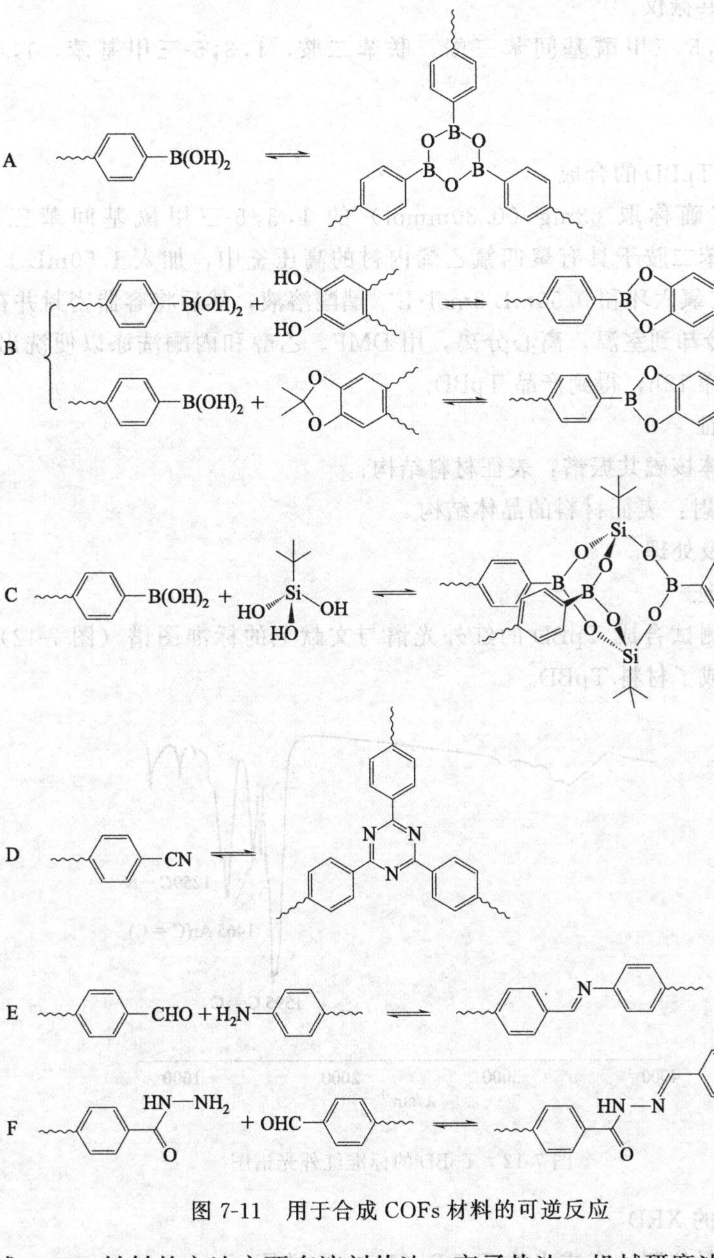

A　$B(OH)_2$　⇌　B　O　B　O　B　O

B　$B(OH)_2$ + HO HO　⇌　B O O

　$B(OH)_2$ +　O O　⇌　B O O

C　$B(OH)_2$ + Si HO OH HO　⇌　Si O O B O B O O B O O Si

D　CN　⇌　N N N

E　CHO + H_2N　⇌　N

F　HN—NH_2 O　+ OHC　⇌　HN—N O

图7-11　用于合成COFs材料的可逆反应

目前合成COFs材料的方法主要有溶剂热法、离子热法、机械研磨法及微波法等。溶剂热法是一种常用的方法，将单体和混合溶剂放在安瓿瓶或Pyrex管中，经过几次液氮冷冻-抽真空-解冻-冷冻循环过程，然后封管并加热到一定温度，反应一段时间，等反应体系冷却到室温，离心收集沉淀，用合适的溶剂洗掉没有反应的原料和一些低聚物，真空干燥即得到目标材料。机械研磨法是将单体放入玛瑙研钵研磨一段时间，即得合成的COFs材料，用合适的溶剂洗掉没有反应的原料和一些低聚物，真空干燥即得到目标材料。

对于得到的材料可以利用红外光谱、固体核磁共振谱、元素分析及粉末X射线衍射确定其结构。

三、仪器及试剂

1. 仪器：分析天平，反应釜，烘箱，移液管，量筒，药勺，称量纸，DX-2700衍射仪，红外光谱仪，核磁共振仪。

2. 试剂：1,3,5-三甲酰基间苯三酚，联苯二胺，1,3,5-三甲基苯，1,4-二氧六环，醋酸。

四、实验内容

1. COFs材料TpBD的合成

用分析天平准确称取63mg（0.30mmol）的1,3,5-三甲酰基间苯三酚、82.9mg（0.45mmol）的联苯二胺于具有聚四氟乙烯内衬的高压釜中，加入1.50mL 1,3,5-三甲基苯、1.50mL 1,4-二氧六环和0.50mL $3mol \cdot L^{-1}$醋酸溶液，然后将容器密封并在120℃烘箱里反应72h。然后冷却到室温，离心分离，用DMF、乙醇和丙酮洗涤以便洗出没有反应的原料，80℃真空干燥12h，得到产品TpBD。

2. TpBD的表征

红外光谱、固体核磁共振谱：表征材料结构；

粉末X-射线衍射：表征材料的晶体结构。

五、数据记录及处理

1. 红外光谱表征

用红外光谱仪测试合成TpBD的红外光谱与文献上的标准图谱（图7-12）进行比对，如果吻合，说明合成了材料TpBD。

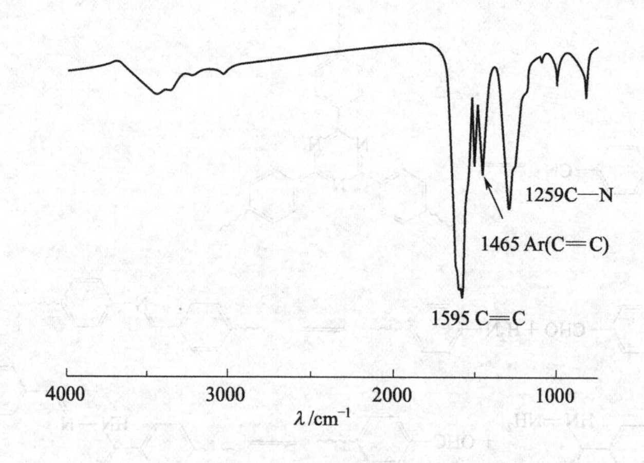

图7-12 TpBD的标准红外光谱图

2. 测试TpBD的XRD

用DX-2700衍射仪测试合成出的TpBD（60mg）样品。

把所得到的XRD图同TpBD的标准XRD图谱（图7-13）进行对照。如果XRD谱图峰位置与标准谱图完全吻合，就说明合成出的材料TpBD具有较好的晶形。

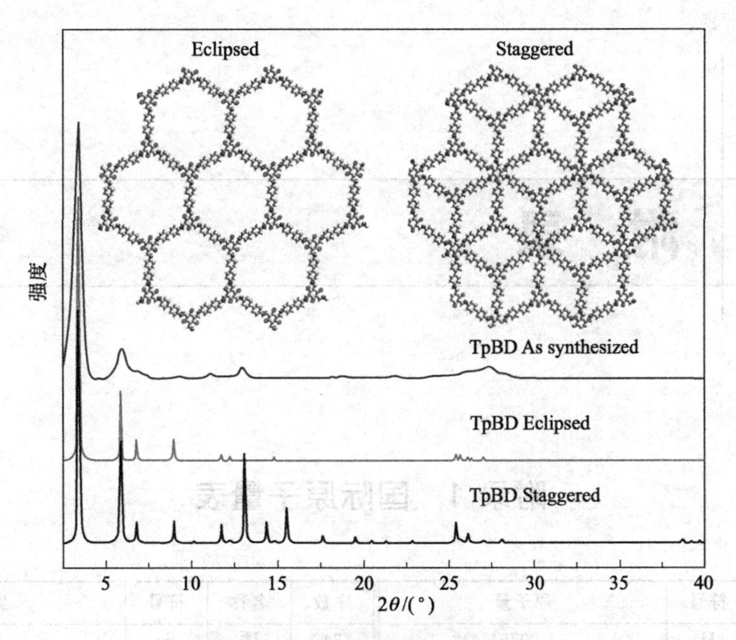

图 7-13　TpBD 的标准 XRD 图

附　录

附录 1　国际原子量表

序数	名称	符号	原子量	序数	名称	符号	原子量
1	氢	H	1.00794	34	硒	Se	78.96
2	氦	He	4.002602	35	溴	Br	79.904
3	锂	Li	6.941	36	氪	Kr	83.80
4	铍	Be	9.012182	37	铷	Rb	85.4678
5	硼	B	10.811	38	锶	Sr	87.62
6	碳	C	12.0107	39	钇	Y	88.90585
7	氮	N	14.00674	40	锆	Zr	91.224
8	氧	O	15.9994	41	铌	Nb	92.90638
9	氟	F	18.9984032	42	钼	Mo	95.94
10	氖	Ne	20.1797	43	锝	Tc	(98)
11	钠	Na	22.989770	44	钌	Ru	101.07
12	镁	Mg	24.3050	45	铑	Rh	102.90550
13	铝	Al	26.981538	46	钯	Pd	106.42
14	硅	Si	28.0855	47	银	Ag	107.8682
15	磷	P	30.973761	48	镉	Cd	112.411
16	硫	S	32.066	49	铟	In	114.818
17	氯	Cl	35.4527	50	锡	Sn	118.710
18	氩	Ar	39.948	51	锑	Sb	121.760
19	钾	K	39.0983	52	碲	Te	127.60
20	钙	Ca	40.078	53	碘	I	126.90447
21	钪	Sc	44.955910	54	氙	Xe	131.29
22	钛	Ti	47.867	55	铯	Cs	132.90543
23	钒	V	50.9415	56	钡	Ba	137.327
24	铬	Cr	51.9961	57	镧	La	138.9055
25	锰	Mn	54.938049	58	铈	Ce	140.116
26	铁	Fe	55.845	59	镨	Pr	140.90765
27	钴	Co	58.933200	60	钕	Nd	144.23
28	镍	Ni	58.6934	61	钷	Pm	(145)
29	铜	Cu	63.546	62	钐	Sm	150.36
30	锌	Zn	65.39	63	铕	Eu	151.964
31	镓	Ga	69.723	64	钆	Gd	157.25
32	锗	Ge	72.61	65	铽	Tb	158.92534
33	砷	As	74.92160	66	镝	Dy	162.50

续表

序数	名称	符号	原子量	序数	名称	符号	原子量
67	钬	Ho	164.93032	93	镎	Np	(237)
68	铒	Er	167.26	94	钚	Pu	(244)
69	铥	Tm	168.93421	95	镅	Am	(243)
70	镱	Yb	173.04	96	锔	Cm	(247)
71	镥	Lu	174.967	97	锫	Bk	(247)
72	铪	Hf	178.49	98	锎	Cf	(251)
73	钽	Ta	180.9479	99	锿	Es	(252)
74	钨	W	183.84	100	镄	Fm	(257)
75	铼	Re	186.207	101	钔	Md	(258)
76	锇	Os	190.23	102	锘	No	(259)
77	铱	Ir	192.217	103	铹	Lr	(262)
78	铂	Pt	195.078	104	𬬻	Rf	(261)
79	金	Au	196.96655	105	𬭊	Db	(262)
80	汞	Hg	200.59	106	𬭳	Sg	(263)
81	铊	Tl	204.3833	107	𬭛	Bh	(262)
82	铅	Pb	207.2	108	𬭶	Hs	(265)
83	铋	Bi	208.98038	109	鿏	Mt	(266)
84	钋	Po	(209)	110	𫟼	Ds	(269)
85	砹	At	(210)	111	𬬭	Rg	
86	氡	Rn	(222)	112	鿔	Cn	
87	钫	Fr	(223)	113	鿭	Nh	
88	镭	Ra	(226)	114	𫓧	Fi	
89	锕	Ac	(227)	115	镆	Mc	
90	钍	Th	232.0381	116	𫟷	Lv	
91	镤	Pa	231.03588	117	石田	Ts	
92	铀	U	238.0289	118	气奥	Og	

注：摘自 Lide D R. Handbook of Chemistry and Physics. 78 th Ed，CRC PRESS，1997—1998。

附录 2 常见化合物的摩尔质量

化合物	摩尔质量 /g·mol^{-1}	化合物	摩尔质量 /g·mol^{-1}	化合物	摩尔质量 /g·mol^{-1}
Ag_3AsO_4	462.52	$Al_2(SO_4)_3$	342.14	BiOCl	260.43
AgBr	187.77	$Al_2(SO_4)_3\cdot 18H_2O$	666.41	CO_2	44.01
AgCl	143.32	As_2O_3	197.84	CaO	56.08
AgCN	133.89	As_2O_5	229.84	$CaCO_3$	100.09
AgSCN	165.95	As_2S_3	246.02	CaC_2O_4	128.10
Ag_2CrO_4	331.73	$BaCO_3$	197.34	$CaCl_2$	110.99
AgI	234.77	BaC_2O_4	225.35	$CaCl_2\cdot 6H_2O$	219.08
$AgNO_3$	169.87	$BaCl_2$	208.24	$Ca(NO_3)_2\cdot 4H_2O$	236.15
$AlCl_3$	133.34	$BaCl_2\cdot 2H_2O$	244.27	$Ca(OH)_2$	74.09
$AlCl_3\cdot 6H_2O$	241.43	$BaCrO_4$	253.32	$Ca_3(PO_4)_2$	310.18
$Al(NO_3)_3$	213.00	BaO	153.33	$CaSO_4$	136.14
$Al(NO_3)_3\cdot 9H_2O$	375.13	$Ba(OH)_2$	171.34	$CdCO_3$	172.42
Al_2O_3	101.96	$BaSO_4$	233.39	$CdCl_2$	183.32
$Al(OH)_3$	78.00	$BiCl_3$	315.34	CdS	144.47

续表

化合物	摩尔质量 /g·mol^{-1}	化合物	摩尔质量 /g·mol^{-1}	化合物	摩尔质量 /g·mol^{-1}
$Ce(SO_4)_2$	332.24	CH_3COOH	60.052	$KMnO_4$	158.03
$Ce(SO_4)_2 \cdot 4H_2O$	404.30	H_2CO_3	62.025	$KNaC_4H_4O_6 \cdot 4H_2O$	282.22
$CoCl_2$	129.84	$H_2C_2O_4$	90.035	KNO_3	101.10
$CoCl_2 \cdot 6H_2O$	237.93	$H_2C_2O_4 \cdot 2H_2O$	126.07	KNO_2	85.104
$Co(NO_3)_2$	132.94	HCl	36.461	K_2O	94.196
$Co(NO_3)_2 \cdot 6H_2O$	291.03	HF	20.006	KOH	56.106
CoS	90.99	HI	127.91	K_2SO_4	174.25
$CoSO_4$	154.99	HIO_3	175.91	$MgCO_3$	84.314
$CoSO_4 \cdot 7H_2O$	281.10	HNO_3	63.013	$MgCl_2$	95.211
$CO(NH_2)_2$	60.06	HNO_2	47.013	$MgCl_2 \cdot 6H_2O$	203.30
$CrCl_3$	158.35	H_2O	18.015	MgC_2O_4	112.33
$CrCl_3 \cdot 6H_2O$	266.45	H_2O_2	34.015	$Mg(NO_3)_2 \cdot 6H_2O$	256.41
$Cr(NO_3)_3$	238.01	H_3PO_4	97.995	$MgNH_4PO_4$	137.32
Cr_2O_3	151.99	H_2S	34.08	MgO	40.304
$CuCl$	98.999	H_2SO_3	82.07	$Mg(OH)_2$	58.32
$CuCl_2$	134.45	H_2SO_4	98.07	$Mg_2P_2O_7$	222.55
$CuCl_2 \cdot 2H_2O$	170.48	$Hg(CN)_2$	252.63	$MgSO_4 \cdot 7H_2O$	246.47
$CuSCN$	121.62	$HgCl_2$	271.50	$MnCO_3$	114.95
CuI	190.45	Hg_2Cl_2	472.09	$MnCl_2 \cdot 4H_2O$	197.91
$Cu(NO_3)_2$	187.56	HgI_2	454.40	$Mn(NO_3)_2 \cdot 6H_2O$	287.04
$Cu(NO_3)_2 \cdot 3H_2O$	241.60	$Hg_2(NO_3)_2$	525.19	MnO	70.937
CuO	79.545	$Hg_2(NO_3)_2 \cdot 2H_2O$	561.22	MnO_2	86.937
Cu_2O	143.09	$Hg(NO_3)_2$	324.60	MnS	87.00
CuS	95.61	HgO	216.59	$MnSO_4$	151.00
$CuSO_4$	159.60	HgS	232.65	$MnSO_4 \cdot 4H_2O$	223.06
$CuSO_4 \cdot 5H_2O$	249.68	$HgSO_4$	296.65	NO	30.006
$FeCl_2$	126.75	Hg_2SO_4	497.24	NO_2	46.006
$FeCl_2 \cdot 4H_2O$	198.81	$KAl(SO_4)_2 \cdot 12H_2O$	474.38	NH_3	17.03
$FeCl_3$	162.21	KBr	119.00	CH_3COONH_4	77.083
$FeCl_3 \cdot 6H_2O$	270.30	$KBrO_3$	167.00	NH_4Cl	53.491
$FeNH_4(SO_4)_2 \cdot 12H_2O$	482.18	KCl	74.551	$(NH_4)_2CO_3$	96.086
$Fe(NO_3)_3$	241.86	$KClO_3$	122.55	$(NH_4)_2C_2O_4$	124.10
$Fe(NO_3)_3 \cdot 9H_2O$	404.00	$KClO_4$	138.55	$(NH_4)_2C_2O_4 \cdot H_2O$	142.11
FeO	71.846	KCN	65.116	NH_4SCN	76.12
Fe_2O_3	159.69	$KSCN$	97.18	NH_4HCO_3	79.055
Fe_3O_4	231.54	K_2CO_3	138.21	$(NH_4)_2MoO_4$	196.01
$Fe(OH)_3$	106.87	K_2CrO_4	194.19	NH_4NO_3	80.043
FeS	87.91	$K_2Cr_2O_7$	294.18	$(NH_4)_2HPO_4$	132.06
Fe_2S_3	207.87	$K_3Fe(CN)_6$	329.25	$(NH_4)_2S$	68.14
$FeSO_4$	151.90	$K_4Fe(CN)_6$	368.35	$(NH_4)_2SO_4$	132.13
$FeSO_4 \cdot 7H_2$	278.01	$KFe(SO_4)_2 \cdot 12H_2O$	503.24	NH_4VO_3	116.98
$FeSO_4 \cdot (NH_4)_2SO_4 \cdot 6H_2O$	392.13	$KHC_2O_4 \cdot H_2O$	146.14	Na_3AsO_3	191.89
H_3AsO_3	125.94	$KHC_2O_4 \cdot H_2C_2O_4 \cdot 2H_2O$	254.19	$Na_2B_4O_7$	201.22
H_3AsO_4	141.94	$KHC_4H_4O_6$	188.18	$Na_2B_4O_7 \cdot 10H_2O$	381.37
H_3BO_3	61.83	$KHSO_4$	136.16	$NaBiO_3$	279.97
HBr	80.912	KI	166.00	$NaCN$	49.007
HCN	27.026	KIO_3	214.00	$NaSCN$	81.07
$HCOOH$	46.026	$KIO_3 \cdot HIO_3$	389.91	Na_2CO_3	105.99

续表

化合物	摩尔质量 /g·mol^{-1}	化合物	摩尔质量 /g·mol^{-1}	化合物	摩尔质量 /g·mol^{-1}
$Na_2CO_3 \cdot 10H_2O$	286.14	NiS	90.75	$SnCl_2$	189.62
$Na_2C_2O_4$	134.00	$NiSO_4 \cdot 7H_2O$	280.85	$SnCl_2 \cdot 2H_2O$	225.65
CH_3COONa	82.034	P_2O_5	141.94	$SnCl_4$	260.52
$CH_3COONa \cdot 3H_2O$	136.08	$PbCO_3$	267.20	$SnCl_4 \cdot 5H_2O$	350.596
$NaCl$	58.443	PbC_2O_4	295.22	SnO_2	150.71
$NaClO$	74.442	$PbCl_2$	278.10	SnS	150.776
$NaHCO_3$	84.007	$PbCrO_4$	323.20	$SrCO_3$	147.63
$Na_2HPO_4 \cdot 12H_2O$	358.14	$Pb(CH_3COO)_2$	325.30	SrC_2O_4	175.64
$Na_2H_2Y \cdot 2H_2O$	372.24	$Pb(CH_3COO)_2 \cdot 3H_2O$	379.30	$SrCrO_4$	203.61
$NaNO_2$	68.995	PbI_2	461.00	$Sr(NO_3)_2$	211.63
$NaNO_3$	84.995	$Pb(NO_3)_2$	331.20	$Sr(NO_3)_2 \cdot 4H_2O$	283.69
Na_2O	61.979	PbO	223.20	$SrSO_4$	183.68
Na_2O_2	77.978	PbO_2	239.20	$UO_2(CH_3COO)_2 \cdot 2H_2O$	424.15
$NaOH$	39.997	$Pb_3(PO_4)_2$	811.54	$ZnCO_3$	125.39
Na_3PO_4	163.94	PbS	239.30	ZnC_2O_4	153.40
Na_2S	78.04	$PbSO_4$	303.30	$ZnCl_2$	136.29
$Na_2S \cdot 9H_2O$	240.18	SO_3	80.06	$Zn(CH_3COO)_2$	183.47
Na_2SO_3	126.04	SO_2	64.06	$Zn(CH_3COO)_2 \cdot 2H_2O$	219.50
Na_2SO_4	142.04	$SbCl_3$	228.11	$Zn(NO_3)_2$	189.39
$Na_2S_2O_3$	158.10	$SbCl_5$	299.02	$Zn(NO_3)_2 \cdot 6H_2O$	297.48
$Na_2S_2O_3 \cdot 5H_2O$	248.17	Sb_2O_3	291.50	ZnO	81.38
$NiCl_2 \cdot 6H_2O$	237.69	Sb_2S_3	339.68	ZnS	97.44
NiO	74.69	SiF_4	104.08	$ZnSO_4$	161.44
$Ni(NO_3)_2 \cdot 6H_2O$	290.79	SiO_2	60.084	$ZnSO_4 \cdot 7H_2O$	287.54

附录3 常用指示剂

指示剂名称	变色 pH 范围	颜色变化	溶液配制方法
甲基紫(第一变色范围)	0.13～0.5	黄－绿	0.1%或0.05%的水溶液
苦味酸	0.0～1.3	无色－黄	0.1%水溶液
甲基绿	0.1～2.0	黄－绿－浅蓝	0.05%水溶液
孔雀绿(第一变色范围)	0.13～2.0	黄－浅蓝－绿	0.1%水溶液
甲基紫(第二变色范围)	1.0～1.5	绿－蓝	0.1%水溶液
百里酚蓝(麝香草酚蓝)(第一变色范围)	1.2～2.8	红－黄	0.1g指示剂溶于100mL 20%乙醇中
甲基紫(第三变色范围)	2.0～3.0	蓝－紫	0.1%水溶液
茜素黄R(第一变色范围)	1.9～3.3	红－黄	0.1%水溶液
二甲基黄	2.9～4.0	红－黄	0.1g或0.01g指示剂溶于100mL 90%乙醇中
甲基橙	3.1～4.4	红－橙黄	0.1%水溶液
溴酚蓝	3.0～4.6	黄－蓝	0.1g指示剂溶于100mL 20%乙醇中
溴甲酚绿	3.8～5.4	黄－蓝	0.1g指示剂溶于100mL 20%乙醇中

续表

指示剂名称	变色 pH 范围	颜色变化	溶液配制方法
甲基红	4.4～6.2	红－黄	0.1g 或 0.2g 指示剂溶于 100mL 60%乙醇中
溴酚红	5.0～6.8	黄－红	0.1g 或 0.04g 指示剂溶于 100mL 20%乙醇中
溴甲酚紫	5.2～6.8	黄－紫红	0.1g 指示剂溶于 100mL 20%乙醇中
溴百里酚蓝	6.0～7.6	黄－蓝	0.05g 指示剂溶于 100mL 20%乙醇中
中性红	6.8～8.0	红－亮黄	0.1g 指示剂溶于 100mL 60%乙醇中
酚红	6.8～8.0	黄－红	0.1g 指示剂溶于 100mL 20%乙醇中
百里酚蓝(麝香草酚蓝)(第二变色范围)	8.0～9.0	黄－蓝	参看第一变色范围
酚酞	8.0～10.0	无色－紫红	(1)0.1g 指示剂溶于 100mL 60%乙醇中； (2)1g 酚酞溶于 100mL 50%乙醇中
百里酚酞	9.4～10.6	无色－蓝	0.1g 指示剂溶于 100mL 90%乙醇中
达旦黄	12.0～13.0	黄－红	0.1%水溶液

附录 4 常用缓冲溶液

缓冲溶液组成	pK_a	缓冲液 pH 值	缓冲溶液配制方法
氨基乙酸-HCl	2.53(pK_{a_1})	2.3	取 150g 氨基乙酸溶于 500mL 水中后，加入 80mL 浓 HCl，稀释至 1L
H_3PO_4-柠檬酸盐		2.5	取 113g $Na_2HPO_4 \cdot 12H_2O$ 溶于 200mL 水后，加入 387g 柠檬酸，溶解，过滤，稀释至 1L
一氯乙酸-NaOH	2.86	2.8	取 200g 一氯乙酸溶于 200mL 水中，加入 40g NaOH 溶解后，稀释至 1L
邻苯二甲酸氢钾-HCl	2.95(pK_{a_1})	2.9	取 500g 邻苯二甲酸氢钾溶于 500mL 水中，加 80mL 浓 HCl，稀释至 1L
甲酸-NaOH	3.76	3.7	取 95g 甲酸和 40g NaOH 溶于 500mL 水中，稀释至 1L
NaAc-HAc	4.74	4.2	取 3.2g 无水 NaAc 溶于水中，加入 50mL 冰 HAc，用水稀释至 1L
NaAc-HAc	4.74	4.7	取 83g 无水 NaAc 溶于水中，加入 60mL 冰 HAc，稀释至 1L
NaAc-HAc	4.74	5.0	取 160g 无水 NaAc 溶于水中，加入 60mL 冰 HAc，稀释至 1L
NH_4Ac-HAc		5.0	取 250g NH_4Ac 溶于水中，加入 25mL 冰 HAc，稀释至 1L
六次甲基四胺-HCl	5.15	5.4	取 40g 六次甲基四胺溶于 200mL 水中，加入 100mL 浓 HCl，稀释至 1L
NH_4Ac-HAc		6.0	取 600g NH_4Ac 溶于水中，加入 20mL 冰 HAc，稀释至 1L
NaAc-H_3PO_4 盐		8.0	取 50g 无水 NaAc 和 50g $Na_2HPO_4 \cdot 12H_2O$，溶于水中，稀释至 1L
Tris HCl	8.21	8.2	取 25g Tris 试剂溶于水中，加入 18mL 浓 HCl，稀释至 1L
NH_3-NH_4Cl	9.26	9.2	取 54g NH_4Cl 溶于水中，加入 63mL 浓氨水，稀释至 1L
NH_3-NH_4Cl	9.26	10.0	(1)取 54g NH_4Cl 溶于水中，加 350mL 浓氨水，稀释至 1L (2)取 67.5g NH_4Cl 溶于 200mL 水中，加 570mL 浓氨水，稀释至 1L

附录 5 常用酸、碱的浓度

试剂名称	密度/$g\cdot cm^{-3}$	质量分数/%	物质的量浓度/$mol\cdot L^{-1}$
浓硫酸	1.84	98	18
稀硫酸	1.1	9	2
浓盐酸	1.19	38	12
稀盐酸	1.0	7	2
浓硝酸	1.4	68	16
稀硝酸	1.2	32	6
稀硝酸	1.1	12	2
浓磷酸	1.7	85	14.7
稀磷酸	1.05	9	1
浓高氯酸	1.67	70	11.6
稀高氯酸	1.12	19	2
浓氢氟酸	1.13	40	23
氢溴酸	1.38	40	7
氢碘酸	1.70	57	7.5
冰醋酸	1.05	99	17.5
稀醋酸	1.04	30	5
稀醋酸	1.0	12	2
浓氢氧化钠	1.44	41	14.4
稀氢氧化钠	1.1	8	2
浓氨水	0.91	28	14.8
稀氨水	1.0	3.5	2

附录 6 部分化合物的颜色

化合物	颜色
氧化物	
CuO	黑色
Cu_2O	暗红色
Ag_2O	暗棕色
ZnO	白色
CdO	棕红色
Hg_2O	黑褐色
HgO	红色或黄色
TiO_2	白色
VO	亮灰色
V_2O_3	黑色
VO_2	深蓝色
V_2O_5	红棕色
Cr_2O_3	绿色
CrO_3	红色
MnO_2	棕褐色
MoO_2	铅灰色
WO_2	棕红色
FeO	黑色
Fe_2O_3	砖红色
Fe_3O_4	黑色
CoO	灰绿色
Co_2O_3	黑色
NiO	暗黑色
Ni_2O_3	黑色
PbO	黄色
Pb_3O_4	红色
氢氧化物	
$Zn(OH)_2$	白色
$Pb(OH)_2$	白色
$Mg(OH)_2$	白色
$Sn(OH)_2$	白色
$Sn(OH)_4$	白色
$Mn(OH)_2$	白色
$Fe(OH)_2$	白色或绿色
$Fe(OH)_3$	红棕色
$Cd(OH)_2$	白色
$Al(OH)_3$	白色
$Bi(OH)_3$	白色
$Sb(OH)_3$	白色
$Cu(OH)_2$	浅蓝色
$CuOH$	黄色
$Ni(OH)_2$	浅绿色
$Ni(OH)_3$	黑色
$Co(OH)_2$	粉红色
$Co(OH)_3$	褐棕色
$Cr(OH)_3$	灰绿色
氯化物	
$AgCl$	白色
Hg_2Cl_2	白色
$PbCl_2$	白色
$CuCl$	白色

续表

化合物	颜色	化合物	颜色
$CuCl_2$	棕色	Hg_2SO_4	白色
$CuCl_2 \cdot 2H_2O$	蓝色	$PbSO_4$	白色
$Hg(NH_2)Cl$	白色	$CaSO_4 \cdot 2H_2O$	白色
$CoCl_2$	蓝色	$SrSO_4$	白色
$CoCl_2 \cdot H_2O$	蓝紫色	$BaSO_4$	白色
$CoCl_2 \cdot 2H_2O$	紫红色	$[Fe(NO)]SO_4$	深棕色
$CoCl_2 \cdot 6H_2O$	粉红色	$Cu_2(OH)_2SO_4$	浅蓝色
$FeCl_3 \cdot 6H_2O$	黄棕色	$CuSO_4 \cdot 5H_2O$	蓝色
$TiCl_3 \cdot 6H_2O$	紫色或绿色	$CoSO_4 \cdot 7H_2O$	红色
$TiCl_2$	黑色	$Cr(SO_4)_3 \cdot 6H_2O$	绿色
溴化物		$Cr_2(SO_4)_3$	紫色或红色
$AgBr$	淡黄色	$Cr_2(SO_4)_3 \cdot 18H_2O$	蓝紫色
$AsBr$	浅黄色	$KCr(SO_4)_2 \cdot 12H_2O$	紫色
$CuBr_2$	黑紫色	碳酸盐	
碘化物		Ag_2CO_3	白色
AgI	黄色	$CaCO_3$	白色
Hg_2I_2	黄绿色	$SrCO_3$	白色
HgI_2	红色	$BaCO_3$	白色
PbI_2	黄色	$MnCO_3$	白色
CuI	白色	$CdCO_3$	白色
SbI_3	红黄色	$Zn_2(OH)_2CO_3$	白色
BiI_3	绿黑色	$BiOHCO_3$	白色
TiI_4	暗棕色	$Hg_2(OH)_2CO_3$	红褐色
卤酸盐		$Co_2(OH)_2CO_3$	红色
$Ba(IO_3)_2$	白色	$Cu_2(OH)_2CO_3$	暗绿色 *
$AgIO_3$	白色	$Ni_2(OH)_2CO_3$	浅绿色
$KClO_4$	白色	磷酸盐	
$AgBrO_3$	白色	Ca_3PO_4	白色
硫化物		$CaHPO_4$	白色
Ag_2S	灰黑色	$Ba_3(PO_4)_2$	白色
HgS	红色或黑色	$FePO_4$	浅黄色
PbS	黑色	Ag_3PO_4	黄色
CuS	黑色	NH_4MgPO_4	白色
Cu_2S	黑色	铬酸盐	
FeS	棕黑色	Ag_2CrO_4	砖红色
Fe_2S_3	黑色	$PbCrO_4$	黄色
CoS	黑色	$BaCrO_4$	黄色
NiS	黑色	$FeCrO_4 \cdot 2H_2O$	黄色
Bi_2S_3	黑褐色	硅酸盐	
SnS	褐色	$BaSiO_3$	白色
SnS_2	金黄色	$CuSiO_3$	蓝色
CdS	黄色	$CoSiO_3$	紫色
Sb_2S_3	橙色	$Fe_2(SiO_3)_3$	棕红色
Sb_2S_5	橙红色	$MnSiO_3$	肉色
MnS	肉色	$NiSiO_3$	翠绿色
ZnS	白色	$ZnSiO_3$	白色
As_2S_3	黄色	草酸盐	
硫酸盐		CaC_2O_4	白色
Ag_2SO_4	白色	$Ag_2C_2O_4$	白色

续表

化合物	颜色	化合物	颜色
$FeC_2O_4 \cdot 2H_2O$	黄色	$Cu_2[Fe(CN)_6]$	红褐色
类卤化合物		$Ag_3[Fe(CN)_6]$	橙色
AgCN	白色	$Zn_3[Fe(CN)_6]_2$	黄褐色
$Ni(CN)_2$	浅绿色	$Co_2[Fe(CN)_6]$	绿色
$Cu(CN)_2$	浅棕绿色	$Ag_4[Fe(CN)_6]$	白色
CuCN	白色	$Zn_2[Fe(CN)_6]$	白色
AgSCN	白色	$K_3[Co(NO_2)_6]$	黄色
$Cu(SCN)_2$	黑绿色	$K_2Na[Co(NO_2)_6]$	黄色
其他含氧酸盐		$(NH_4)_2Na[Co(NO_2)_6]$	黄色
NH_4MgAsO_4	白色	$K_2[PtCl_6]$	黄色
Ag_3AsO_4	红褐色	$KHC_4H_4O_6$	白色
$Ag_2S_2O_3$	白色	$Na[Sb(OH)_6]$	白色
$BaSO_3$	白色	$Na_2[Fe(CN)_5NO] \cdot 2H_2O$	红色
$SrSO_3$	白色	$NaOAc \cdot Zn(OAc)_2 \cdot 3[UO_2(Ac)_2] \cdot 9H_2O$	黄色
其他化合物		$(NH_4)_2MoS_4$	血红色
$Fe_4[Fe(CN)_6]_3 \cdot xH_2O$	蓝色		

注：＊相同浓度硫酸铜和硫酸钠溶液的比例（体积）不同时生成的碱式碳酸铜颜色不同。

$V_{CuSO_4} : V_{Na_2CO_3}$	碱式碳酸铜的颜色
2∶1.6	浅蓝绿色
1∶1	暗绿色

附录 7　水的饱和蒸气压（$\times 10^2$Pa，273.0～313.2K）

温度/K	0.0	0.2	0.4	0.6	0.8
273		6.105	6.195	6.286	6.379
274	6.473	6.567	6.663	6.759	6.858
275	6.958	7.058	7.159	7.262	7.366
276	7.473	7.579	7.687	7.797	7.907
277	8.019	8.134	8.249	8.365	8.483
278	8.603	8.723	8.846	8.970	9.095
279	9.222	9.350	9.481	9.611	9.745
280	9.881	10.017	10.155	10.295	10.436
281	10.580	10.726	10.872	11.022	11.172
282	11.324	11.478	11.635	11.792	11.952
283	12.114	12.278	12.443	12.610	12.779
284	12.951	13.124	13.300	13.478	13.658
285	13.839	14.023	14.210	14.397	14.587
286	14.779	14.973	15.171	15.369	15.572
287	15.776	15.981	16.191	16.401	16.615
288	16.831	17.049	17.260	17.493	17.719
289	17.947	18.177	18.410	18.648	18.886
290	19.128	19.372	19.618	19.869	20.121
291	20.377	20.634	20.896	21.160	21.426
292	21.694	21.968	22.245	22.523	22.805
293	23.090	23.378	23.669	23.963	24.261
294	24.561	24.865	25.171	25.482	25.797
295	26.114	26.434	26.758	27.086	27.418

续表

温度/K	0.0	0.2	0.4	0.6	0.8
296	27.751	28.088	28.430	28.775	29.124
297	29.478	29.834	30.195	30.560	30.928
298	31.299	31.672	32.049	32.432	32.820
299	33.213	33.609	34.009	34.413	34.820
300	35.232	35.649	36.070	36.496	36.925
301	37.358	37.796	38.237	38.683	39.135
302	39.593	40.054	40.519	40.990	41.466
303	41.945	42.429	42.918	43.411	43.908
304	44.412	44.923	45.439	45.958	46.482
305	47.011	47.547	48.087	48.632	49.184
306	49.740	50.301	50.869	51.441	52.020
307	52.605	53.193	53.788	54.390	54.997
308	55.609	56.229	56.854	57.485	58.122
309	58.766	59.412	60.067	60.727	61.395
310	62.070	62.751	63.437	64.131	64.831
311	65.537	66.251	66.969	67.693	68.425
312	69.166	69.917	70.673	71.434	72.202
313	72.977	73.759			

注：摘自 R. C. Weast，Handbook of Chemistry and Physics. D-189，70th. . edition，1989—1990。

附录 8 常见难溶化合物的溶度积常数

化合物	溶度积(温度/℃)	化合物	溶度积(温度/℃)
铝		钙	
铝酸 H_3AlO_3	4×10^{-13}(15)	碳酸钙	3.36×10^{-9}(25)
	1.1×10^{-15}(18)	氟化钙	3.45×10^{-11}(25)
	3.7×10^{-15}(25)	碘酸钙 $Ca(IO_3)_2\cdot6H_2O$	7.10×10^{-7}(25)
氢氧化铝	1.9×10^{-33}(18～20)	碘酸钙	6.47×10^{-6}(25)
钡		草酸钙	2.32×10^{-9}(25)
碳酸钡	2.58×10^{-9}(25)	草酸钙 $CaC_2O_4\cdot H_2O$	2.57×10^{-9}(25)
铬酸钡	1.17×10^{-10}(25)	硫酸钙	4.93×10^{-5}(25)
氟化钡	1.84×10^{-7}(25)	钴	
碘酸钡 $Ba(IO_3)_2\cdot2H_2O$	1.67×10^{-9}(25)	硫化钴(Ⅱ)α-CoS	4.0×10^{-21}(18～25)
碘酸钡	4.01×10^{-9}(25)	硫化钴 β-CoS	2.0×10^{-25}(18～25)
草酸钡 $BaC_2O_4\cdot2H_2O$	1.2×10^{-7}(18)	铜	
硫酸钡	1.08×10^{-10}(25)	一水合碘酸铜	6.94×10^{-8}(25)
镉		草酸铜	4.43×10^{-10}(25)
草酸镉 $CdC_2O_4\cdot3H_2O$	1.42×10^{-8}(25)	硫化铜	8.5×10^{-45}(18)
氢氧化镉	7.2×10^{-15}(25)	溴化亚铜	6.27×10^{-9}(25)
硫化镉	3.6×10^{-29}(18)	氯化亚铜	1.72×10^{-7}(25)

续表

化合物	溶度积(温度/℃)	化合物	溶度积(温度/℃)
碘化亚铜	1.27×10^{-12}(25)	氯化亚汞	1.43×10^{-18}(25)
硫化亚铜	2×10^{-47}(16～18)	碘化亚汞	5.2×10^{-29}(25)
硫氰酸亚酮	1.77×10^{-13}(25)	溴化亚汞	6.4×10^{-23}(25)
亚铁氰化铜	1.3×10^{-16}(18～25)	镍	
铁		硫化镍(Ⅱ)α-NiS	3.2×10^{-19}(18～25)
氢氧化铁	2.79×10^{-39}(25)	硫化镍 β-NiS	1.0×10^{-24}(18～25)
氢氧化亚铁	4.87×10^{-17}(18)	硫化镍 γ-NiS	2.0×10^{-26}(18～25)
草酸亚铁	2.1×10^{-7}(25)	银	
硫化亚铁	3.7×10^{-19}(18)	溴化银	5.35×10^{-13}(25)
铅		碳酸银	8.46×10^{-12}(25)
碳酸铅	7.4×10^{-14}(25)	氯化银	1.77×10^{-10}(25)
铬酸铅	1.77×10^{-14}(18)	铬酸银	1.2×10^{-12}(14.8)
氟化铅	3.3×10^{-8}(25)	铬酸银	1.12×10^{-12}(25)
碘酸铅	3.69×10^{-13}(25)	重铬酸银	2×10^{-7}(25)
碘化铅	9.8×10^{-9}(25)	氢氧化银	1.52×10^{-8}(20)
草酸铅	2.74×10^{-11}(18)	碘酸银	3.17×10^{-8}(25)
硫酸铅	2.53×10^{-8}(25)	碘化银	0.32×10^{-16}(13)
硫化铅	3.4×10^{-28}(18)	碘化银	8.52×10^{-17}(25)
锂		硫化银	1.6×10^{-49}(18)
碳酸锂	8.15×10^{-4}(25)	溴酸银	5.38×10^{-5}(25)
镁		硫氢酸银	0.49×10^{-12}(18)
磷酸铵镁	2.5×10^{-13}(25)	硫氢酸银	1.03×10^{-12}(25)
碳酸镁	6.82×10^{-6}(25)	锶	
氟化镁	5.16×10^{-11}(25)	碳酸锶	5.60×10^{-10}(25)
氢氧化镁	5.61×10^{-12}(25)	氟化锶	4.33×10^{-9}(25)
二水合草酸镁	4.83×10^{-6}(25)	草酸锶	5.61×10^{-8}(18)
锰		硫酸锶	3.44×10^{-7}(25)
氢氧化锰	4×10^{-14}(18)	铬酸锶	2.2×10^{-5}(18～25)
硫化锰	1.4×10^{-15}(18)	锌	
汞		氢氧化锌	3×10^{-17}(25)
氢氧化汞	3.0×10^{-26}(18～25)	草酸锌 $ZnC_2O_4\cdot2H_2O$	1.38×10^{-9}(25)
硫化汞(红)	4.0×10^{-53}(18～25)	硫化锌	1.2×10^{-23}(18)
硫化汞(黑)	1.6×10^{-52}(18～25)		

附录 9 常见氢氧化物沉淀的 pH 值

氢氧化物	开始沉淀时的 pH 值		沉淀完全时 pH 值（残留离子浓度 $<10^{-5}mol \cdot L^{-1}$）	沉淀开始溶解时的 pH 值	沉淀完全溶解时的 pH 值
	初浓度$[M^{n+}]$				
	$1mol \cdot L^{-1}$	$0.01mol \cdot L^{-1}$			
$Sn(OH)_4$	0	0.5	1	13	15
$TiO(OH)_2$	0	0.5	2.0	—	—
$Sn(OH)_2$	0.9	2.1	4.7	10	13.5
$ZrO(OH)_2$	1.3	2.3	3.8	—	—
HgO	1.3	2.4	5.0	11.5	—
$Fe(OH)_3$	1.5	2.3	4.1	14	
$Al(OH)_3$	3.3	4.0	5.2	7.8	10.8
$Cr(OH)_3$	4.0	4.9	6.8	12	15
$Be(OH)_2$	5.2	6.2	8.8	—	—
$Zn(OH)_2$	5.4	6.4	8.0	10.5	12～13
Ag_2O	6.2	8.2	11.2	12.7	—
$Fe(OH)_3$	6.5	7.5	9.7	13.5	—
$Co(OH)_2$	6.6	7.6	9.2	14.1	—
$Ni(OH)_2$	6.7	7.7	9.5	—	—
$Cd(OH)_2$	7.2	8.2	9.7	—	—
$Mn(OH)_2$	7.8	8.8	10.4	14	—
$Mg(OH)_2$	9.4	10.4	12.4	—	—
$Pb(OH)_2$		7.2	8.7	10	13
$Ce(OH)_4$		0.8	1.2	—	—
$Th(OH)_4$		0.5			—
$Tl(OH)_3$		～0.6	～1.6	—	—
H_2WO_4		～0	～0	—	—
H_2MoO_4				～8	～9
稀土		6.8～8.5	～9.5	—	—
H_2UO_4		3.6	5.1	—	—

注：摘自北京师范大学化学系无机化学教研室编．简明化学手册．北京：北京出版社．1980。

附录 10 弱酸弱碱在水中的离解常数（25℃）

弱酸	分子式	K_a	pK_a
砷酸	H_3AsO_4	$6.3\times10^{-3}(K_{a_1})$ $1.0\times10^{-7}(K_{a_2})$ $3.2\times10^{-12}(K_{a_3})$	2.20 7.00 11.50
亚砷酸	$HAsO_2$	6.0×10^{-10}	9.22
硼酸	H_3BO_3	5.8×10^{-10}	9.24
焦硼酸	$H_2B_4O_7$	$1.0\times10^{-4}(K_{a_1})$ $1.0\times10^{-9}(K_{a_2})$	4 9
碳酸	$H_2CO_3(CO_2+H_2O)$	$4.2\times10^{-7}(K_{a_1})$ $5.6\times10^{-11}(K_{a_2})$	6.38 10.25

续表

弱酸	分子式	K_a	pK_a
氢氰酸	HCN	6.2×10^{-10}	9.21
铬酸	H_2CrO_4	$1.8\times10^{-1}(K_{a_1})$ $3.2\times10^{-7}(K_{a_2})$	0.74 6.50
氢氟酸	HF	6.6×10^{-4}	3.18
亚硝酸	HNO_2	5.1×10^{-4}	3.29
过氧化氢	H_2O_2	1.8×10^{-12}	11.75
磷酸	H_3PO_4	$7.6\times10^{-3}(>K_{a_1})$ $6.3\times10^{-8}(K_{a_2})$ $4.4\times10^{-13}(K_{a_3})$	2.12 7.2 12.36
焦磷酸	$H_4P_2O_7$	$3.0\times10^{-2}(K_{a_1})$ $4.4\times10^{-3}(K_{a_2})$ $2.5\times10^{-7}(K_{a_3})$ $5.6\times10^{-10}(K_{a_4})$	1.52 2.36 6.60 9.25
亚磷酸	H_3PO_3	$5.0\times10^{-2}(K_{a_1})$ $2.5\times10^{-7}(K_{a_2})$	1.30 6.60
氢硫酸	H_2S	$1.3\times10^{-7}(K_{a_1})$ $7.1\times10^{-15}(K_{a_2})$	6.88 14.15
硫酸	HSO_4^-	$1.0\times10^{-2}(K_{a_1})$	1.99
亚硫酸	$H_3SO_3(SO_2+H_2O)$	$1.3\times10^{-2}(K_{a_1})$ $6.3\times10^{-8}(K_{a_2})$	1.90 7.20
偏硅酸	H_2SiO_3	$1.7\times10^{-10}(K_{a_1})$ $1.6\times10^{-12}(K_{a_2})$	9.77 11.8
甲酸	$HCOOH$	1.8×10^{-4}	3.74
乙酸	CH_3COOH	1.8×10^{-5}	4.74
一氯乙酸	$CH_2ClCOOH$	1.4×10^{-3}	2.86
二氯乙酸	$CHCl_2COOH$	5.0×10^{-2}	1.30
三氯乙酸	CCl_3COOH	0.23	0.64
氨基乙酸盐	$^+NH_3CH_2COOH^-$ $^+NH_3CH_2COO^-$	$4.5\times10^{-3}(K_{a_1})$ $2.5\times10^{-10}(K_{a_2})$	2.35 9.60
抗坏血酸	$—CHOH—CH_2OH$	$5.0\times10^{-5}(K_{a_1})$ $1.5\times10^{-10}(K_{a_2})$	4.30 9.82
乳酸	$CH_3CHOHCOOH$	1.4×10^{-4}	3.86
苯甲酸	C_6H_5COOH	6.2×10^{-5}	4.21
草酸	$H_2C_2O_4$	$5.9\times10^{-2}(K_{a_1})$ $6.4\times10^{-5}(K_{a_2})$	1.22 4.19
D-酒石酸	$CH(OH)COOH$ $CH(OH)COOH$	$9.1\times10^{-4}(K_{a_1})$ $4.3\times10^{-5}(K_{a_2})$	3.04 4.37
邻苯二甲酸		$1.1\times10^{-3}(K_{a_1})$ $3.9\times10^{-6}(K_{a_2})$	2.95 5.41
柠檬酸	CH_2COOH $CH(OH)COOH$ CH_2COOH	$7.4\times10^{-4}(K_{a_1})$ $1.7\times10^{-5}(K_{a_2})$ $4.0\times10^{-7}(K_{a_3})$	3.13 4.76 6.40
苯酚	C_6H_5OH	1.1×10^{-10}	9.95

续表

弱酸	分子式	K_a	pK_a
乙二胺四乙酸	H_6-$EDTA^{2+}$ H_5-$EDTA^{+}$ H_4-EDTA H_3-$EDTA^{-}$ H_2-$EDTA^{2-}$ H-$EDTA^{3-}$	$0.1(K_{a_1})$ $3\times10^{-2}(K_{a_2})$ $1\times10^{-2}(K_{a_3})$ $2.1\times10^{-3}(K_{a_4})$ $6.9\times10^{-7}(K_{a_5})$ $5.5\times10^{-11}(K_{a_6})$	0.9 1.6 2.0 2.67 6.17 10.26
氨水	NH_3	1.8×10^{-5}	4.74
联氨	H_2NNH_2	$3.0\times10^{-6}(K_{b_1})$ $1.7\times10^{-5}(K_{b_2})$	5.52 14.12
羟胺	NH_2OH	9.1×10^{-6}	8.04
甲胺	CH_3NH_2	4.2×10^{-4}	3.38
乙胺	$C_2H_5NH_2$	5.6×10^{-4}	3.25
二甲胺	$(CH_3)_2NH$	1.2×10^{-4}	3.93
二乙胺	$(C_2H_5)_2NH$	1.3×10^{-3}	2.89
乙醇胺	$HOCH_2CH_2NH_2$	3.2×10^{-5}	4.50
三乙醇胺	$(HOCH_2CH_2)_3N$	5.8×10^{-7}	6.24
六次甲基四胺	$(CH_2)_6N_4$	1.4×10^{-9}	8.85
乙二胺	$H_2NHC_2CH_2NH_2$	$8.5\times10^{-5}(K_{b_1})$ $7.1\times10^{-8}(K_{b_2})$	4.07 7.15
吡啶		1.7×10^{-5}	8.77

附录 11 标准电极电势（298.16K）

1. 在酸性溶液中

电极反应	$E^\ominus$/V	电极反应	$E^\ominus$/V
$Ag^+ + e^- \longrightarrow Ag$	0.7996	$AgSCN + e^- \longrightarrow Ag + SCN^-$	0.08951
$Ag^{2+} + e^- \longrightarrow Ag^+$	1.980	$Ag_2SO_4 + 2e^- \longrightarrow 2Ag + SO_4^{2-}$	0.654
$AgAc + e^- \longrightarrow Ag + Ac^-$	0.643	$Al^{3+} + 3e^- \longrightarrow Al$	−1.662
$AgBr + e^- \longrightarrow Ag + Br^-$	0.07133	$AlF_6^{3-} + 3e^- \longrightarrow Al + 6F^-$	−2.069
$Ag_2BrO_3 + e^- \longrightarrow 2Ag + BrO_3^-$	0.546	$As_2O_3 + 6H^+ + 6e^- \longrightarrow 2As + 3H_2O$	0.234
$Ag_2C_2O_4 + 2e^- \longrightarrow 2Ag + C_2O_4^{2-}$	0.4647	$HAsO_2 + 3H^+ + 3e^- \longrightarrow As + 2H_2O$	0.248
$AgCl + e^- \longrightarrow Ag + Cl^-$	0.22233	$H_3AsO_4 + 2H^+ + 2e^- \longrightarrow HAsO_2 + 2H_2O$	0.560
$Ag_2CO_3 + 2e^- \longrightarrow 2Ag + CO_4^{2-}$	0.47	$Au^+ + e^- \longrightarrow Au$	1.692
$Ag_2CrO_4 + 2e^- \longrightarrow 2Ag + CrO_4^{2-}$	0.4470	$Au^{3+} + 3e^- \longrightarrow Au$	1.498
$AgF + e^- \longrightarrow Ag + F^-$	0.779	$AuCl_4^- + 3e^- \longrightarrow Au + 4Cl^-$	1.002
$AgI + e^- \longrightarrow Ag + I^-$	−0.15224	$Au^{3+} + 2e^- \longrightarrow Au^+$	1.401
$Ag_2S + 2H^+ + 2e^- \longrightarrow 2Ag + H_2S$	−0.0366	$H_3BO_3 + 3H^+ + 3e^- \longrightarrow B + 3H_2O$	−0.8698

续表

电极反应	$E^{\ominus}$/V	电极反应	$E^{\ominus}$/V
$Ba^{2+}+2e^{-}=Ba$	−2.912	$Cr^{3+}+e^{-}=Cr^{2+}$	−0.407
$Ba^{2+}+2e^{-}=Ba(Hg)$	−1.570	$Cr^{3+}+3e^{-}=Cr$	−0.744
$Be^{2+}+2e^{-}=Be$	−1.847	$Cr_2O_7^{2-}+14H^{+}+6e^{-}=2Cr^{3+}+7H_2O$	1.232
$BiCl_4^{-}+3e^{-}=Bi+4Cl^{-}$	0.16	$HCrO_4^{-}+7H^{+}+3e^{-}=Cr^{3+}+4H_2O$	1.350
$Bi_2O_4+4H^{+}+2e^{-}=2BiO^{+}+2H_2O$	1.593	$Cu^{+}+e^{-}=Cu$	0.521
$BiO^{+}+2H^{+}+3e^{-}=Bi+H_2O$	0.320	$Cu^{2+}+e^{-}=Cu^{+}$	0.153
$BiOCl+2H^{+}+3e^{-}=Bi+Cl^{-}+H_2O$	0.1583	$Cu^{2+}+2e^{-}=Cu$	0.3419
$Br_2(aq)+2e^{-}=2Br^{-}$	1.0873	$CuCl+e^{-}=Cu+Cl^{-}$	0.124
$Br_2(l)+2e^{-}=2Br^{-}$	1.066	$F_2+2H^{+}+2e^{-}=2HF$	3.053
$HBrO+H^{+}+2e^{-}=Br^{-}+H_2O$	1.331	$F_2+2e^{-}=2F^{-}$	2.866
$HBrO+H^{+}+e^{-}=1/2Br_2(aq)+H_2O$	1.574	$Fe^{2+}+2e^{-}=Fe$	−0.447
$HBrO+H^{+}+e^{-}=1/2Br_2(l)+H_2O$	1.596	$Fe^{3+}+3e^{-}=Fe$	−0.037
$BrO_3^{-}+6H^{+}+5e^{-}=1/2Br_2+3H_2O$	1.482	$Fe^{3+}+e^{-}=Fe^{2+}$	0.771
$BrO_3^{-}+6H^{+}+6e^{-}=Br^{-}+3H_2O$	1.423	$[Fe(CN)_6]^{3-}+e^{-}=[Fe(CN)_6]^{4-}$	0.358
$Ca^{2+}+2e^{-}=Ca$	−2.868	$FeO_4^{2-}+8H^{+}+3e^{-}=Fe^{3+}+4H_2O$	2.20
$Cd^{2+}+2e^{-}=Cd$	−0.4030	$Ga^{3+}+3e^{-}=Ga$	−0.560
$CdSO_4+2e^{-}=Cd+SO_4^{2-}$	−0.246	$2H^{+}+2e^{-}=H_2$	0.00000
$Cd^{2+}+2e^{-}=Cd(Hg)$	−0.3521	$H_2(g)+2e^{-}=2H^{-}$	−2.23
$Ce^{3+}+3e^{-}=Ce$	−2.483	$HO_2+H^{+}+e^{-}=H_2O_2$	1.495
$Cl_2(g)+2e^{-}=2Cl^{-}$	1.35827	$H_2O_2+2H^{+}+2e^{-}=2H_2O$	1.776
$HClO+H^{+}+e^{-}=1/2Cl_2+H_2O$	1.611	$Hg^{2+}+2e^{-}=Hg$	0.851
$HClO+H^{+}+2e^{-}=Cl^{-}+H_2O$	1.482	$2Hg^{2+}+2e^{-}=Hg_2^{2+}$	0.920
$ClO_2+H^{+}+e^{-}=HClO_2$	1.277	$Hg_2^{2+}+2e^{-}=2Hg$	0.7973
$HClO_2+2H^{+}+2e^{-}=HClO+H_2O$	1.645	$Hg_2Br_2+2e^{-}=2Hg+2Br^{-}$	0.13923
$HClO_2+3H^{+}+3e^{-}=1/2Cl_2+2H_2O$	1.628	$Hg_2Cl_2+2e^{-}=2Hg+2Cl^{-}$	0.26808
$HClO_2+3H^{+}+4e^{-}=Cl^{-}+2H_2O$	1.570	$Hg_2I_2+2e^{-}=2Hg+2I^{-}$	−0.0405
$ClO_3^{-}+2H^{+}+e^{-}=ClO_2+H_2O$	1.152	$Hg_2SO_4+2e^{-}=2Hg+SO_4^{2-}$	0.6125
$ClO_3^{-}+3H^{+}+2e^{-}=HClO_2+H_2O$	1.214	$I_2+2e^{-}=2I^{-}$	0.5355
$ClO_3^{-}+6H^{+}+5e^{-}=1/2Cl_2+3H_2O$	1.47	$I_3^{-}+2e^{-}=3I^{-}$	0.536
$ClO_3^{-}+6H^{+}+6e^{-}=Cl^{-}+3H_2O$	1.451	$H_5IO_6+H^{+}+2e^{-}=IO_3^{-}+3H_2O$	1.601
$ClO_4^{-}+2H^{+}+2e^{-}=ClO_3^{-}+H_2O$	1.189	$2HIO+2H^{+}+2e^{-}=I_2+2H_2O$	1.439
$ClO_4^{-}+8H^{+}+7e^{-}=1/2Cl_2+4H_2O$	1.39	$HIO+H^{+}+2e^{-}=I^{-}+H_2O$	0.987
$ClO_4^{-}+8H^{+}+8e^{-}=Cl^{-}+4H_2O$	1.389	$2IO_3^{-}+12H^{+}+10e^{-}=I_2+6H_2O$	1.195
$Co^{2+}+2e^{-}=Co$	−0.28	$IO_3^{-}+6H^{+}+6e^{-}=I^{-}+3H_2O$	1.085
$Co^{3+}+e^{-}=Co^{2+}$ (2mol·L^{-1} H_2SO_4)	1.83	$In^{3+}+2e^{-}=In^{+}$	−0.443
$CO_2+2H^{+}+2e^{-}=HCOOH$	−0.199	$In^{3+}+3e^{-}=In$	−0.3382
$Cr^{2+}+2e^{-}=Cr$	−0.913	$Ir^{3+}+3e^{-}=Ir$	1.159

续表

电极反应	$E^{\ominus}$/V	电极反应	$E^{\ominus}$/V
$K^+ + e^- = K$	−2.931	$Pb^{2+} + 2e^- = Pb$	−0.1262
$La^{3+} + 3e^- = La$	−2.522	$PbBr_2 + 2e^- = Pb + 2Br^-$	−0.284
$Li^+ + e^- = Li$	−3.0401	$PbCl_2 + 2e^- = Pb + 2Cl^-$	−0.2675
$Mg^{2+} + 2e^- = Mg$	−2.372	$PbF_2 + 2e^- = Pb + 2F^-$	−0.3444
$Mn^{2+} + 2e^- = Mn$	−1.185	$PbI_2 + 2e^- = Pb + 2I^-$	−0.365
$Mn^{3+} + e^- = Mn^{2+}$	1.5415	$PbO_2 + 4H^+ + 2e^- = Pb^{2+} + 2H_2O$	1.455
$MnO_2 + 4H^+ + 2e^- = Mn^{2+} + 2H_2O$	1.224	$PbO_2 + SO_4^{2-} + 4H^+ + 2e^- = PbSO_4 + 2H_2O$	1.6913
$MnO_4^- + e^- = MnO_4^{2-}$	0.558	$PbSO_4 + 2e^- = Pb + SO_4^{2-}$	−0.3588
$MnO_4^- + 4H^+ + 3e^- = MnO_2 + 2H_2O$	1.679	$Pd^{2+} + 2e^- = Pd$	0.951
$MnO_4^- + 8H^+ + 5e^- = Mn^{2+} + 4H_2O$	1.507	$PdCl_4^{2-} + 2e^- = Pd + 4Cl^-$	0.591
$MO^{3+} + 3e^- = MO$	−0.200	$Pt^{2+} + 2e^- = Pt$	1.118
$N_2 + 2H_2O + 6H^+ + 6e^- = 2NH_4OH$	0.092	$Rb^+ + e^- = Rb$	−2.98
$3N_2 + 2H^+ + 2e^- = 2NH_3(aq)$	−3.09	$Re^{3+} + 3e^- = Re$	0.300
$N_2O + 2H^+ + 2e^- = N_2 + H_2O$	1.766	$S + 2H^+ + 2e^- = H_2S(aq)$	0.142
$N_2O_4 + 2e^- = 2NO_2^-$	0.867	$S_2O_6^{2-} + 4H^+ + 2e^- = 2H_2SO_3$	0.564
$N_2O_4 + 2H^+ + 2e^- = 2HNO_2$	1.065	$S_2O_8^{2-} + 2e^- = 2SO_4^{2-}$	2.010
$N_2O_4 + 4H^+ + 4e^- = 2NO + 2H_2O$	1.035	$S_2O_8^{2-} + 2H^+ + 2e^- = 2HSO_4^-$	2.123
$2NO + 2H^+ + 2e^- = N_2O + H_2O$	1.591	$2H_2SO_3 + H^+ + 2e^- = H_2SO_4^- + 2H_2O$	−0.056
$HNO_2 + H^+ + e^- = NO + H_2O$	0.983	$H_2SO_3 + 4H^+ + 4e^- = S + 3H_2O$	0.449
$2HNO_2 + 4H^+ + 4e^- = N_2O + 3H_2O$	1.297	$SO_4^{2-} + 4H^+ + 2e^- = H_2SO_3 + H_2O$	0.172
$NO_3^- + 3H^+ + 2e^- = HNO_2 + H_2O$	0.934	$2SO_4^{2-} + 4H^+ + 2e^- = S_2O_6^{2-} + 2H_2O$	−0.22
$NO_3^- + 4H^+ + 3e^- = NO + 2H_2O$	0.957	$Sb + 3H^+ + 3e^- = 2SbH_3$	−0.510
$2NO_3^- + 4H^+ + 2e^- = N_2O_4 + 2H_2O$	0.803	$Sb_2O_3 + 6H^+ + 6e^- = 2Sb + 3H_2O$	0.152
$Na^+ + e^- = Na$	−2.71	$Sb_2O_5 + 6H^+ + 4e^- = 2SbO^+ + 3H_2O$	0.581
$Nb^{3+} + 3e^- = Nb$	−1.1	$SbO^+ + 2H^+ + 3e^- = Sb + H_2O$	0.212
$Ni^{2+} + 2e^- = Ni$	−0.257	$Sc^{3+} + 3e^- = Sc$	−2.077
$NiO_2 + 4H^+ + 2e^- = Ni^{2+} + 2H_2O$	1.678	$Se + 2H^+ + 2e^- = H_2Se(aq)$	−0.399
$O_2 + 2H^+ + 2e^- = H_2O_2$	0.695	$H_2SeO_3 + 4H^+ + 4e^- = Se + 3H_2O$	0.74
$O_2 + 4H^+ + 4e^- = 2H_2O$	1.229	$SeO_4^{2-} + 4H^+ + 2e^- = H_2SeO_3 + H_2O$	1.151
$O(g) + 2H^+ + 2e^- = H_2O$	2.421	$SiF_6^{2-} + 4e^- = Si + 6F^-$	−1.24
$O_3 + 2H^+ + 2e^- = O_2 + H_2O$	2.076	$(quartz)SiO_2 + 4H^+ + 4e^- = Si + 2H_2O$	0.857
$P(red) + 3H^+ + 3e^- = PH_3(g)$	−0.111	$Sn^{2+} + 2e^- = Sn$	−0.1375
$P(white) + 3H^+ + 3e^- = PH_3(g)$	−0.063	$Sn^{4+} + 2e^- = Sn^{2+}$	0.151
$H_3PO_2 + H^+ + e^- = P + 2H_2O$	−0.508	$Sr^+ + e^- = Sr$	−4.10
$H_3PO_3 + 2H^+ + 2e^- = H_3PO_2 + H_2O$	−0.499	$Sr^{2+} + 2e^- = Sr$	−2.89
$H_3PO_3 + 3H^+ + 3e^- = P + 3H_2O$	−0.454	$Sr^{2+} + 2e^- = Sr(Hg)$	−1.793
$H_3PO_4 + 2H^+ + 2e^- = H_3PO_3 + H_2O$	−0.276	$Te + 2H^+ + 2e^- = H_2Te$	−0.793

续表

电极反应	$E^{\ominus}/V$	电极反应	$E^{\ominus}/V$
$Te^{4+}+4e^{-} = Te$	0.568	$V^{3+}+e^{-} = V^{2+}$	−0.255
$TeO_2+4H^{+}+4e^{-} = Te+2H_2O$	0.593	$VO^{2+}+2H^{+}+e^{-} = V^{3+}+H_2O$	0.337
$TeO_4^{-}+8H^{+}+7e^{-} = Te+4H_2O$	0.472	$VO_2^{+}+2H^{+}+e^{-} = VO^{2+}+H_2O$	0.991
$H_6TeO_6+2H^{+}+2e^{-} = TeO_2+4H_2O$	1.02	$V(OH)_4^{+}+2H^{+}+e^{-} = VO^{2+}+3H_2O$	1.00
$Th^{4+}+4e^{-} = Th$	−1.899	$V(OH)_4^{+}+4H^{+}+5e^{-} = V+4H_2O$	−0.254
$Ti^{2+}+2e^{-} = Ti$	−1.630	$W_2O_5+2H^{+}+2e^{-} = 2WO_2+H_2O$	−0.031
$Ti^{3+}+e^{-} = Ti^{2+}$	−0.368	$WO_2+4H^{+}+4e^{-} = W+2H_2O$	−0.119
$TiO^{2+}+2H^{+}+e^{-} = Ti^{3+}+H_2O$	0.099	$WO_3+6H^{+}+6e^{-} = W+3H_2O$	−0.090
$TiO_2+4H^{+}+2e^{-} = Ti^{2+}+2H_2O$	−0.502	$2WO_3+2H^{+}+2e^{-} = W_2O_5+H_2O$	−0.029
$Tl^{+}+e^{-} = Tl$	−0.336	$Y^{3+}+3e^{-} = Y$	−2.37
$V^{2+}+2e^{-} = V$	−1.175	$Zn^{2+}+2e^{-} = Zn$	−0.7618

2. 在碱性溶液中

电极反应	$E^{\ominus}/V$	电极反应	$E^{\ominus}/V$
$AgCN+e^{-} = Ag+CN^{-}$	−0.017	$[Co(NH_3)_6]^{3+}+e^{-} = [Co(NH_3)_6]^{2+}$	0.108
$[Ag(CN)_2]^{-}+e^{-} = Ag+2CN^{-}$	−0.31	$Co(OH)_2+2e^{-} = Co+2OH^{-}$	−0.73
$Ag_2O+H_2O+2e^{-} = 2Ag+2OH^{-}$	0.342	$Co(OH)_3+e^{-} = Co(OH)_2+OH^{-}$	0.17
$2AgO+H_2O+2e^{-} = Ag_2O+2OH^{-}$	0.607	$CrO_2^{-}+2H_2O+3e^{-} = Cr+4OH^{-}$	−1.2
$Ag_2S+2e^{-} = 2Ag+S^{2-}$	−0.691	$CrO_4^{2-}+4H_2O+3e^{-} = Cr(OH)_3+5OH^{-}$	−0.13
$H_2AlO_3^{-}+H_2O+3e^{-} = Al+4OH^{-}$	−2.33	$Cr(OH)_3+3e^{-} = Cr+3OH^{-}$	−1.48
$AsO_2^{-}+2H_2O+3e^{-} = As+4OH^{-}$	−0.68	$Cu^{2}+2CN^{-}+e^{-} = [Cu(CN)_2]^{-}$	1.103
$AsO_4^{3-}+2H_2O+2e^{-} = AsO_2^{-}+4OH^{-}$	−0.71	$[Cu(CN)_2]^{-}+e^{-} = Cu+2CN^{-}$	−0.429
$H_2BO_3^{-}+5H_2O+8e^{-} = BH_4^{-}+8OH^{-}$	−1.24	$Cu_2O+H_2O+2e^{-} = 2Cu+2OH^{-}$	−0.360
$H_2BO_3^{-}+H_2O+3e^{-} = B+4OH^{-}$	−1.79	$Cu(OH)_2+2e^{-} = Cu+2OH^{-}$	−0.222
$Ba(OH)_2+2e^{-} = Ba+2OH^{-}$	−2.99	$2Cu(OH)_2+2e^{-} = Cu_2O+2OH^{-}+H_2O$	−0.080
$Be_2O_3^{2-}+3H_2O+4e^{-} = 2Be+6OH^{-}$	−2.63	$[Fe(CN)_6]^{3-}+e^{-} = [Fe(CN)_6]^{-}$	0.358
$Bi_2O_3+3H_2O+6e^{-} = 2Bi+6OH^{-}$	−0.46	$Fe(OH)_3+e^{-} = Fe(OH)_2+OH^{-}$	−0.56
$BrO^{-}+H_2O+2e^{-} = Br^{-}+2OH^{-}$	0.761	$H_2GaO_3^{-}+H_2O+3e^{-} = Ga+4OH^{-}$	−1.219
$BrO_3^{-}+3H_2O+6e^{-} = Br^{-}+6OH^{-}$	0.61	$2H_2O+2e^{-} = H_2+2OH^{-}$	−0.8277
$Ca(OH)_2+2e^{-} = Ca+2OH^{-}$	−3.02	$Hg_2O+H_2O+2e^{-} = 2Hg+2OH^{-}$	0.123
$Ca(OH)_2+2e^{-} = Ca(Hg)+2OH^{-}$	−0.809	$HgO+H_2O+2e^{-} = Hg+2OH^{-}$	0.0977
$ClO^{-}+H_2O+2e^{-} = Cl^{-}+2OH^{-}$	0.81	$H_3IO_6^{2-}+2e^{-} = IO_3^{-}+3OH^{-}$	0.7
$ClO_2^{-}+H_2O+2e^{-} = ClO^{-}+2OH^{-}$	0.66	$IO^{-}+H_2O+2e^{-} = I^{-}+2OH^{-}$	0.485
$ClO_2^{-}+2H_2O+4e^{-} = Cl^{-}+4OH^{-}$	0.76	$IO_3^{-}+2H_2O+4e^{-} = IO^{-}+4OH^{-}$	0.15
$ClO_3^{-}+H_2O+2e^{-} = ClO_2^{-}+2OH^{-}$	0.33	$IO_3^{-}+3H_2O+6e^{-} = I^{-}+6OH^{-}$	0.26
$ClO_3^{-}+3H_2O+6e^{-} = Cl^{-}+6OH^{-}$	0.62	$Ir_2O_3+3H_2O+6e^{-} = 2Ir+6OH^{-}$	0.098
$ClO_4^{-}+H_2O+2e^{-} = ClO_3^{-}+2OH^{-}$	0.36	$La(OH)_3+3e^{-} = La+3OH^{-}$	−2.90

续表

电极反应	$E^{\ominus}/V$	电极反应	$E^{\ominus}/V$
$Mg(OH)_2+2e^- = Mg+2OH^-$	−2.690	$PbO_2+H_2O+2e^- = PbO+2OH^-$	0.247
$MnO_4^-+2H_2O+3e^- = MnO_2+4OH^-$	0.595	$Pd(OH)_2+2e^- = Pd+2OH^-$	0.07
$MnO_4^{2-}+2H_2O+2e^- = MnO_2+4OH^-$	0.60	$Pt(OH)_2+2e^- = Pt+2OH^-$	0.14
$Mn(OH)_2+2e^- = Mn+2OH^-$	−1.56	$ReO_4^-+4H_2O+7e^- = Re+8OH^-$	−0.584
$Mn(OH)_3+e^- = Mn(OH)_2+OH^-$	0.15	$S+2e^- = S^{2-}$	−0.47627
$2NO+H_2O+2e^- = N_2O+2OH^-$	0.76	$S+H_2O+2e^- = HS^-+OH^-$	−0.478
$NO+H_2O+e^- = NO+2OH^-$	−0.46	$2S+2e^- = S_2^{2-}$	−0.42836
$2NO_2^-+2H_2O+4e^- = N_2^{2-}+4OH^-$	−0.18	$S_4O_6^{2-}+2e^- = 2S_2O_3^{2-}$	0.08
$2NO_2^-+3H_2O+4e^- = N_2O+6OH^-$	0.15	$2SO_3^{2-}+2H_2O+2e^- = S_2O_4^{2-}+4OH^-$	−1.12
$NO_3^-+H_2O+2e^- = NO_2^-+2OH^-$	0.01	$2SO_3^{2-}+3H_2O+4e^- = S_2O_3^{2-}+6OH^-$	−0.571
$2NO_3^-+2H_2O+2e^- = N_2O_4+4OH^-$	−0.85	$SO_4^{2-}+H_2O+2e^- = SO_3^{2-}+2OH^-$	−0.93
$Ni(OH)_2+2e^- = Ni+2OH^-$	−0.72	$SbO_2^-+2H_2O+3e^- = Sb+4OH^-$	−0.66
$NiO_2+2H_2O+2e^- = Ni(OH)_2+2OH^-$	−0.490	$SbO_3^-+H_2O+2e^- = SbO_2^-+2OH^-$	−0.59
$O_2+H_2O+2e^- = HO_2^-+OH^-$	−0.076	$SeO_3^{2-}+3H_2O+4e^- = Se+6OH^-$	−0.366
$O_2+2H_2O+2e^- = H_2O_2+2OH^-$	−0.146	$SeO_4^{2-}+H_2O+2e^- = SeO_3^{2-}+2OH^-$	0.05
$O_2+2H_2O+4e^- = 4OH^-$	0.401	$SiO_3^{2-}+3H_2O+4e^- = Si+6OH^-$	−1.697
$O_3+H_2O+2e^- = O_2+2OH^-$	1.24	$HSnO_2^-+H_2O+2e^- = Sn+3OH^-$	−0.909
$HO_2^-+H_2O+2e^- = 3OH^-$	0.878	$Sn(OH)_3^{2-}+2e^- = HSnO_2^-+3OH^-+H_2O$	−0.93
$P+3H_2O+3e^- = PH_3(g)+3OH^-$	−0.87	$Sr(OH)+2e^- = Sr+2OH^-$	−2.88
$H_2PO_2^-+e^- = P+2OH^-$	−1.82	$Te+2e^- = Te^{2-}$	−1.143
$HPO_3^{2-}+2H_2O+2e^- = H_2PO_2^-+3OH^-$	−1.65	$TeO_3^{2-}+3H_2O+4e^- = Te+6OH^-$	−0.57
$HPO_3^{2-}+2H_2O+3e^- = P+5OH^-$	−1.71	$Th(OH)_4+4e^- = Th+4OH^-$	−2.48
$PO_4^{3-}+2H_2O+2e^- = HPO_3^{2-}+3OH^-$	−1.05	$Tl_2O_3+3H_2O+3e^- = 2Tl^++6OH^-$	0.02
$PbO+H_2O+2e^- = Pb+2OH^-$	−0.580	$ZnO_2^{2-}+2H_2O+2e^- = Zn+4OH^-$	−1.215
$HPbO_2^-+H_2O+2e^- = Pb+3OH^-$	−0.537		

注：摘自 R. C. Weast. Handbook of Chemistry and Physics，D-151. 70th ed. 1989—1990 。

参 考 文 献

[1] 朗建平，卞国庆. 无机化学实验. 2版. 南京：南京大学出版社，2013.

[2] 华东理工大学无机化学教研组. 无机化学实验. 4版. 北京：高等教育出版社，2007.

[3] 北京师范大学，东北师范大学，华中师范大学，等. 无机化学实验. 3版. 北京：高等教育出版社，2001.

[4] 姚思童，刘利，张进. 大学化学实验（Ⅰ）—无机化学实验. 北京：化学工业出版社，2018.

[5] 侯振雨，范文秀，郝海玲. 无机及分析化学. 3版. 北京：化学工业出版社，2016.

[6] 浙江大学，华东理工大学，四川大学. 新编大学化学实验. 北京：高等教育出版社，2003.

[7] 武汉大学. 分析化学实验. 4版. 北京：高等教育出版社，2001.

[8] 吴茂英，余倩. 微型无机及分析化学实验. 北京：化学工业出版社，2013.

[9] 马卫兴，李艳辉，沙鸥，等. Excel在创新分光光度分析新方法中的应用. 甘肃科技，2006，22（5）：69-71.

[10] 刘绍乾，方正法，杨章鸿，等. 磺基水杨酸合铜配合物组成和稳定常数测定实验的改进. 大学化学，2018，33（3）：59-62.

[11] 胡海峰，王晓研，董倩. 应用Origin软件处理水中铬含量的测定实验数据，广东化工，2018，45（6）：81-82.

[12] 南京大学. 大学化学实验. 北京：高等教育出版社，2001.

[13] 周宁怀. 微型无机化学实验. 北京：科学出版社，2000.

[14] 汪丽梅，窦立岩. 材料化学实验教程. 北京：冶金工业出版社，2010.

[15] 蒋玉思，张建华，程华月. 印制电路板酸性蚀刻液的回收利用. 化工环保，2009，29（3）：235-238.

[16] 汪利平，于秀玲. 清洁生产和末端治理的发展. 中国人口·资源与环境，2010，20（3）：431-438.

[17] 夏越青，李建国. 废干电池对环境的污染及其资源化. 重庆环境科学，2000，22（2）：60-62.

[18] 成肇安，蔡艳秀，张晓东. 废干电池对环境的污染及回收利用. 中国资源综合利用，2002（7）：18-22.

[19] 杨智宽. 废锌锰干电池的综合利用. 再生资源研究，1998（1）：26-28.

[20] 谭迪，杨克儿，佟珊玲，等. 无溶剂微波法合成meso-苯基四苯并卟啉锌. 化学与生物工程，2006，23（7）：51-53.

[21] 吴茂英，肖楚民. 微型无机化学实验. 北京：化学工业出版社，2012.